Bootstrap 前端开发
（全案例微课版）

刘荣英　编著

清华大学出版社

北　京

内 容 简 介

本书是针对零基础读者研发的网站前端开发入门教材。该书侧重案例实训，并提供扫码微课来讲解当前的热点案例。

本书分为17章，内容包括快速进入Bootstrap世界、响应式网页设计、深入掌握Bootstrap基本架构、精通页面排版、响应式新布局——弹性盒子、核心框架——CSS通用样式、认识CSS组件、精通CSS组件、高级的CSS组件、玩转卡片和旋转器、认识JavaScript插件、精通JavaScript插件。最后通过5个热点综合项目，进一步帮助读者巩固项目开发经验。

本书通过精选热点案例，可以让初学者快速掌握网站前端开发技术。通过微信扫码看视频，可以随时在移动端学习技能对应的视频操作。通过实战技能训练营可以检验读者的学习情况，为此还提供了扫码看答案。本书还提供技术支持QQ群和微信群，专为读者答疑解惑，降低零基础学习网站前端开发技术的门槛。

图书在版编目(CIP)数据

Bootstrap 前端开发：全案例微课版 / 刘荣英编著 . —北京：清华大学出版社，2021.8 (2023.7重印)
ISBN 978-7-302-58818-4

Ⅰ . ① B… Ⅱ . ①刘… Ⅲ . ①网页制作工具 Ⅳ . ① TP393.092.2

中国版本图书馆 CIP 数据核字 (2021) 第 155898 号

责任编辑：张彦青
封面设计：李 坤
责任校对：翟维维
责任印制：丛怀宇

出版发行：清华大学出版社
  网 址：http://www.tup.com.cn，http://www.wqbook.com
  地 址：北京清华大学学研大厦 A 座 邮 编：100084
  社 总 机：010-83470000 邮 购：010-62786544
  投稿与读者服务：010-62776969，c-service@tup.tsinghua.edu.cn
  质 量 反 馈：010-62772015，zhiliang@tup.tsinghua.edu.cn
印 装 者：三河市铭诚印务有限公司
经 销：全国新华书店
开 本：185mm×260mm 印 张：20.5 字 数：500 千字
版 次：2021 年 8 月第 1 版 印 次：2023 年 7 月第 2 次印刷
定 价：78.00 元

产品编号：087784-01

前　言

"网站开发全案例微课版"系列图书是专门为网站开发和数据库初学者量身定做的一套学习用书。整套书涵盖网站开发、数据库设计等方面。

本套书具有以下特点

前沿科技

无论是数据库设计还是网站开发，精选的是较为前沿或者用户群最多的领域，帮助大家认识和了解最新动态。

权威的作者团队

组织国家重点实验室和资深应用专家联手编著该套图书，融合了丰富的教学经验与优秀的管理理念。

学习型案例设计

以技术的实际应用过程为主线，全程采用图解和多媒体同步结合的教学方式，生动、直观、全面地剖析使用过程中的各种应用技能，降低难度，提升学习效率。

扫码看视频

通过微信扫码看视频，可以随时在移动端学习技能对应的视频操作。

为什么要写这样一本书

Bootstrap 是目前最受欢迎的前端框架，它能够最大限度地降低 Web 前端开发的难度，因此深受广大 Web 前端开发人员的喜爱。Bootstrap 框架功能强大，能用最少的代码实现最多的功能。对最新 Bootstrap 的学习也成为网页设计师的必修功课。目前学习和关注的人越来越多，而很多 Bootstrap 的初学者却苦于找不到一本通俗易懂、容易入门和案例实用的参考书。通过本书的案例实训，大学生可以很快地上手流行的动态网站开发方法，提高职业化能力，从而帮助解决公司与学生的双重需求问题。

本书特色

零基础、入门级的讲解

无论您是否从事计算机相关行业，无论您是否接触过网站开发，都能从本书中找到最佳起点。

实用、专业的范例和项目

本书在编排上紧密结合深入学习网页设计的过程，从 Bootstrap 基本概念开始，逐步带领读者学习网站前端开发的各种应用技巧，侧重实战技能，使用简单易懂的实际案例进行分析和操作指导，让读者学起来简明轻松，操作起来有章可循。

随时随地学习

本书提供了微课视频，读者通过手机扫码即可观看，随时随地解决学习中的困惑。

超多容量王牌资源

赠送大量王牌资源，包括实例源代码、教学幻灯片、本书精品教学视频、88 个实用类网页模板、12 部网页开发必备参考手册、Bootstrap 学习手册、HTML5 标签速查手册、精选的 JavaScript 实例、CSS3 属性速查表、JavaScript 函数速查手册、CSS+DIV 布局赏析案例、精彩网站配色方案赏析、网页样式与布局案例赏析、Web 前端工程师常见面试题等。

读者对象

本书是一本完整介绍网站前端技术的教程，内容丰富、条理清晰、实用性强，适合以下读者学习使用：

- 零基础的 Bootstrap 网站前端开发自学者
- 希望快速、全面掌握 Bootstrap 网站前端开发的人员
- 高等院校或培训机构的老师和学生
- 参加毕业设计的学生

创作团队

本书由刘荣英主编，参加编写的人员还有李爱玲和刘春茂。在编写过程中，我们虽竭尽所能欲将最好的讲解呈现给读者，但难免有疏漏和不妥之处，敬请读者不吝指正。

附赠资源

教学幻灯片

目　　录

第1章 快速进入Bootstrap世界

本章导读

　　Bootstrap是一个简洁、直观、强悍的前端开发框架，集成了HTML、CSS和JavaScript技术，为网页快速开发提供了包括布局、网格、表格、按钮、表单、导航、提示、分页、表格等组件。只要学习并遵守它的标准，即使是没有学习过网页设计的开发者，也能制作出专业、美观的页面，极大地提高工作效率。本章主要介绍Bootstrap的由来、构成模块、优势、下载和安装、在线开发工具和设计轮播图效果。

知识导图

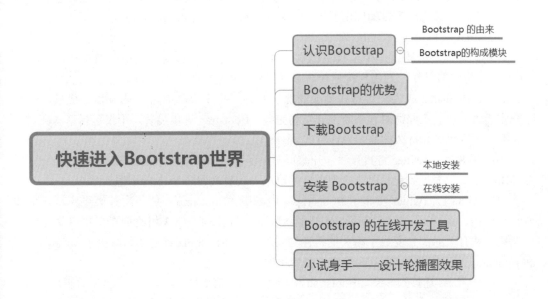

1.1 认识 Bootstrap

Bootstrap 是最受欢迎的 HTML、CSS 和 JavaScript 框架，用于开发响应式布局、移动设备优先的 Web 项目。下面来认识 Bootstrap。

1.1.1 Bootstrap 的由来

Bootstrap 是美国 Twitter 公司的设计师 Mark Otto（马克·奥托）和 Jacob Thornton（雅各布·桑顿）合作开发的，是基于 HTML、CSS、JavaScript 的简洁、直观、强悍的前端开发框架，使用它可以快速、简单地构建网页和网站。

在 Twitter 的早期，工程师们几乎使用他们熟悉的任何一个库来满足前端的需求，这就造成了网站维护困难、可扩展性不强、开发成本高等问题。在 Twitter 的第一个 Hack Week 期间，Bootstrap 最初是为了应对这些挑战而迅速发展的。

2010 年 6 月，为了提高内部的协调性和工作效率，Twitter 公司的几个前端开发人员自发成立了一个兴趣小组，该小组早期主要围绕一些具体产品展开讨论。在不断的讨论和实践中，小组逐渐确立了一个清晰的目标，期望设计一个伟大的产品，即创建一个统一的工具包，允许任何人在 Twitter 内部使用它，并不断对其进行完善和超越。后来，这个工具包逐步演化为一个有助于建立新项目的应用系统。在它的基础上，Bootstrap 的构想产生了。

Bootstrap 项目由 Mark Otto 和 Jacob Thornton 主导建立，定位为一个开放源代码的前端工具包。他们希望通过这个工具包提供一种精致、经典、通用，且使用 HTML、CSS 和 JavaScript 构建的组件，为用户构建一个设计灵活和内容丰富的插件库。

最终，Bootstrap 成为应对这些挑战的解决方案，并开始在 Twitter 内部迅速成长，形成了稳定版本。随着工程师对其不断地开发和完善，Bootstrap 进步显著，不仅包括基本样式，而且有了更为优雅和持久的前端设计模式。

2011 年 8 月，Twitter 将其开源，开源页面地址为：http://twitter.github.com/Bootstrap。至今，Bootstrap 已发展到包括几十个组件，并已成为最受欢迎的 Web 前端框架之一。

2015 年 8 月，Twitter 发布了 Bootstrap 4 内测版。Bootstrap 4 是一次重大更新，几乎涉及每行代码。Bootstrap 4 是 Bootstrap 的最新版本，与 Bootstrap 3 相比拥有了更多具体的类以及把一些有关的部分变成了相关的组件。同时 Bootstrap.min.css 的体积减少了 40% 以上。和 Bootstrap 3 版本相比，Bootstrap 4 主要变化如下。

（1）从 Less 迁移到 Sass。Bootstrap 编译速度比以前更快。

（2）改进网格系统。新增一个网格层适配移动设备，并整顿语义混合。

（3）支持选择弹性盒模型（Flexbox）。利用 Flexbox 的优势快速布局。

（4）废弃了 wells、thumbnails 和 panels，使用 cards（卡片）代替。Cards 是个全新概念，但使用起来与 wells、thumbnails 及 panels 很像，且更方便。

（5）将所有 HTML 重置样式表整合到 Reboot 中。在用不了 Normalize.css 的地方可以用 Reboot，它提供了更多选项。例如 box-sizing:border-box、margin tweaks 等都存放在一个单独的 Sass 文件中。

（6）新的自定义选项。不再像前面的一样，将渐变、淡入淡出、阴影等效果分放在单独的样式表中，而是将所有选项都移到一个 Sass 变量中。如何给全局或考虑不到的角落定义一个默认效果？很简单，只要更新变量值，然后重新编译就可以了。

（7）不再支持 IE8，使用 rem 和 em 单位。放弃对 IE8 的支持意味着开发者可以放心地利用 CSS 的优点，不必研究 css hack 技巧或回退机制了。使用 rem 和 em 代替 px 单位，更适合做响应式布局，控制组件大小。如果要支持 IE8，只能继续使用 Bootstrap 3。

（8）重写所有 JavaScript 插件。为了利用 JavaScript 的新特性，Bootstrap 4 用 ES6 重写了所有插件。现在提供 UMD 支持、泛型拆解方法、选项类型检查等特性。

（9）改进工具提示（tooltips）和弹窗（popovers）自动定位。这部分要感谢 Tether 工具的帮助。

（10）改进文档。所有文档以 Markdown 格式重写，添加了一些方便的插件组织示例和代码片段，文档使用起来会更方便，搜索的优化工作也在进行中。

（11）更多变化。支持自定义窗体控件、空白和填充类，此外还包括新的实用程序类等。

发布 Bootstrap 3.0 的时候，Bootstrap 曾放弃了对 2.x 版本的支持，给很多用户造成了麻烦，因此当升级到 Bootstrap 4.0 时，开发团队将继续修复 Bootstrap 3.0 的 bug，改进文档。Bootstrap 4.0 最终发布之后，Bootstrap 3.0 也不会下线。

1.1.2　Bootstrap 的构成模块

Bootstrap 的构成模块从大的方面可以分为布局框架、页面排版、通用样式、组件和插件等部分。下面简单介绍一下 Bootstrap 中各模块的功能。

1. 页面布局

布局对于每个项目都必不可少。Bootstrap 在 960 栅格系统的基础上扩展出一套优秀的栅格布局，而在响应式布局中有更强大的功能，能让栅格布局适应各种设备。这种栅格布局使用也相当简单，只需要按照 HTML 模板应用，即可轻松构建所需的布局效果。

2. 页面排版

页面排版的好坏直接影响产品风格，也就是说页面设计是不是好看。在 Bootstrap 中，页面的排版都是从全局的概念上出发，定制了主体文本、段落文本、强调文本、标题、Code 风格、按钮、表单、表格等格式。

3. 通用样式

Bootstrap 定义了通用样式类，包括边距、边框、颜色、对齐方式、阴影、浮动、显示与隐藏，等等，可以使用这些通用样式快速地开发，无须再编写大量 CSS 样式。

4. 基本组件

基本组件是 Bootstrap 的精华之一，其中都是开发者平时需要用到的交互组件。例如，按钮、下拉菜单、标签页、工具栏、工具提示和警告框等。这些组件都配有 jQuery 插件，运用它们可以大幅度提高用户的交互体验，使产品不再那么呆板、无吸引力。

5. jQuery 插件

Bootstrap 中的 jQuery 插件主要用来帮助开发者实现与用户交互的功能。下面是 Bootstrap 提供的常见插件。

（1）模态框（Modal）：在 JavaScript 模板基础上自定义的一款灵活性极强的弹出蒙版效果的插件。

（2）下拉菜单（Dropdown）：Bootstrap 中一款轻巧实用的插件，可以帮助实现下拉功能，例如下拉菜单、下拉工具栏等。

（3）滚动监听（Scrollspy）：实现监听滚动条位置的效果。例如在导航中有多个标签，用户单击其中一个标签，滚动条会自动定位到导航中标签对应的文本位置。

（4）标签页（Tab）：这个插件能够快速实现本地内容的切换，动态切换标签页对应的本地内容。

（5）工具提示（Tooltip）：一款优秀的 jQuery 插件，无须加载任何图片，采用 CSS3 新技术，动态显示存储的标题信息。

（6）弹出提示（Popover）：在 Tooltips 的插件上扩展，用来显示一些叠加内容的提示效果，此插件需要配合 Tooltips 使用。

（7）警告框（Alert）：用来关闭警告信息块。

（8）按钮（Button）：用来控制按钮的状态，或更多组件功能，例如复选框、单选按钮等。

（9）折叠（Collapse）：一款轻巧实用的手风琴插件，可以用来制作折叠面板或菜单等效果。

（10）轮播（Carousel）：实现图片播放功能的插件。

1.2　Bootstrap 的优势

Bootstrap 是由 Twitter 发布并开源的前端框架，使用非常火爆。Bootstrap 框架的优势如下。

（1）Bootstrap 出自 Twitter。由大公司发布，并且完全开源，自然久经考验，减少了测试的工作量。

（2）Bootstrap 的代码有着非常良好的代码规范。在学习和使用 Bootstrap 时，有助于开发者养成良好的编码习惯，在 Bootstrap 的基础之上创建项目，日后代码的维护也变得简单清晰。

（3）Bootstrap 是基于 Less 打造的，并且也有 Sass 版本。Less 和 Sass 是 CSS 的预处理技术，正因如此，它一经推出就包含了一个非常实用的 Mixin 库供开发者调用，从而使得开发过程中对 CSS 的处理更加简单。

（4）Bootstrap 支持响应式开发。Bootstrap 响应式的网格系统（Grid System）非常先进，它已经搭建好了实现响应式设计的基础框架，并且非常容易修改。对于新手来说，Bootstrap 可以帮助你在非常短的时间内上手响应式布局的设计。

（5）丰富的组件与插件。Bootstrap 的 HTML 组件和 JavaScript 组件非常丰富，并且代码简洁，非常易于修改。由于 Bootstrap 的火爆，又出现了不少围绕 Bootstrap 而开发的 JavaScript 插件，这就使得开发的工作效率得到极大提升。

（6）适应各种技术水平。Bootstrap 适应不同技术水平的从业者，无论是设计师，还是程序开发人员，不管是骨灰级别的大牛，还是刚入门槛的菜鸟，使用 Bootstrap 既能开发简单的小东西，也能构造更为复杂的应用。

下面介绍一个使用 Bootstrap 框架的网站——星巴克网站，网址为 http://www.youzhan. org/。星巴克（Starbucks）是一家连锁咖啡公司的名称，网站比较独特，采用两栏的方式进行布局，如图 1-1 所示。

当移动设备屏幕比较窄时，网页部分内容折叠到菜单中，当需要使用时再展开，通过选择菜单导航，这样既使得页面布局更简洁，又提升了用户体验，如图 1-2 所示。

图 1-1　星巴克网站首页　　　　　图 1-2　移动端浏览网页效果

这是非常典型的一个响应式的使用，因为如果保持导航布局结构，在低分辨率显示情况下，导航布局宽度可能会超出水平显示的宽度，那么浏览器中就会出现水平滚动条，在移动设备端，这是不友好的体现。

1.3　下载 Bootstrap

下载 Bootstrap 之前，先确保系统中是否准备好了一个网页编辑器，本书使用 WebStorm 软件。另外，读者应该对自己的网页水平进行初步评估，是否基本掌握 HTML 和 CSS 技术，以便在网页设计和开发中轻松学习和使用 Bootstrap。

Bootstrap 提供了几个快速上手的方式，每种方式都针对不同级别的开发者和不同的使用场景。Bootstrap 压缩包包含两个版本，一个是供学习使用的完整版，一个是供直接引用的编译版。

1. 下载源码版 Bootstrap

访问 GitHub，找到 Twitter 公司的 Bootstrap 项目页面（https://github.com/twbs/bootstrap/），即可下载最新版本的 Bootstrap 压缩包，如图 1-3 所示。通过这种方式下载的 Bootstrap 压缩包，名称为 bootstrap-master.zip，包含 Bootstrap 库中所有的源文件以及参考文档，它们适合读者学习和交流使用。

用户也可以通过访问 https://getBootstrap.com/docs/4.5/getting-started/download/ 页面下载源代码文件，如图 1-4 所示。

图 1-3　GitHub 上下载 Bootstrap 压缩包　　　图 1-4　在官网下载 Bootstrap 源代码

2. 下载编译版 Bootstrap

如果希望快速地使用 Bootstrap，可以直接下载经过编译、压缩后的发布版，访问 https://getbootstrap.com/docs/4.5/getting-started/download/ 页面，单击 Download 按钮进行下载，下载文件名称为 bootstrap-4.5.3-dist.zip，如图 1-5 所示。

图 1-5　在官网下载编译版的 Bootstrap

编译版的 Bootstrap 文件仅包括 CSS 文件和 JavaScript 文件，Bootstrap 中删除了字体图标文件。直接复制压缩包中的文件到网站目录，导入相应的 CSS 文件和 JavaScript 文件，即可在网站和网页中应用 Bootstrap 的内容。

1.4　安装 Bootstrap

Bootstrap 压缩包下载到本地之后，就可以安装使用了，本节介绍两种安装 Bootstrap 框架的方法。

1.4.1　本地安装

Bootstrap 不同于历史版本，它首先为移动设备优化代码，然后用 CSS 媒体查询来扩展组件。为了确保所有设备的渲染和触摸效果，必须在网页的 <head> 标签中添加响应式的视图标签，代码如下：

```
<meta name="viewport" content="width=device-width, initial-scale=1, shrink-to-
    fit=no">
```

接下来安装 Bootstrap，需要以下两步。

01 安装 Bootstrap 的基本样式，在 <head> 标签中，使用 <link> 标签调用 CSS 样式，这是常见的一种调用方法。另外还需要包含一个 viewportmeta 标记来进行适当的响应行为。

```
<head>
    <meta name="viewport" content="width=device-width, initial-scale=1, shrink-
        to-fit=no">
    <link rel="stylesheet" href="bootstrap-4.5.3-dist/css/bootstrap.css">
    <link rel="stylesheet" href="css/style.css">
</head>
```

其中 bootstrap.css 是 Bootstrap 的基本样式，style.css 是项目自定义的样式。

> **注意**：调用必须遵从先后顺序。style.css 是项目中的自定义样式，用来覆盖 Bootstrap 中的一些默认设置，便于开发者定制本地样式，所以必须在 bootstrap.css 文件后面引用。

02 CSS 样式安装完成后，开始安装 bootstrap.js 文件。方法很简单，按照与 CSS 样式相似的引入方式，把 bootstrap.js 和 jquery.js 引入到页面代码中即可。

```
<!DOCTYPE html>
<html>
<head>
        <meta name="viewport"
content="width=device-width, initial-
scale=1, shrink-to-fit=no">
        <title>Title</title>
        <link rel="stylesheet"
href="bootstrap-4.5.3-dist/css/
bootstrap.css">
        <link rel="stylesheet"
href="css/style.css">
    </head>
    <body>
    <!—页面内容-->
```

```
<script src="jquery.js"></script>
<script src="Popper.js"></script>
<script src="bootstrap-4.5.3-dist/
js/bootstrap.js"></script>
    </body>
</html>
```

其中 jquery.js 是 jQuery 库基础文件；Popper.js 是一些 Bootstrap 插件依赖的文件，例如，弹窗插件、工具提示插件、下拉菜单插件等；bootstrap.js 是 Bootstrap 的 jQuery 插件的源文件。JavaScript 脚本文件建议置于文档尾部，即放置在 </body> 标签的前面。

1.4.2　在线安装

Bootstrap 官网为 Bootstrap 构建了 CDN 加速服务，访问速度快、加速效果明显。读者可以在文档中直接引用，代码如下：

```
<!--Bootstrap核心CSS文件-->
<link rel="stylesheet"
href="https://stackpath.bootstrapcdn.
com/bootstrap/4.5.3/css/bootstrap.min.
css">
<!-- jQuery文件。务必在bootstrap.min.
js 之前引入 -->
<script src="https://code.jquery.
com/jquery-3.5.1.slim.min.js"></script>
<!-- popper.min.js用于弹窗、提示、下拉
菜单-->
<script src="https://cdnjs.
cloudflare.com/ajax/libs/popper.
js/2.6.0/umd/popper.min.js"></script>
<!--Bootstrap核心JavaScript文件
-->
<script src="https://stackpath.
```

```
bootstrapcdn.com/bootstrap/4.5.3/js/
bootstrap.min.js"></script>
```

也可以使用另外一些 CDN 加速服务。例如，BootCDN 为 Bootstrap 免费提供了 CDN 加速器。使用 CDN 提供的链接即可引入 Bootstrap 文件：

```
<!--Bootstrap核心CSS文件-->
https://cdn.bootcss.com/twitter-
bootstrap/4.5.3/css/bootstrap.min.css
<!--Bootstrap核心JavaScript文件-->
https://cdn.bootcss.com/twitter-
bootstrap/4.5.3/js/bootstrap.min.js
```

1.5　Bootstrap 的在线开发工具

Layoutit（http://www.bootcss.com/p/layoutit/）是一个在线工具，它可以简单而又快速地搭建 Bootstrap 响应式布局，操作基本是使用拖动方式来完成，而元素都是基于 Bootstrap 框架集成的，所以这款工具很适合网页设计师和前端开发人员使用，快捷方便。Layoutit 的首页效果如图 1-6 所示。

IBootstrap（http://www.iBootstrap.cn/）也是一个在线工具，和 Layoutit 工具类似，界面如图 1-7 所示。IBootstrap 适配了很多浏览器，同时可以简单可视化编辑和生成，有基本的布局设置、基本的 CSS 布局、工具组件和 JavaScript 工具，操作基本上是使用拖动方式来完成。

图 1-6　Layoutit 工具首页效果

图 1-7　IBootstrap 工具首页效果

1.6　小试身手——设计轮播图效果

　　设计网址的主页时，经常需要设计轮播图效果。设计该效果不仅需要设计最基本的 HTML 结构，还需要 Bootstrap 中的 jQuery 插件提供支持。

　　下面通过案例来学习轮播图效果的设计方法。

实例 1：设计轮播图效果（案例文件：ch01\1.1.html）

```html
<!DOCTYPE html>
<html>
<head>
    <meta charset="UTF-8">
    <title>设计轮播图效果</title>
        <meta name="viewport"
content="width=device-width,initial-
scale=1, shrink-to-fit=no">
        <link rel="stylesheet"
href="bootstrap-4.5.3-dist/css/
bootstrap.css">
    <script src="jquery-3.5.1.slim.
js"></script>
    <script src="bootstrap-4.5.3-dist/
js/bootstrap.min.js"></script>
    </head>
    <body>
    <div id="Carousel" class="carousel
slide" data-ride="carousel">
    <!--标识图标-->
    <ol class="carousel-indicators">
    <li data-target="#Carousel" data-
slide-to="0" class="active"></li>
    <li data-target="#Carousel" data-
slide-to="1"></li>
    <li data-target="#Carousel" data-
slide-to="2"></li>
    </ol>
    <!--幻灯片-->
    <div class="carousel-inner">
<div class="carousel-item active">
<img src="images/1.jpg" class="d-
block w-100" alt="">
<div class="carousel-caption">
        <h5>设计轮播图效果</h5>
        <p>说明文字</p>
        </div>
        </div>
    <div class="carousel-item">
        <img src="images/2.jpg"
class="d-block w-100" alt="">
    <div class="carousel-caption">
        <h5>设计轮播图效果</h5>
        <p>说明文字</p>
        </div>
        </div>
    <div class="carousel-item">
        <img src="images/3.jpg"
class="d-block w-100" alt="">
    <div class="carousel-caption">
        <h5>设计轮播图效果</h5>
        <p>说明文字</p>
        </div>
    </div>
    </div>
    <!--控制按钮-->
    <a class="carousel-control-
prev" href="#Carousel" data-
slide="prev">
    <span class="carousel-control-
prev-icon"></span>
    </a>
    <a class="carousel-control-
next" href="#Carousel" data-
slide="next">
    <span class="carousel-control-
next-icon"></span>
    </a>
    </div>
    </body>
</html>
```

上述代码分析如下。

（1）在上面的结构中，carousel 类定义轮播包含框，carousel-indicators 类定义轮播指示器包含框，carousel-inner 类定义轮播图片包含框，carousel-caption 类定义轮播图的标题和说明，carousel-control-prev 类和 carousel-control-next 类定义两个控制按钮，用来控制播放行为。

（2）data-ride="carousel" 属性用于定义轮播在页面加载时就开始动画播放，data-slide="prev" 和 data-slide="next" 属性用于激活按钮行为，active 类定义轮播的活动项，slide 类定义动画效果。

（3）在指示器包含框中，data-target="#Carousel" 属性指定目标包含容器为 <div id="Carousel">，使用 data-slide-to="0" 定义播放顺序的下标。

（4）在轮播图片包含框中，carousel-item 类定义轮播项包含框，carousel-caption 类定义标题和说明包含框。其中图片引用了 .d-block 和 .w-100 样式，以修正浏览器预设的图像对齐带来的影响。

（5）控制按钮和指示图标必须具有与 .carousel 元素的 id（Carousel）匹配的数据目标属性或链接的 href 属性。

运行效果如图 1-8 所示。

图 1-8　轮播图效果

1.7　新手常见疑难问题

▌疑问 1：Bootstrap 4 支持哪些浏览器？

Bootstrap 4 支持所有的主流浏览器和平台的最新的、稳定的版本。针对 Windows，则是支持 IE 10-11/Microsoft Edge 浏览器。

使用最新版本 WebKit、Blink 或 Gecko 内核的第三方浏览器（例如国产 360 安全、极速浏览器，搜狗浏览器，QQ 浏览器，UCweb 浏览器），无论是直接地还是通过 Web API 接口，虽然 Bootstrap 4 官方没有针对性的开发支持，但在大多数情况下也都是完美兼容，不会影响视觉呈现和脚本运行。

可以在 Bootstrap 源码文件中找到 .browserslistrc 文件，它包括支持的浏览器以及版本，代码如下所示：

```
#https://github.com/browserslist/       Edge >= 12
browserslist#readme                      Explorer >= 10
>= 1%                                    iOS >= 9
last 1 major version                     Safari >= 9
not dead                                 Android >= 4.4
Chrome >= 45                             Opera >= 30
Firefox >= 38
```

Bootstrap 4 在移动设备浏览器上支持情况如表 1-1 所示。

表 1-1　移动设备浏览器上支持情况

	Chrome	Firefox	Safari	Android Browser & WebView
安卓（Android）	支持	支持	N/A	Android v5.0+ 支持
苹果（iOS）	支持	支持	支持	N/A

Bootstrap 4 在桌面浏览器上支持情况如表 1-2 所示。

表 1-2　桌面浏览器上支持情况

	Chrome	Firefox	Internet Explorer	Microsoft Edge	Opera	Safari
Mac	支持	支持	N/A	N/A	支持	支持
Windows	支持	支持	支持，IE10+	支持	支持	不支持

对于 Firefox 火狐浏览器，除了最新的普通稳定版本，也支持 Firefox 浏览器最新的扩展支持版本。

大多数情况下，在 Chromium、Chrome for Linux、Firefox for Linux 和 IE 9 中，Bootstrap 4 运行比较良好，尽管它们没有得到官方的支持。

对于 IE 浏览器来说，支持 IE 10 及更高版本，不支持 IE 9（即使大多兼容，依然不推荐）。

> 注意：IE 10 中不完全支持某些 CSS3 属性和 HTML5 元素，或者需要前缀属性才能实现完整的功能（访问 https://caniuse.com 网站可以了解不同浏览器对 CSS3 和 HTML5 功能的支持）。

Bootstrap 4 放弃了对 IE 8 以及 iOS 6 的支持，现在仅仅支持 IE 9 以上及 iOS 7 以上版本的浏览器。如果需要兼容低版本的浏览器，请使用 Bootstrap 3。

疑问 2：学习 Bootstrap 有哪些资源？

对于初学者来说，拥有好的学习资源，将会对学习 Bootstrap 起到事半功倍的效果。使用 Bootstrap 开发网站，就像在拼图一样，需要什么就拿什么，最后拼成一个完整的样子。Bootstrap 框架定义了大量的组件，根据网页的需要，可以直接拿来相应的组件进行拼凑，然后稍微添加一些自定义的样式风格，即可完成网页的开发。对于初学者来说，花几个小时阅读本书，就能快速地了解各个组件的用法，只要按照它的使用规则使用即可。

```
Bootstrap3中文网：http://www.
bootcss.com/
　Bootstrap3英文参考：https://
getBootstrap.com/
　Bootstrap4中文网：https://
v4.bootcss.com/
　Bootstrap4英文参考：https://
```

```
getBootstrap.com/docs/4.0/getting-
started/introduction/
　Bootstrap 4.2.1英文参考：https://
getBootstrap.com/docs/4.2/getting-
started/introduction/
　Bootstrap所有版本：https://
getBootstrap.com/docs/versions/
```

1.8　实战技能训练营

实战：设计网页导航按钮

使用 Bootstrap 设计网页导航按钮，运行结果如图 1-9 所示。

图 1-9　网页导航按钮

第2章 响应式网页设计

📖 本章导读

　　响应式网站设计是目前非常流行的一种网络页面设计布局。主要优势是设计布局可以智能地根据用户行为以及不同的设备（台式电脑，平板电脑或智能手机）让内容适应性展示，从而让用户在不同的设备都能够友好地浏览网页的内容。本章将重点学习响应式网页设计的原理和设计方法。

📖 知识导图

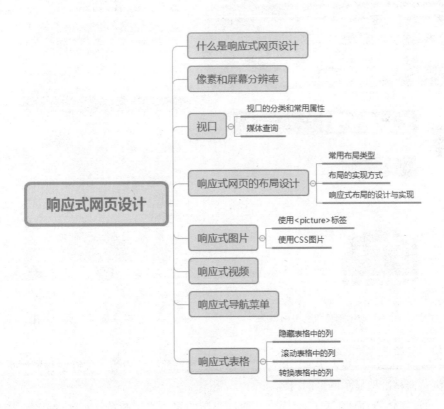

2.1 什么是响应式网页设计

随着移动用户量越来越大，智能手机和平板电脑等移动上网已经非常流行。而普通开发的电脑端的网站在移动端浏览时页面内容会变形，从而影响预览效果。解决上述问题常见的方法有以下 3 种。

（1）创建一个单独的移动版网站，然后配备独立的域名。移动用户需要用移动网站的域名进行访问。

（2）在当前的域名内创建一个单独的网站，专门服务于移动用户。

（3）利用响应式网页设计技术，能够使页面自动切换分辨率、图片尺寸等，以适应不同的设备，并可以在不同浏览终端实现网站数据的同步更新，从而为不同终端的用户提供更加良好的用户体验。

例如清华大学出版社的官网，通过电脑端访问该网站主页时，预览效果如图 2-1 所示。通过手机端访问该网站主页时，预览效果如图 2-2 所示。

图 2-1　电脑端浏览主页效果　　　　图 2-2　手机端浏览主页的效果

响应式网页设计的技术原理如下。

（1）通过 <meta> 标签来实现。该标签可以涉足页面格式、内容、关键字和刷新页面等，从而帮助浏览器精准地显示网页的内容。

（2）通过媒体查询适配对应的样式。通过不同的媒体类型和条件定义样式表规则，获取的值可以设置设备的手持方向是水平方向还是垂直方向，以及设备的分辨率等。

（3）通过第三方框架来实现。例如目前比较流行的 Bootstrap 和 Vue 框架，可以更高效地实现网页的响应式设计。

2.2 像素和屏幕分辨率

在响应式设计中，像素是一个非常重要的概念。像素是计算机屏幕中显示特定颜色的最小区域。屏幕中的像素越多，同一范围内能看到的内容就越多。或者说，当设备尺寸相同时，像素越密集，画面就越精细。

在设计网页元素的属性时，一般是通过 width 属性的大小来设置宽度。当不同的设备显示同一个设定的宽度时，到底显示的宽度是多少像素呢？

要解决这个问题，首先理解两个基本概念，那就是设备像素和 CSS 像素。

1. 设备像素

设备像素指的是设备屏幕的物理像素，任何设备的物理像素数量都是固定的。

2. CSS 像素

CSS 像素是 CSS 中使用的一个抽象概念。它和物理像素之间的比例取决于屏幕的特性以及用户进行的缩放，由浏览器自行换算。

由此可知，具体显示的像素数目，是和设备像素密切相关的。

屏幕分辨率是指纵横方向上的像素个数。屏幕分辨率确定计算机屏幕上显示信息的多少，以水平和垂直像素来衡量。就相同大小的屏幕而言，当屏幕分辨率低时（例如 640×480），在屏幕上显示的像素少，单个像素尺寸比较大。屏幕分辨率高时（例如 1600×1200），在屏幕上显示的像素多，单个像素尺寸比较小。

显示分辨率就是屏幕上显示的像素个数，分辨率 160×128 的意思是水平方向含有像素数为 160 个，垂直方向像素数为 128 个。屏幕尺寸一样的情况下，分辨率越高，显示效果就越精细和细腻。

2.3 视口

视口 (viewport) 和窗口 (window) 是两个不同的概念。在电脑端，视口指的是浏览器的可视区域，其宽度和浏览器窗口的宽度保持一致。而在移动端，视口较为复杂，它是与移动设备相关的一个矩形区域，坐标单位与设备有关。

2.3.1 视口的分类和常用属性

移动端浏览器通常宽度是 240~640 像素，而大多数为电脑端设计的网站宽度至少为 800 像素，如果仍以浏览器窗口作为视口的话，网站内容在手机上看起来会非常窄。

因此，引入了布局视口、视觉视口和理想视口 3 个概念，使得移动端中的视口与浏览器宽度不再相关联。

1. 布局视口

一般移动设备的浏览器都默认设置了一个 viewport 元标签，定义一个虚拟的布局视口，用于解决早期的页面在手机上显示的问题。iOS 和 Android 基本都将这个视口分辨率设置为 980 像素，所以电脑上的网页基本能在手机上呈现，只不过元素看上去很小，一般默认可以通过手动缩放网页。

布局视口使视口与移动端浏览器屏幕宽度完全独立开。CSS 布局将会根据它来进行计算，并被它约束。

2. 视觉视口

视觉视口是用户当前看到的区域，用户可以通过缩放操作视觉视口，同时不会影响布局视口。

3. 理想视口（ideal viewport）

布局视口的默认宽度并不是一个理想的宽度，于是浏览器厂商引入了理想视口的概念，它对设备而言是最理想的布局视口尺寸。显示在理想视口中的网站具有最理想的宽度，用户无须进行缩放。

理想视口的值其实就是屏幕分辨率的值，它对应的像素叫做设备逻辑像素。设备逻辑像素和设备的物理像素无关，一个设备逻辑像素在任意像素密度的设备屏幕上都占据相同的空间。如果用户没有进行缩放，那么一个 CSS 像素就等于一个设备逻辑像素。

用下面的方法可以使布局视口与理想视口的宽度一致，代码如下：

```
<meta name="viewport" content="width=device-width">
```

这里的 viewport 属性对响应式设计起了非常重要的作用。该属性中常用的属性值和含义如下。

（1）width：设置布局视口的宽度。该属性可以设置为数值或 device-width，单位为像素。

（2）height：设置布局视口的高度。该属性可以设置为数值或 device- height，单位为像素。

（3）initial-scale：设置页面的初始缩放比例。

（4）minimum-scale：设置页面的最小缩放比例。

（5）maximum-scale：设置页面的最大缩放比例。

（6）user-scalable：设置用户是否可以缩放。yes 表示可以缩放，no 表示禁止缩放。

2.3.2　媒体查询

媒体查询的核心就是根据设备显示器的特征（视口宽度、屏幕比例和设备方向）来设定 CSS 的样式。媒体查询由媒体类型和一个或多个检测媒体特性的条件表达式组成。通过媒体查询，可以实现同一个 html 页面，根据不同的输出设备，显示不同的外观效果。

媒体查询的使用方法是在 <head> 标签中添加 viewport 属性。具体代码如下：

```
<meta name="viewport" content="width=device-width",initial-scale=1,
    maximum-scale=1.0,user-scalable="no">
```

然后使用 @media 关键字编写 CSS 媒体查询内容。例如以下代码：

```
/*当设备宽度在450~650像素之间时，显示背景图片为m1.gif*/
@media screen and (max-width:650px) and (min-width:450px){
    header{
        background-image: url(m1.gif);
    }
}
/*当设备宽度小于或等于450像素时，显示背景图片为m2.gif*/
@media screen and (max-width:450px){
    header{
        background-image: url(m2.gif);
    }
}
```

上述代码实现的功能是根据屏幕的大小不同而显示不同的背景图片。当设备屏幕宽度在 450~650 像素之间时，媒体查询中设置背景图片为 m1.gif；当设备屏幕宽度小于或等于 450 像素时，媒体查询中设置背景图片为 m2.gif。

2.4　响应式网页的布局设计

响应式网页布局设计的主要特点是根据不同的设备显示不同的页面布局效果。

2.4.1　常用布局类型

根据网页的列数可以将网页布局类型分为单列或多列布局。多列布局又可以分为均分多列布局和不均分多列布局。

1. 单列布局

网页单列布局模式是最简单的一种布局形式，也被称为"网页 1-1-1 型布局模式"。如图 2-3 所示为网页单列布局模式示意图。

2. 均分多列布局

列数大于或等于 2 列的布局类型。每列宽度相同，列与列间距相同，如图 2-4 所示。

图 2-3　网页单列布局

3. 不均分多列布局

列数大于或等于 2 列的布局类型。每列宽度不相同，列与列间距不同，如图 2-5 所示。

图 2-4　均分多列布局　　　　　　　　图 2-5　不均分多列布局

2.4.2　布局的实现方式

采用何种方式实现布局设计，也有不同的方式，这里基于页面的实现单位（像素或百分比）而言，分为四种类型：固定布局、可切换的固定布局、弹性布局和混合布局。

（1）固定布局：以像素作为页面的基本单位，不管设备屏幕及浏览器宽度，只设计一套固定宽度的页面布局，如图 2-6 所示。

（2）可切换的固定布局：同样以像素作为页面单位，参考主流设备尺寸，设计几套不同宽度的布局。通过媒体查询技术识别不同的屏幕尺寸或浏览器宽度，选择最合适的宽度布局，如图 2-7 所示。

（3）弹性布局：以百分比作为页面的基本单位，可以适应一定范围内所有尺寸的设备屏幕及浏览器宽度，并能完美利用有效空间展现最佳效果，如图 2-8 所示。

图 2-6　固定布局

图 2-7　可切换的固定布局

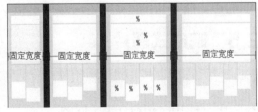

图 2-8　弹性布局

（4）混合布局：同弹性布局类似，可以适应一定范围内所有尺寸的设备屏幕及浏览器宽度，并能完美利用有效空间展现最佳效果。只是混合像素和百分比两种单位作为页面单位，如图 2-9 所示。

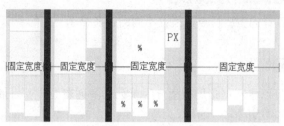

固定宽度　固定宽度　固定宽度　固定宽度

图 2-9　混合布局

可切换的固定布局、弹性布局、混合布局都是目前常被采用的响应式布局方式。其中可切换的固定布局的实现成本最低，但拓展性比较差；而弹性布局与混合布局效果具有响应性，都是比较理想的响应式布局实现方式。只是对于不同类型的页面排版布局实现响应式设计，需要采用不用的实现方式。通栏、等分结构的适合采用弹性布局方式，而对于非等分的多栏结构往往需要采用混合布局的实现方式。

2.4.3　响应式布局的设计与实现

对页面进行响应式的设计实现，需要对相同内容进行不同宽度的布局设计，有两种方式：桌面电脑端优先（从桌面电脑端开始设计）；移动端优先（从移动端开始设计）。无论基于哪种模式的设计，要兼容所有设备，布局响应时不可避免地需要对模块布局做一些变化。

通过 JavaScript 获取设备的屏幕宽度，来改变网页的布局。常见的响应式布局方式有以下两种。

1. 模块内容不变

页面中整体模块内容不发生变化，通过调整模块的宽度，可以将模块内容从挤压调整到拉伸，从平铺调整到换行，如图 2-10 所示。

2. 模块内容改变

页面中整体模块内容发生变化，通过媒体查询，检测当前设备的宽度，动态隐藏或显示模块内容，增加或减少模块的数量，如图 2-11 所示。

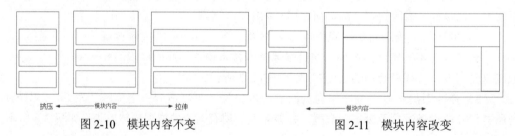

挤压 ◄——模块内容——► 拉伸　　　　　　　◄——模块内容——►

图 2-10　模块内容不变　　　　　　　图 2-11　模块内容改变

2.5　响应式图片

实现响应式图片效果的常见方法有两种，包括使用 <picture> 标签和 CSS 图片。

2.5.1　使用 <picture> 标签

<picture> 标签可以实现在不同的设备上显示不同的图片，从而实现响应式图片的效果。语法格式如下：

```
<picture>
  <source media="(max-width: 600px)" srcset="m1.jpg">
  <img src="m2.jpg">
</picture>
```

　　<picture> 标签包含 <source> 标签和 <img> 标签，根据不同设备屏幕的宽度，显示不同的图片。上述代码的功能是，当屏幕的宽度小于 600 像素时，将显示 m1.jpg 图片，否则将显示默认图片 m2.jpg。

> 提示：根据屏幕匹配的不同尺寸显示不同图片，如果没有匹配到或浏览器不支持 <picture> 标签则使用 <img> 标签内的图片。

实例 1：使用 <picture> 标签实现响应式图片布局（案例文件：ch02\2.1.html）

　　本实例将通过使用 <picture> 标签、<source> 标签和 <img> 标签，根据不同设备屏幕的宽度，显示不同的图片。当屏幕的宽度大于 800 像素时，将显示 m1.jpg 图片，否则将显示默认图片 m2.jpg。

```
<!DOCTYPE html>
<html>
<head>
<title>使用<picture>标签</title>
</head>
<body>
<h1>使用<picture>标签实现响应式图片</h1>
<picture>
    <source media="(min-width:
800px)" srcset="m1.jpg">
    <img src="m2.jpg">
</picture>
</body>
</html>
```

　　电脑端运行效果如图 2-12 所示。使用 Opera Mobile Emulator 模拟手机端运行效果，

如图 2-13 所示。

图 2-12　电脑端预览效果

图 2-13　模拟手机端预览效果

2.5.2　使用 CSS 图片

　　大尺寸图片可以显示在大屏幕上，但在小屏幕上却不能很好地显示。没有必要在小屏幕上去加载大图片，这样会影响加载速度。所以可以利用媒体查询技术，使用 CSS 中的 media 关键字，根据不同的设备显示不同的图片。

　　语法格式如下：

```
@media screen and (min-width: 600px) {
    CSS样式信息
    }
```

　　上述代码的功能是，当屏幕大于 600 像素时，将应用大括号内的 CSS 样式。

实例 2：使用 CSS 图片实现响应式图片布局（案例文件：ch02\2.2.html）

本实例使用媒体查询技术中的 media 关键字，实现响应式图片布局。当屏幕宽度大于 800 像素时，显示图片 m3.jpg；当屏幕宽度小于 799 像素时，显示图片 m4.jpg。

```
<!DOCTYPE html>
<html>
<head>
<meta name="viewport"
content="width=device-width",initial-
scale=1,maximum-scale=1.0,user-
scalable="no">
<!--指定页头信息-->
<title>使用CSS图片</title>
<style>
    /*当屏幕宽度大于800像素时*/
    @media screen and (min-width:
      800px) {
        .bcImg {
```

```
background-image:url(m3.jpg);
        background-repeat:
          no-repeat;
        height: 500px;
    }
}
/*当屏幕宽度小于799像素时*/
@media screen and (max-width:
    799px) {
    .bcImg {
        background-image:url
          (m4.jpg);
        background-repeat:
        no-repeat;
        height: 500px;
    }
}
</style>
</head>
<body>
<div class="bcImg"></div>
</body>
</html>
```

电脑端运行效果如图 2-14 所示。使用 Opera Mobile Emulator 模拟手机端运行效果，如图 2-15 所示。

图 2-14　电脑端使用 CSS 图片预览效果

图 2-15　模拟手机端使用 CSS 图片预览效果

2.6　响应式视频

相比于响应式图片，响应式视频的处理稍微要复杂一点。响应式视频不仅仅要处理视频播放器的尺寸，还要兼顾到视频播放器的整体效果和体验问题。下面讲述如何使用 <meta> 标签处理响应式视频。

<meta> 标签中的 viewport 属性可以设置网页设计的宽度和实际屏幕的宽度的大小关系。语法格式如下：

```
<meta name="viewport" content="width=device-width",initial-scale=1,
    maximum-scale=1,user-scalable="no">
```

实例 3：使用 <meta> 标签播放手机视频（案例文件：ch02\2.3.html）

本实例使用 <meta> 标签实现一个视频在手机端正常播放。首先使用 <iframe> 标签引入测试视频，然后通过 <meta> 标签中的 viewport 属性设置网页设计的宽度和实际屏幕宽度的大小关系。

```
<!DOCTYPE html>
<html>
<head>
<!--通过meta元标签，使网页宽度与设备宽度一致 -->
<meta name="viewport"content="width
=device-width,initial-scale=1" maxinum-
scale=1,user-scalable="no">
<!--指定页头信息-->
<title>使用<meta>标签播放手机视频
</title>
```

```
</head>
<body>
<div align="center">
    <!--使用iframe标签，引入视频-->
<iframe    src="精品课程.mp4"
frameborder="0" allowfullscreen></iframe>
</div>
</body>
</html>
```

使用 Opera Mobile Emulator 模拟手机端运行效果，如图 2-16 所示。

图 2-16　模拟手机端预览视频的效果

2.7　响应式导航菜单

导航菜单是设计网站中最常用的元素。下面讲述响应式导航菜单的实现方法。利用媒体查询技术中的 media 关键字，获取当前设备屏幕的宽度，根据不同的设备显示不同的 CSS 样式。

实例 4：使用 media 关键字设计网上商城的响应式菜单（案例文件：ch02\2.4.html）

本实例使用媒体查询技术中的 media 关键字，实现网上商城的响应式菜单。

```
<!DOCTYPE HTML>
<html>
<head>
<meta name="viewport"content="width
=device-width, initial-scale=1">
<title>CSS3响应式菜单</title>
<style>
        .nav ul {
            margin: 0;
            padding: 0;
        }
        .nav li {
            margin: 0 5px 10px 0;
            padding: 0;
            list-style: none;
            display: inline-block;
            *display:inline; /* ie7 */
        }
        .nav a {
            padding: 3px 12px;
            text-decoration: none;
```

```
            color: #999;
            line-height: 100%;
        }
        .nav a:hover {
            color: #000;
        }
        .nav .current a {
            background: #999;
            color: #fff;
            border-radius: 5px;
        }
        /* right nav */
        .nav.right ul {
            text-align: right;
        }
        /* center nav */
        .nav.center ul {
            text-align: center;
        }
        @media screen and (max-
        width: 600px) {
        .nav {
            position: relative;
            min-height: 40px;
        }
        .nav ul {
            width: 180px;
            padding: 5px 0;
```

```
                position: absolute;
                top: 0;
                left: 0;
            border: solid 1px #aaa;
            border-radius: 5px;
     box-shadow: 0 1px 2px rgba(0,0,0,.3);
            }
            .nav li {
                display: none;
/* hide all <li> items */
                margin: 0;
            }
            .nav .current {
                display: block;
/* show only current <li> item */
            }
            .nav a {
                display: block;
        padding: 5px 5px 5px 32px;
                text-align: left;
            }
            .nav .current a {
                background: none;
                color: #666;
            }
            /* on nav hover */
            .nav ul:hover {
            background-image: none;
            background-color: #fff;
            }
            .nav ul:hover li {
                display: block;
                margin: 0 0 5px;
            }
            /* right nav */
            .nav.right ul {
                left: auto;
                right: 0;
            }
            /* center nav */
            .nav.center ul {
                left: 50%;
                margin-left: -90px;
            }
        }
    </style>
</head>
```

```
<body>
<h2>风云网上商城</h2>
<!--导航菜单区域-->
<nav class="nav">
    <ul>
     <li class="current"><a
      href="#">家用电器</a></li>
     <li><a href="#">电脑</a></li>
     <li><a href="#">手机</a></li>
     <li><a href="#">化妆品</a></li>
     <li><a href="#">服装</a></li>
     <li><a href="#">食品</a></li>
    </ul>
</nav>
<p>风云网上商城-专业的综合网上购物商城，销
售超数万品牌、4020万种商品，囊括家电、手
机、电脑、化妆品、服装等6大品类。秉承客户为先的理念，
商城所售商品为正品行货、全国联保、机打发票。</p>
</body>
</html>
```

电脑端运行效果如图 2-17 所示。使用 Opera Mobile Emulator 模拟手机端运行效果，如图 2-18 所示。

图 2-17　电脑端预览导航菜单的效果

图 2-18　模拟手机端预览导航菜单的效果

2.8　响应式表格

表格在网页设计中非常重要。例如网站中的商品采购信息表，就是使用表格技术。响应式表格通常是通过隐藏表格中的列、滚动表格中的列和转换表格中的列来实现。

2.8.1　隐藏表格中的列

为了适配移动端的布局效果，可以隐藏表格中不使用的列。利用媒体查询技术中的 media 关键字，获取当前设备屏幕的宽度，根据不同的设备将不重要的列设置为 display: none，从而隐藏指定的列。

实例 5：隐藏商品采购信息表中不重要的列（案例文件：ch02\2.5.html）

利用媒体查询技术中的 media 关键字，在移动端隐藏表格的第 4 列和第 6 列。

```html
<!DOCTYPE html>
<html >
<head>
    <meta name="viewport"content="width=device-width, initial-scale=1">
    <title>隐藏表格中的列</title>
    <style>
        @media only screen and (max-width: 600px) {
        table td:nth-child(4),
        table th:nth-child(4),
        table td:nth-child(6),
        table th:nth-child(6){display:
            none;}
        }
    </style>
</head>
<body>
<h1 align="center">商品采购信息表</h1>
<table width="100%" cellspacing="1"
    cellpadding="5" border="1">
    <thead>
    <tr>
        <th>编号</th>
        <th>产品名称</th>
        <th>价格</th>
        <th>产地</th>
        <th>库存</th>
        <th>级别</th>
    </tr>
    </thead>
    <tbody align="center">
    <tr>
        <td>1001</td>
        <td>冰箱</td>
        <td>6800元</td>
        <td>上海</td>
        <td>4999</td>
        <td>1级</td>
    </tr>
    <tr>
        <td>1002</td>
        <td>空调</td>
        <td>5800元</td>
        <td>上海</td>
        <td>6999</td>
        <td>1级</td>
    </tr>
    <tr>
        <td>1003</td>
        <td>洗衣机</td>
        <td>4800元</td>
        <td>北京</td>
        <td>3999</td>
        <td>2级</td>
    </tr>
    <tr>
        <td>1004</td>
        <td>电视机</td>
        <td>2800元</td>
        <td>上海</td>
        <td>8999</td>
        <td>2级</td>
    </tr>
    <tr>
        <td>1005</td>
        <td>热水器</td>
        <td>320元</td>
        <td>上海</td>
        <td>9999</td>
        <td>1级</td>
    </tr>
    <tr>
        <td>1006</td>
        <td>手机</td>
        <td>1800元</td>
        <td>上海</td>
        <td>9999</td>
        <td>1级</td>
    </tr>
    </tbody>
</table>
</body>
</html>
```

电脑端运行效果如图 2-19 所示。使用 Opera Mobile Emulator 模拟手机端运行效果，如图 2-20 所示。

图 2-19　电脑端预览效果

图 2-20　隐藏表格中的列

021

2.8.2　滚动表格中的列

通过滚动条的方式，可以将手机端看不到的信息，进行滚动查看。实现此效果主要是利用媒体查询技术中的 media 关键字，获取当前设备屏幕的宽度，根据不同的设备宽度，改变表格的样式，将表头由横向排列变成纵向排列。

实例 6：滚动表格中的列（案例文件：ch02\2.6.html）

本案例将不改变表格的内容，通过滚动的方式查看表格中的所有信息。

```html
<!DOCTYPE html>
<html>
<head>
<meta name="viewport"content="width
=device-width, initial-scale=1">
    <title>滚动表格中的列</title>

    <style>
        @media only screen and
(max-width:650px) {
            *:first-child+html .cf
            { zoom: 1; }
            table { width: 100%; border-
collapse: collapse; border-spacing: 0; }
            th,td { margin: 0; vertical-
align: top; }
                th { text-align: left; }
            table { display: block;
position: relative; width: 100%; }
                    thead { display:
block; float: left; }
        tbody { display: block; width:
auto; position: relative; overflow-x:
auto; white-space: nowrap; }
        thead tr { display: block; }
                th { display: block;
text-align: right; }
                    tbody tr { display:
inline-block; vertical-align: top; }
                td { display: block;
min-height: 1.25em; text-align: left; }
                th { border-bottom: 0;
border-left: 0; }
                td { border-left: 0;
border-right: 0; border-bottom: 0; }
                    tbody tr { border-
left: 1px solid #babcbf; }
                th:last-child,td:last-child
{ border-bottom: 1px solid #babcbf; }
            }
        </style>
    </head>
    <body>
    <h1 align="center">商品采购信息表</h1>
    <table width="100%" cellspacing="1"
cellpadding="5" border="1">
```

```html
<thead>
<tr>
    <th>编号</th>
    <th>产品名称</th>
    <th>价格</th>
    <th>产地</th>
    <th>库存</th>
    <th>级别</th>
</tr>
</thead>
<tbody align="center">
<tr>
    <td>1001</td>
    <td>冰箱</td>
    <td>6800元</td>
    <td>上海</td>
    <td>4999</td>
    <td>1级</td>
</tr>
<tr>
    <td>1002</td>
    <td>空调</td>
    <td>5800元</td>
    <td>上海</td>
    <td>6999</td>
    <td>1级</td>
</tr>
<tr>
    <td>1003</td>
    <td>洗衣机</td>
    <td>4800元</td>
    <td>北京</td>
    <td>3999</td>
    <td>2级</td>
</tr>
<tr>
    <td>1004</td>
    <td>电视机</td>
    <td>2800元</td>
    <td>上海</td>
    <td>8999</td>
    <td>2级</td>
</tr>
<tr>
    <td>1005</td>
    <td>热水器</td>
    <td>320元</td>
    <td>上海</td>
    <td>9999</td>
    <td>1级</td>
</tr>
<tr>
```

```
        <td>1006</td>                          </tr>
        <td>手机</td>                      </tbody>
        <td>1800元</td>                </table>
        <td>上海</td>                  </body>
        <td>9999</td>                  </html>
        <td>1级</td>
```

电脑端运行效果如图 2-21 所示。使用 Opera Mobile Emulator 模拟手机端运行效果，如图 2-22 所示。

图 2-21　电脑端预览效果　　　　图 2-22　滚动表格中的列

2.8.3　转换表格中的列

转换表格中的列就是将表格转化为列表。利用媒体查询技术中的 media 关键字，获取当前设备屏幕的宽度，然后利用 CSS 技术将表格转化为列表。

实例 7：转换表格中的列（案例文件：ch02\2.7.html）

本实例将学生考试成绩表转化为列表。

```html
<!DOCTYPE html>
<html>
<head>
        <meta name="viewport"
content="width=device-width, initial-
scale=1">
        <title>转换表格中的列</title>
        <style>
                @media only screen and
(max-width: 800px) {
                /* 强制表格为块状布局 */
        table, thead, tbody, th, td, tr {
                display: block;
        }
        /* 隐藏表格头部信息 */
         thead tr {
                position: absolute;
                top: -9999px;
                left: -9999px;
        }
    tr { border: 1px solid #ccc; }
        td {
                /* 显示列 */
                border: none;
                 border-bottom: 1px
solid #eee;
                position: relative;
                padding-left: 50%;
white-space: normal;
                text-align:left;
        }
          td:before {
                position: absolute;
                top: 6px;
                left: 6px;
                width: 45%;
             padding-right: 10px;
white-space: nowrap;
                text-align:left;
                font-weight: bold;
        }
```

```
                /*显示数据*/
                    td:before { content:
attr(data-title); }
                }
            </style>
        </head>
        <body>
        <h1 align="center">学生考试成绩表</h1>
        <table width="100%" cellspacing="1"
cellpadding="5" border="1">
            <thead>
            <tr>
                <th>学号</th>
                <th>姓名</th>
                <th>语文成绩</th>
                <th>数学成绩</th>
                <th>英语成绩</th>
                <th>文综成绩</th>
                <th>理综成绩</th>
            </tr>
            </thead>
            <tbody align="center">
            <tr>
                <td>1001</td>
                <td>张飞</td>
                <td>126</td>
                <td>146</td>
                <td>124</td>
                <td>146</td>
                <td>106</td>
            </tr>
            <tr>
                 <td>1002</td>
                <td>王小明</td>
                <td>106</td>
                <td>136</td>
                <td>114</td>
                <td>136</td>
                <td>126</td>
            </tr>
```

```
    <tr>
        <td>1003</td>
        <td>蒙华</td>
        <td>125</td>
        <td>142</td>
        <td>125</td>
        <td>141</td>
        <td>109</td>
    </tr>
    <tr>
        <td>1004</td>
        <td>刘蓓</td>
        <td>126</td>
        <td>136</td>
        <td>124</td>
        <td>116</td>
        <td>146</td>
    </tr>
    <tr>
        <td>1005</td>
        <td>李华</td>
        <td>121</td>
        <td>141</td>
        <td>122</td>
        <td>142</td>
        <td>103</td>
    </tr>
    <tr>
        <td>1006</td>
        <td>赵晓</td>
        <td>116</td>
        <td>126</td>
        <td>134</td>
        <td>146</td>
        <td>116</td>
    </tr>
    </tbody>
</table>
</body>
</html>
```

电脑端运行效果如图 2-23 所示。使用 Opera Mobile Emulator 模拟手机端运行效果，如图 2-24 所示。

图 2-23　电脑端预览效果

图 2-24　转换表格中的列

2.9　新手常见疑难问题

▎**疑问 1：设计移动设备端网站时需要考虑的因素有哪些?**

不管选择什么技术来设计移动网站，都需要考虑以下因素。

1. 屏幕尺寸大小

需要了解常见的移动手机的屏幕尺寸，包括 320×240、320×480、480×800、640×960 以及 1136×640 等尺寸。

2. 流量问题

虽然 5G 网络已经开始广泛应用，但是很多用户仍然为流量付出不菲的费用，所有图片的大小在设计时仍然需要考虑。对于不必要的图片，可以进行舍弃。

3. 字体、颜色与媒体问题

移动设备上安装的字体数量可能很有限，因此请用 em 单位或百分比来设置字号，选择常见字体。部分早期的移动设备支持的颜色数量不多，在设置颜色时也要注意尽量提高对比度。此外还有许多移动设备并不支持 Adobe Flash 媒体。

▎**疑问 2：响应式网页的优缺点是什么?**

响应式网页的优点如下。

（1）跨平台上友好显示。无论是电脑、平板或手机，响应式网页都可以适应并显示友好的网页界面。

（2）数据同步更新。由于数据库是统一的，所以当后台数据库更新后，电脑端或移动端都将同步更新，这样数据管理起来就比较及时和方便。

（3）减少成本。通过响应式网页设计，可以不用再开发一个独立的电脑端网站和移动端的网站，从而降低了开发成本，同时也降低了维护的成本。

响应式网页的缺点如下。

（1）前期开发考虑的因素较多，需要考虑不同设备的宽度和分辨率等因素，以及图片、视频等多媒体是否能在不同的设备上优化地显示。

（2）由于网页需要提前判断设备的特征，同时要下载多套 CSS 样式代码，在加载页面时就会增加读取时间和加载时间。

2.10　实战技能训练营

▎**实战 1：使用 <picture> 标签实现响应式图片布局**

本实例将通过使用 <picture> 标签、<source> 标签和 <img> 标签，根据不同设备屏幕的宽度，显示不同的图片。当屏幕的宽度大于 600 像素时，将显示 x1.jpg 图片，否则将显示默认图片 x2.jpg。

电脑端运行效果如图 2-25 所示。使用 Opera Mobile Emulator 模拟手机端运行效果，如图 2-26 所示。

图 2-25　电脑端预览效果　　　　图 2-26　模拟手机端预览效果

实战 2：隐藏招聘信息表中指定的列

利用媒体查询技术中的 media 关键字，在移动端隐藏表格的第 4 列和第 5 列。

电脑端运行效果如图 2-27 所示。使用 Opera Mobile Emulator 模拟手机端运行效果，如图 2-28 所示。

图 2-27　电脑端预览效果　　　　图 2-28　隐藏招聘信息表中指定的列

第3章　深入掌握Bootstrap 基本架构

📋 本章导读

　　Bootstrap 中的网格系统提供了一套响应式的布局解决方案，初次接触 Bootstrap 时，你一定会为它的网格系统感到敬佩。在 Bootstrap 4 中网格系统又得到了加强，从原先的 4 个响应尺寸变成了现在的 5 个，好处是可以根据屏幕大小使相应的类生效，这样能更好地适配不同的设备。本章主要介绍布局基础、网格系统和布局工具类等知识。

📖 知识导图

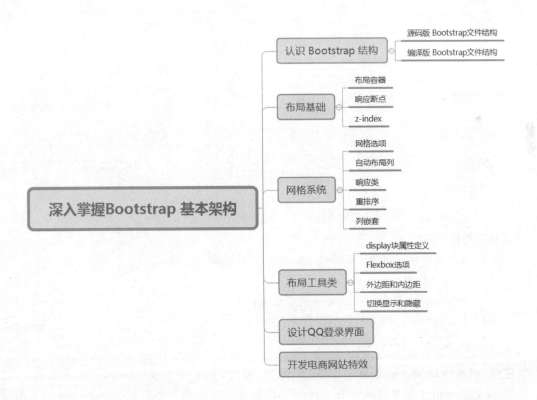

3.1 认识 Bootstrap 结构

下载 Bootstrap 压缩包，在本地进行解压，就可以看到压缩包中包含的 Bootstrap 文件结构，Bootstrap 提供了编译和压缩两个版本的文件，下面针对不同的下载方式进行简单的说明。

3.1.1 源码版 Bootstrap 文件结构

如果下载源码版 Bootstrap，解压 bootstrap-master.zip 文件，就可以看到其中包含的所有文件，如图 3-1 所示。

Bootstrap 源代码包中包含了预编译的 CSS 和 JavaScript 资源，以及源 scss、JavaScript、例子和文档，核心结构如图 3-2 所示，其他文件则是对整个 Bootstrap 开发、编译提供支持的文件以及授权信息、支持文档。

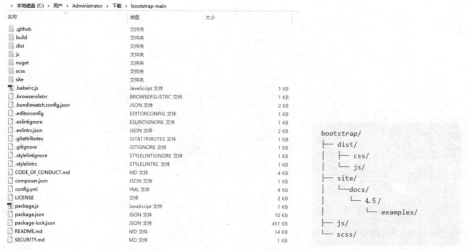

图 3-1 源码文件结构   图 3-2 核心结构

核心结构说明如下。

（1）dist 文件夹：包含了编译版 Bootstrap 包中的所有文件。

（2）docs 文件夹：开发者说明文件夹。

（3）examples 文件夹：Bootstrap 例子的文件夹。

（4）scss 文件夹：CSS 源码的文件夹。

（5）js 文件夹：JavaScript 源码文件夹。

> **注意：** 所有的 JavaScript 插件都依赖 jQuery 库。因此 jQuery 必须在 bootstrap.*.js 之前引入，在 package.json 文件中可查看 Bootstrap 支持的 jQuery 版本，详见 bootstrap-master.zip 源码版压缩包。

3.1.2 编译版 Bootstrap 文件结构

如果下载编译版 Bootstrap，解压 bootstrap-4.5.3-dist.zip 文件可以看到该压缩包中包含的所有文件，如图 3-3 所示。Bootstrap 提供了两种形式的压缩包，在下载的压缩包内可以看到以下目录和文件，这些文件按照类别存放在不同的目录内，并提供了压缩和未压缩两种版本。

css		
bootstrap.css	2020/10/13 20:33	层叠样式表文档
bootstrap.css.map	2020/10/13 20:33	MAP 文件
bootstrap.min.css	2020/10/13 20:33	层叠样式表文档
bootstrap.min.css.map	2020/10/13 20:33	MAP 文件
bootstrap-grid.css	2020/10/13 20:33	层叠样式表文档
bootstrap-grid.css.map	2020/10/13 20:33	MAP 文件
bootstrap-grid.min.css	2020/10/13 20:33	层叠样式表文档
bootstrap-grid.min.css.map	2020/10/13 20:33	MAP 文件
bootstrap-reboot.css	2020/10/13 20:33	层叠样式表文档
bootstrap-reboot.css.map	2020/10/13 20:33	MAP 文件
bootstrap-reboot.min.css	2020/10/13 20:33	层叠样式表文档
bootstrap-reboot.min.css.map	2020/10/13 20:33	MAP 文件
js		
bootstrap.bundle.js	2020/10/13 20:33	JavaScript 文件
bootstrap.bundle.js.map	2020/10/13 20:33	MAP 文件
bootstrap.bundle.min.js	2020/10/13 20:33	JavaScript 文件
bootstrap.bundle.min.js.map	2020/10/13 20:33	MAP 文件
bootstrap.js	2020/10/13 20:33	JavaScript 文件
bootstrap.js.map	2020/10/13 20:33	MAP 文件
bootstrap.min.js	2020/10/13 20:33	JavaScript 文件
bootstrap.min.js.map	2020/10/13 20:33	MAP 文件

图 3-3　编译版 Bootstrap 文件结构

其中，bootstrap.* 是预编译的文件，bootstrap.min.* 是编译且压缩后的文件，用户可以根据需要选择引用。bootstrap.*.map 格式的是 Source map 文件，需要在特定的浏览器开发者工具下才可使用。

3.2 布局基础

Bootstrap 布局基础包括布局容器、响应断点、z-index 堆叠样式属性，下面分别进行介绍。

3.2.1 布局容器

Bootstrap 中定义了两个容器类，分别为 .container 和 .container-fluid。容器是 Bootstrap 中最基本的布局元素，在使用默认网格系统时是必需的。Container 容器和 container-fluid 容器最大的不同之处在于宽度的设定。

Container 容器根据屏幕宽度的不同，会利用媒体查询设定固定的宽度，当改变浏览器大小时，页面会呈现阶段性变化。意味着 Container 容器的最大宽度在每个断点都会发生变化。

.container 类的样式代码如下：

```
.container {
  width: 100%;
  padding-right: 15px;
  padding-left: 15px;
  margin-right: auto;
  margin-left: auto;
}
```

在每个断点中，container 容器的最大宽度如以下代码所示：

```
@media (min-width: 576px) {
  .container {
    max-width: 540px;
  }
}
@media (min-width: 768px) {
  .container {
    max-width: 720px;
  }
}
```

```
@media (min-width: 992px) {
  .container {
    max-width: 960px;
  }
}
@media (min-width: 1200px) {
  .container {
    max-width: 1140px;
  }
}
```

container-fluid 容器则保持全屏大小，始终保持 100% 的宽度。container-fluid 用于一个全宽度容器，当需要一个元素横跨视口的整个宽度时，可以添加 .container-fluid 类。

.container-fluid 类的样式代码如下：

```
.container-fluid {
  width: 100%;
  padding-right: 15px;
  padding-left: 15px;
  margin-right: auto;
  margin-left: auto;
}
```

实例1: 分别使用 .container 和 .container-fluid 类来创建容器（案例文件：ch03\3.1.html）

```
<!DOCTYPE html>
<html>
<head>
    <meta charset="UTF-8">
    <title>布局容器</title>
        <meta name="viewport"
content="width=device-width,initial-
scale=1, shrink-to-fit=no">
        <link rel="stylesheet"
href="bootstrap-4.5.3-dist/css/
bootstrap.css">
        <script src="jquery-3.5.1.slim.
js"></script>
        <script src="bootstrap-4.5.3-
dist/js/bootstrap.min.js"></script>
    </head>
    <body>
    <body>
    <div class="container border
text-center align-middle py-5 bg-
light">container容器</div><br/>
    <div class="container-fluid border
text-center align-middle py-5 bg-
light">container-fluid容器</div>
    </body>
</html>
```

代码中的 border、text-center、align-middle、py-5 和 bg-light 类，分别用来设置容器的边框、内容水平居中、垂直居中、上下内边距和背景色，这些样式类在后面的章节中将会具体介绍。程序运行结果如图 3-4 所示。

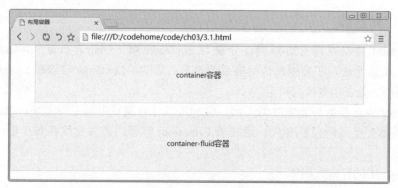

图 3-4　容器效果

> **注意**：虽然容器可以嵌套，但大多数布局不需要嵌套容器。

3.2.2　响应断点

　　Bootstrap 使用媒体查询为布局和接口创建合理的断点。这些断点主要基于最小的视口宽度，并且允许随着视口的变化而扩展元素。

　　Bootstrap 程序主要使用源 Sass 文件中的以下媒体查询范围（或断点）来处理布局、网格系统和组件。

```
// 超小设备（xs，小于576像素）
// 没有媒体查询"xs"，因为在Bootstrap
中是默认的。
// 小型设备（sm，576像素及以上）
@media (min-width: 576像素) { ... }
// 中型设备（md，768像素及以上）
@media (min-width: 768像素) { ... }

// 大型设备（lg，992像素及以上）
@media (min-width: 992像素) { ... }
// 超大型设备（xl，1200像素及以上）
@media (min-width: 1200像素){ ... }
```

　　由于在 Sass 中编写源 CSS，因此所有的媒体查询都可以通过 Sass mixins 获得：

```
// xs断点不需要媒体查询，因为它实际上是
'@media (min-width: 0){…}'
    @include media-breakpoint-up(sm) {
... }
    @include media-breakpoint-up(md) {
... }
    @include media-breakpoint-up(lg) {
... }
    @include media-breakpoint-up(xl) {
... }
```

3.2.3　z-index

　　一些 Bootstrap 组件使用了 z-index 样式属性。z-index 属性设置一个定位元素沿 z 轴的位置，z 轴定义为垂直延伸到显示区的轴。如果为正数，则离用户更近，为负数则表示离用户更远。Bootstrap 利用该属性来安排内容，帮助控制布局。

　　Bootstrap 中定义了相应的 z-index 标度，对导航、工具提示和弹出窗口、模态框等进行分层。

```
$zindex-dropdown:1000 !default;
$zindex-sticky:1020 !default;
$zindex-fixed:1030 !default;
$zindex-modal-backdrop:1040
!default;
```

```
$zindex-modal:1050 !default;
$zindex-popover:1060 !default;
$zindex-tooltip:1070 !default;
```

　　提示：不推荐自定义 z-index 属性值，如果改变了其中一个，有可能需要改变所有的。

3.3　网格系统

　　Bootstrap 包含了一个强大的移动优先网格系统，它是基于一个 12 列的布局，有 5 种响应尺寸（对应不同的屏幕），支持 Sass mixins 自由调用，并结合自己预定义的 CSS 和 JavaScript 类，用来创建各种形状和尺寸的布局。

3.3.1　网格选项

　　网格每一行都需要放在设置了 .container（固定宽度）或 .container-fluid（全屏宽度）类的容器中，这样才可以自动设置一些外边距与内边距。

　　在网格系统中，使用行来创建水平的列组，内容放置在列中，并且只有列可以是行的直接子节点；预定义的类如 .row 和 .col-sm-4 可用于快速制作网格布局；列通过填充创建列内

容之间的间隙，这个间隙是通过 row 类上的负边距设置第一行和最后一列的偏移。

网格列是通过跨越指定的 12 个列来创建。例如，设置 3 个相等的列，需要使用 3 个 .col-sm-4 来设置即可。

Bootstrap 3 和 Bootstrap 4 最大的区别在于 Bootstrap 4 现在使用 Flexbox（弹性盒子）而不是浮动。Flexbox 的一大优势——没有指定宽度的网格列将自动设置为等宽与等高列。

虽然 Bootstrap 4 使用 em 或 rem 来定义大多数尺寸，但网格断点和容器宽度使用的是 px。这是因为视口宽度以像素为单位，并且不随字体大小而变化。

Bootstrap 4 的网格系统在各种屏幕和设备上的约定如表 3-1 所示。

表 3-1　网格系统在各种屏幕和设备上的约定

	超小屏幕设备 （<576px）	小型屏幕设备 （≥576px）	中型屏幕设备 （≥768px）	大型屏幕设备 （≥992px）	超大屏幕设备 （≥1200px）
最大 container 宽度	无（自动）	540px	720px	960px	1140px
类（class）前缀	.col-	.col-sm-	.col-md-	.col-lg-	.col-xl-
列数	12				
槽宽	30px（每列两边均有 15px）				
嵌套	允许				
列排序	允许				

3.3.2　自动布局列

利用特定于断点的列类，可以轻松进行列大小调整，例如 col-sm-6 类，而无须使用明确样式。

1. 等宽列

下面设计等宽列布局网页，这里包括一行两列、一行三列和一行四列布局。

实例 2：设计等宽列布局的网页效果（案例文件：ch03\3.2.html）

```
<!DOCTYPE html>
<html>
<head>
    <meta charset="UTF-8">
    <title>等宽列布局网页效果</title>
    <meta name="viewport"
content="width=device-width,initial-
scale=1, shrink-to-fit=no">
    <link rel="stylesheet"
href="bootstrap-4.5.3-dist/css/
bootstrap.css">
    <script src="jquery-3.5.1.slim.
js"></script>
    <script src="bootstrap-4.5.3-
dist/js/bootstrap.min.js"></script>
</head>
<body class="container">
<h3 >等宽列布局网页效果</h3>
<div class="row">
    <div class="col border py-3 bg-
light">二分之一</div>
```

```
    <div class="col border py-3 bg-
light">二分之一</div>
    </div>
    <div class="row">
    <div class="col border py-3 bg-
light">三分之一</div>
    <div class="col border py-3 bg-
light">三分之一</div>
    <div class="col border py-3 bg-
light">三分之一</div>
    </div>
    <div class="row">
    <div class="col border py-3 bg-
light">四分之一</div>
    <div class="col border py-3 bg-
light">四分之一</div>
    <div class="col border py-3 bg-
light">四分之一</div>
    <div class="col border py-3 bg-
light">四分之一</div>
    </div>
    </body>
    </html>
```

程序运行结果如图 3-5 所示。

图 3-5　等宽列效果

2. 设置一个列宽

可以在一行多列的情况下，特别指定一列并进行宽度定义，同时其他列自动调整大小，可以使用预定义的网格类，从而实现网格列宽或行宽的优化处理。注意在这种情况下，无论中心列的宽度如何，其他列都将调整大小。

下面的例子将为第一行中的第二列设置 col-7 类，为第二行的第一列设置 col-3 类。

实例 3：设置一个列宽布局的网页效果（案例文件：ch03\3.3.html）

```html
<!DOCTYPE html>
<html>
<head>
    <meta charset="UTF-8">
    <title>设置一个列宽布局</title>
        <meta name="viewport"
content="width=device-width,initial-
scale=1, shrink-to-fit=no">
        <link rel="stylesheet"
href="bootstrap-4.5.3-dist/css/
bootstrap.css">
        <script src="jquery-3.5.1.slim.
js"></script>
        <script src="bootstrap-4.5.3-
dist/js/bootstrap.min.js"></script>
    </head>
<body class="container">
<h3 align="center">设置一个列宽布局</
h3>
<div class="row">
    <div class="col border py-3 bg-
light">左</div>
        <div class="col-7 border py-3
bg-light">中</div>
        <div class="col border py-3 bg-
light">右</div>
    </div>
    <div class="row">
        <div class="col-3 border py-3
bg-light">左</div>
        <div class="col border py-3 bg-
light">中</div>
        <div class="col border py-3 bg-
light">右</div>
    </div>
    </body>
    </html>
```

程序运行结果如图 3-6 所示。

图 3-6　设置一个列宽效果

3. 可变宽度内容

使用 col-{breakpoint}-auto 断点方法，可以实现根据其内容的自然宽度来对列进行大小调整。

实例 4：设计可变宽度内容布局的网页效果（案例文件：ch03\3.4.html）

```html
<!DOCTYPE html>
<html>
<head>
    <meta charset="UTF-8">
    <title>可变宽度内容布局的网页效果</
title>
        <meta name="viewport"
content="width=device-width,initial-
scale=1, shrink-to-fit=no">
        <link rel="stylesheet"
href="bootstrap-4.5.3-dist/css/
bootstrap.css">
        <script src="jquery-3.5.1.slim.
js"></script>
```

```
            <script src="bootstrap-4.5.3-
dist/js/bootstrap.min.js"></script>
    </head>
    <body class="container">
    <h3 class="mb-4">可变宽度的内容</h3>
    <div class="row justify-content-md-
center">
            <div class="col col-lg-2 border
py-3 bg-light">左</div>
            <div class="col-md-auto border
py-3 bg-light">中（在屏幕尺寸≥768px时，可
根据内容自动调整列宽度）</div>
            <div class="col col-lg-2 border
py-3 bg-light">右</div>
    </div>
    <div class="row">
            <div class="col border py-3 bg-
light">左</div>
            <div class="col-md-auto border
py-3 bg-light">中（在屏幕尺寸≥768px时，可
根据内容自动调整列宽度）</div>
            <div class="col col-lg-2 border
py-3 bg-light">右</div>
    </div>
    </body>
    </html>
```

在不同的屏幕宽度下运行程序，结果也是不一样的。

在 <768px 的屏幕上时效果如图 3-7 所示。

4. 等宽多列

如果想创建跨多个行的等宽列，方法是插入 w-100 通用样式类，将列拆分为新行即可。

实例 5：设计等宽多列布局的网页效果（案例文件：ch03\3.5.html）

```
<!DOCTYPE html>
<html>
<head>
    <meta charset="UTF-8">
    <title>多行显示等宽列布局网页效果
    </title>
        <meta name="viewport"
content="width=device-width,initial-
scale=1, shrink-to-fit=no">
        <link rel="stylesheet"
href="bootstrap-4.5.3-dist/css/
bootstrap.css">
        <script src="jquery-3.5.1.slim.
js"></script>
        <script src="bootstrap-4.5.3-
dist/js/bootstrap.min.js"></script>
    </head>
    <body class="container">
    <h3 align="center">多行显示等宽列</h3>
    <div class="row">
```

图 3-7　在 <768px 屏幕上的显示效果

在 ≥ 768px 且 <992px 屏幕上显示的效果如图 3-8 所示。

图 3-8　在 ≥ 768px 且 <992px 屏幕上显示的效果

在 ≥ 992px 屏幕上显示的效果如图 3-9 所示。

图 3-9　在 ≥ 992px 屏幕上显示的效果

```
        <div class="col border py-3 bg-
light">四分之一</div>
        <div class="col border py-3 bg-
light">四分之一</div>
        <div class="w-100"></div>
        <div class="col border py-3 bg-
light">四分之一</div>
        <div class="col border py-3 bg-
light">四分之一</div>
    </div>
    </body>
    </html>
```

程序运行结果如图 3-10 所示。

图 3-10　等宽多列布局的网页效果

3.3.3 响应类

Bootstrap 4 的网格系统包括五种宽度预定义，用于构建复杂的响应式布局，可以根据需要定义在特小 .col、小 .col-sm-*、中 .col-md-*、大 .col-lg-*、特大 .col-xl-* 五种屏幕（设备）下的样式。

1. 覆盖所有设备

如果要一次性定义从最小设备到最大设备相同的网格系统布局表现，使用 .col 和 .col-* 类。后者是用于指定特定大小的（例如 .col-6），否则使用 .col 就可以了。

> **实例 6：设计覆盖所有设备的网页效果（案例文件：ch03\3.6.html）**

```
<!DOCTYPE html>
<html>
<head>
    <meta charset="UTF-8">
    <title>覆盖所有设备的网页效果
    </title>
    <meta name="viewport"
content="width=device-width,initial-
scale=1, shrink-to-fit=no">
    <link rel="stylesheet"
href="bootstrap-4.5.3-dist/css/
bootstrap.css">
    <script src="jquery-3.5.1.slim.
js"></script>
    <script src="bootstrap-4.5.3-
dist/js/bootstrap.min.js"></script>
</head>
<body class="container">
<h3 class="mb-4">覆盖所有设备</h3>
<div class="row">
    <div class="col border py-3 bg-
light">col</div>
    <div class="col border py-3 bg-
light">col</div>
```

```
    <div class="col border py-3 bg-
light">col</div>
    <div class="col border py-3 bg-
light">col</div>
    </div>
    <div class="row">
        <div class="col-8 border py-3
bg-light">col-8</div>
        <div class="col-4 border py-3
bg-light">col-4</div>
    </div>
    </div>
    </body>
    </html>
```

程序运行结果如图 3-11 所示。

图 3-11 覆盖所有设备的网页效果

2. 水平排列

使用单一的 .col-sm-* 类方法，可以创建一个基本的网格系统，此时如果没有指定其他媒体查询断点宽度，这个网格系统是成立的，而且会随着屏幕变窄成为超小屏幕 .col- 后，自动成为每列一行、水平堆砌。

> **实例 7：设计水平排列布局的网页效果（案例文件：ch03\3.7.html）**

```
<!DOCTYPE html>
<html>
<head>
    <meta charset="UTF-8">
    <title>水平排列布局的网页效果</title>
    <meta name="viewport"
content="width=device-width,initial-
scale=1, shrink-to-fit=no">
    <link rel="stylesheet"href="bootstrap-
4.5.3-dist/css/bootstrap.css">
```

```
    <script src="jquery-3.5.1.slim.
js"></script>
    <script src="bootstrap-4.5.3-
dist/js/bootstrap.min.js"></script>
    </head>
    <body class="container">
    <h3 align="center">水平排列</h3>
    <!--在sm（≥576px）型设备上开始水平排列-->
    <div class="row">
        <div class="col-sm-8 border
py-3 bg-light">col-sm-8</div>
        <div class="col-sm-4 border
py-3 bg-light">col-sm-4</div>
```

```
    </div>
    <!--在md（≥768px）型设备上开始水平排列
-->
    <div class="row">
        <div class="col-md-8 border
py-3 bg-light">col-md-8</div>
        <div class="col-md-4 border
py-3 bg-light">col-md-4</div>
    </div>
    </body>
    </html>
```

程序在 sm（≥576px）型设备上运行，显示效果如图 3-12 所示。

图 3-12　在 sm（≥576px）型设备上的显示效果

程序在 md（≥768px）型设备上运行，显示效果如图 3-13 所示。

图 3-13　在 md（≥768px）型设备上的显示效果

3.混合搭配

可以根据需要对每一个列都进行不同的设备定义。

实例 8：设计混合搭配的网页效果（案例文件：ch03\3.8.html）

```
<!DOCTYPE html>
<html>
<head>
    <meta charset="UTF-8">
        <title>混合搭配布局网页效果
        </title>
        <meta name="viewport"
content="width=device-width,initial-
scale=1, shrink-to-fit=no">
        <link rel="stylesheet"
href="bootstrap-4.5.3-dist/css/
```

```
bootstrap.css">
        <script src="jquery-3.5.1.slim.
js"></script>
        <script src="bootstrap-4.5.3-
dist/js/bootstrap.min.js"></script>
    </head>
    <body class="container">
    <h3 align="center">混合搭配</h3>
    <!--在小于md型的设备上显示为一个全宽列和
一个半宽列，在大于等于md型设备上显示为一列，
分别占8份和4份-->
    <div class="row">
        <div class="col-12 col-md-8
border py-3 bg-light">.col-12 .col-
md-8</div>
        <div class="col-6 col-md-4
border py-3 bg-light">.col-6 .col-
md-4</div>
    </div>
    <!--在任何类型的设备上，列的宽度都是占
50%-->
    <div class="row">
        <div class="col-6 border py-3
bg-light">.col-6</div>
        <div class="col-6 border py-3
bg-light">.col-6</div>
    </div>
    </body>
    </html>
```

在小于 md 型的设备上运行程序，显示为一个全宽列和一个半宽列，效果如图 3-14 所示。

图 3-14　在小于 md 型的设备上显示效果

在大于等于 md 型设备上运行程序，显示为一列，分别占 8 份和 4 份，效果如图 3-15 所示。

图 3-15　在大于 md 型的设备上显示效果

4. 删除边距

BootStrap 默认的网格和列间有边距，一般是左右 -15px 的 margin 或 padding 处理，可以使用 .no-gutters 类来消除它，这将影响到 .row 行、列平行间隙及所有子列。

> **实例 9：设计删除边距布局的网页效果（案例文件：ch03\3.9.html）**

```
<!DOCTYPE html>
<html>
<head>
    <meta charset="UTF-8">
<title>删除边距布局网页效果</title>
        <meta name="viewport"
content="width=device-width,initial-
scale=1, shrink-to-fit=no">
<link rel="stylesheet"href="bootstrap-
4.5.3-dist/css/bootstrap.css">
        <script src="jquery-3.5.1.slim.
js"></script>
        <script src="bootstrap-4.5.3-
dist/js/bootstrap.min.js"></script>
    </head>
    <body class="container">
    <h3 align="center">删除边距</h3>
    <div class="row no-gutters">
        <div class="col-12 col-sm-6
col-md-8 py-3 border bg-light">.col-12
.col-sm-6 .col-md-8</div>
        <div class="col-6 col-md-4 py-3
border bg-light">.col-6 .col-md-4</div>
    </div>
    </body>
</html>
```

程序运行结果如图 3-16 所示。

图 3-16　删除边距效果

5. 列包装

如果在一行中放置超过 12 列，则每组额外列将作为一个单元包裹到新行上。

> **实例 10：设计列包装布局的网页效果（案例文件：ch03\3.10.html）**

```
<!DOCTYPE html>
<html>
<head>
    <meta charset="UTF-8">
    <title>列包装布局网页效果</title>
        <meta name="viewport"
content="width=device-width,initial-
scale=1, shrink-to-fit=no">
    <link rel="stylesheet"href="bootstrap-
4.5.3-dist/css/bootstrap.css">
        <script src="jquery-3.5.1.slim.
js"></script>
        <script src="bootstrap-4.5.3-
dist/js/bootstrap.min.js"></script>
    </head>
    <body class="container">
    <h3 align="center">列包装</h3>
    <div class="row">
        <div class="col-9 py-3 border
bg-light">.col-9</div>
        <div class="col-4 py-3 border
bg-light">.col-4<br>因为9+4=13>12，4列宽
的div被包装到一个新行上，作为一个连续的单元。
</div>
        <div class="col-6 py-3 border
bg-light">.col-6<br>后续的列沿着新行继续排
列。</div>
    </div>
    </body>
</html>
```

程序运行结果如图 3-17 所示。

图 3-17　列包装效果

3.3.4　重排序

1. 排列顺序

使用 .order-* 类选择符，可以对空间进行可视化排序，系统提供了 .order-1 到 .order-12 共 12 个级别的顺序，在主流浏览器和设备宽度上都能生效。

> **提示**：没有定义 .order 类的元素，将默认排在前面。

实例11：设计排列顺序布局的网页效果（案例文件：ch03\3.11.html）

```html
<!DOCTYPE html>
<html>
<head>
    <meta charset="UTF-8">
<title>排列顺序布局网页效果</title>
        <meta name="viewport"
content="width=device-width,initial-
scale=1, shrink-to-fit=no">
        <link rel="stylesheet"
href="bootstrap-4.5.3-dist/css/
bootstrap.css">
        <script src="jquery-3.5.1.slim.
js"></script>
        <script src="bootstrap-4.5.3-
dist/js/bootstrap.min.js"></script>
</head>
<body class="container">
<h3 align="center">排列顺序</h3>
<div class="row">
        <div class="col order-12 py-3
border bg-light">
            order-12
    </div>
        <div class="col order-1 py-3
border bg-light">
            order-1
    </div>
        <div class="col order-6 py-3
border bg-light">
            order-6
    </div>
        <div class="col py-3 border bg-
light">
            col
    </div>
</div>
</body>
</html>
```

程序运行结果如图 3-18 所示。

图 3-18　排列顺序效果

可以使用 .order-first 快速更改一个顺序到最前面，使用 .order-last 更改一个顺序到最后面。

实例12：使用 order-first 和 order-last 类（案例文件：ch03\3.12.html）

```html
<!DOCTYPE html>
<html>
<head>
    <meta charset="UTF-8">
        <title>使用order-first和order-
last类</title>
        <meta name="viewport"
content="width=device-width,initial-
scale=1, shrink-to-fit=no">
    <link rel="stylesheet"href="bootstrap-
4.5.3-dist/css/bootstrap.css">
        <script src="jquery-3.5.1.slim.
js"></script>
        <script src="bootstrap-4.5.3-
dist/js/bootstrap.min.js"></script>
</head>
<body class="container">
    <h3 class="mb-4">使用order-first和
order-last类排列顺序</h3>
    <div class="row">
        <div class="col order-last py-3
border bg-light">
            order-last
    </div>
        <div class="col py-3 border bg-
light">
            col
    </div>
        <div class="col order-first py-3
border bg-light">
            order-first
    </div>
    </div>
</body>
</html>
```

程序运行结果如图 3-19 所示。

图 3-19　order-first 和 order-last 类效果

2. 列偏移

在 Bootstrap 中可以使用两种方式进行列

偏移。

（1）使用响应式的 .offset-* 类偏移方法。

使用 .offset-md-* 类可以使列向右偏移，通过定义 * 的数字，则可以实现列偏移，如 .offset-md-4 则是向右偏移四列。

```
.offset-{sm、md、lg、xl}-0 {margin-
left: 0;}
.offset-{ sm、md、lg、xl }-1
{margin-left: 8.333333%;}
.offset-{sm、md、lg、xl}-2 {margin-
left: 16.666667%;}
.offset-{sm、md、lg、xl}-3 {margin-
left: 25%;}
.offset-{sm、md、lg、xl}-4 {margin-
left: 33.333333%;}
.offset-{sm、md、lg、xl}-5 {margin-
left: 41.666667%;}
.offset-{sm、md、lg、xl}-6 {margin-
left: 50%;}
.offset-{sm、md、lg、xl}-7 {margin-
left: 58.333333%;}
.offset-{sm、md、lg、xl}-8 {margin-
left: 66.666667%;}
.offset-{sm、md、lg、xl}-9 {margin-
left: 75%;}
.offset-{sm、md、lg、xl}-10 {margin-
left: 83.333333%;}
.offset-{sm、md、lg、xl}-11 {margin-
left: 91.666667%;}
```

实例 13：使用 .offset-md-* 类实现列偏移（案例文件：ch03\3.13.html）

```
<!DOCTYPE html>
<html>
<head>
    <meta charset="UTF-8">
    <title>使用.offset-md-*类实现列偏
移</title>
        <meta name="viewport"
content="width=device-width,initial-
scale=1, shrink-to-fit=no">
        <link rel="stylesheet"
href="bootstrap-4.5.3-dist/css/
bootstrap.css">
        <script src="jquery-3.5.1.slim.
js"></script>
        <script src="bootstrap-4.5.3-
dist/js/bootstrap.min.js"></script>
    </head>
    <body class="container">
    <h3 align="center">使用.offset-md-*
类实现列偏移</h3>
    <div class="row">
        <div class="col-md-6 offset-
md-3 py-3 border bg-light">.col-md-6
```

```
.offset-md-3</div>
    </div>
    <div class="row">
        <div class="col-md-4 offset-
md-1 py-3 border bg-light">.col-md-3
.offset-md-3</div>
        <div class="col-md-4 offset-
md-2 py-3 border bg-light">.col-md-3
.offset-md-3</div>
    </div>
    <div class="row">
        <div class="col-md-4 py-3
border bg-light">.col-md-4</div>
        <div class="col-md-4 offset-
md-4 py-3 border bg-light">.col-md-4
.offset-md-4</div>
    </div>
    </body>
</html>
```

程序运行结果如图 3-20 所示。

图 3-20　偏移类效果

（2）使用边距通用样式处理，其内置了诸如 .ml-*、.p-*、.pt-* 等实用工具。

在 Bootstrap 4 中，可以使用 .ml-auto 与 .mr-auto 来强制隔离两边的距离，实现水平隔离的效果。

实例 14：使用 margin 类实现列偏移（案例文件：ch03\3.14.html）

```
<!DOCTYPE html>
<html>
<head>
    <meta charset="UTF-8">
    <title>使用margin类实现列偏移
</title>
        <meta name="viewport"
content="width=device-width,initial-
scale=1, shrink-to-fit=no">
        <link rel="stylesheet"
href="bootstrap-4.5.3-dist/css/
bootstrap.css">
        <script src="jquery-3.5.1.slim.
js"></script>
        <script src="bootstrap-4.5.3-
dist/js/bootstrap.min.js"></script>
```

```
    </head>
    <body class="container">
    <h3 align="center">使用margin类实现列
偏移</h3>
    <div class="row">
        <div class="col-md-4 py-3
border bg-light">.col-md-4</div>
        <div class="col-md-4 ml-auto
py-3 border bg-light">.col-md-4 .ml-
auto</div>
    </div>
    <div class="row">
        <div class="col-md-3 ml-md-auto
py-3 border bg-light">.col-md-3 .ml-md-
auto</div>
        <div class="col-md-3 ml-md-auto
py-3 border bg-light">.col-md-3 .ml-md-
auto</div>
    </div>
    <div class="row">
```

```
        <div class="col-auto mr-auto
py-3 border bg-light">.col-auto .mr-
auto</div>
        <div class="col-auto py-3
border bg-light">.col-auto</div>
    </div>
    </body>
</html>
```

程序运行结果如图 3-21 所示。

图 3-21　使用 margin 类的效果

3.3.5　列嵌套

　　如果想在网格系统中将内容再次嵌套，可以通过添加一个新的 .row 元素和一系列 .col-sm-* 元素到已经存在的 .col-sm-* 元素内。被嵌套的行（row）所包含的列（column）数量推荐不要超过 12 个。

实例 15：设计列嵌套布局的网页效果（案例文件：ch03\3.15.html）

```
<!DOCTYPE html>
<html>
<head>
    <meta charset="UTF-8">
    <title>列嵌套布局网页效果</title>
    <meta name="viewport"
content="width=device-width,initial-
scale=1, shrink-to-fit=no">
    <link rel="stylesheet"
href="bootstrap-4.5.3-dist/css/
bootstrap.css">
    <script src="jquery-3.5.1.slim.
js"></script>
    <script src="bootstrap-4.5.3-
dist/js/bootstrap.min.js"></script>
</head>
<body class="container">
<h3 align="center">列嵌套布局效果</
h3>
<div class="row">
    <div class="col-12 col-lg-6">
        <!--嵌套行-->
<div class="row border no-gutters">
        <div class="col-12 col-sm-
3"><img src="1.jpg" alt=""></div>
<div class="col-12 col-sm-9 pl-3">
            哈密瓜主产于吐哈盆地
```

（即吐鲁番盆地和哈密盆地的统称），它形态各异，风味独特，瓜肉肥厚，清脆爽口。

```
        </div>
    </div>
</div>
<div class="col-12 col-lg-6">
        <!--嵌套行-->
<div class="row border no-gutters">
        <div class="col-12 col-
sm-3"><img src="2.jpg" alt=""></div>
        <div class="col-12 col-
sm-9 pl-3">
            葡萄为著名水果，生食或
制葡萄干，并酿酒，酿酒后的酒脚可提酒石酸，根和
藤药用能止呕、安胎。
        </div>
    </div>
</div>
</div>
</body>
</html>
```

程序运行结果如图 3-22 所示。

图 3-22　列嵌套效果

3.4　布局工具类

Bootstrap 包含数十个用于显示、隐藏、对齐和间隔的实用工具，可加快移动设备与响应式界面的开发。

3.4.1　display 块属性定义

使用 Bootstrap 的实用程序来相应地切换 display 属性的值，将其与网格系统、内容或组件混合使用，以便在特定的视图中显示或隐藏它们。

3.4.2　Flexbox 选项

Bootstrap 4 是基于 Flexbox 流式布局，大多数组件都支持 Flex 流式布局，但不是所有元素的 display 都是默认就启用 display:flex 属性的（因为那样会增加很多不必要的 DIV 层叠，并会影响到浏览器的渲染）。

如果需要将 display: flex 添加到元素中，可以使用 .d-flex 或响应式变体（例如 .d-sm-flex）。需要这个类或 display 值来允许使用额外的 flexbox 实用程序来调整大小、对齐、间距等。

3.4.3　外边距和内边距

使用外边距和内边距实用程序来控制元素和组件的间距和大小。Bootstrap 4 包含一个用于间隔实用程序的 5 级刻度，基于 1rem 值默认 $spacer 变量。为所有视图选择值（例如，.mr-3 用于右边框 :1rem），或为目标特定视图选择相应变量（例如，.mr-md-3 用于右边框 :1rem，从 md 断点开始）。

3.4.4　切换显示和隐藏

如果不使用 display 对元素进行隐藏（或无法使用时），可以使用 visibility 这个 Bootstrap 可见性工具来隐藏对网页上的元素，使用它后网页元素对于正常用户是不可见的，但元素的宽高占位依然有效。

3.5　设计 QQ 登录界面

仿 QQ 登录界面，分两部分，上半部分使用图片设计完成；下半部分使用 Bootstrap 网格系统进行布局。设计完成后的效果如图 3-23 所示。

图 3-23　仿 QQ 登录界面效果

下面来看一下实现的步骤。

01 设计登录界面外边框以及登录界面上半部分，代码如下：

```
<div class="QQlogin">
    <aside></aside>
</div>
```

设计 CSS 样式，代码如下：

```
/*登录界面外边框*/
div.QQlogin{
        margin:20px auto;
        /*定义外边距*/
width:430px;          /*定义宽度*/
height:333px;         /*定义高度*/
        box-shadow: 2px 2px 10px
  rgba(0,0,0,0.5);  /*定义阴影*/
}
/*登录表单上的图片*/
div.QQlogin aside{
 width:100%;          /*定义宽度*/
height:180px;         /*定义高度*/
        background-image: url("img/
        qq.gif");    /*添加图片*/
}
```

运行效果如图 3-24 所示。

图 3-24 登录界面外边框以及登录界面上半部分

02 设计登录界面下半部分外边框，并添加样式。它采用 Bootstrap 网格系统布局，具体代码如下：

```
<div class="row">
    <div class="col-3"></div>
    <div class="col-6"></div>
    <div class="col-3"></div>
</div>
```

设计登录界面下半部分外边框，具体代码如下：

```
div.down{
        position: relative;
/*定义相对定位*/
```

```
height:153px;              /*定义高度*/
    background-color:#EBF2F9 ;
    /*定义背景颜色*/
margin-right: 0;      /*定义右外边距*/
margin-left: 0;       /*定义左外边距*/
}
```

03 设计左侧头像，代码如下：

```
<div class="col-3 touxiang">
    <a href="#"></a>
    <dl>
        <dt><a href="#"><span
class="online"></span></a></dt>
    <dd></dd>
    </dl>
    <i class="people"></i>
</div>
```

运行效果如图 3-25 所示。

图 3-25 设计左侧头像效果

设计样式代码如下：

```
/*定义头像*/
div.down div.touxiang{
height:100%;   /*定义竖向占满100px的高度*/
}
div.down div.touxiang > a{
width:81px;             /*定义头像宽度*/
height:81px;            /*定义头像高度*/
        display: inline-block;
        /*定义行内块元素*/
        background: url("img/touxiang.
png") no-repeat;        /*定义头像图片*/
    margin-top: 20px;     /*定义顶部边距*/
    margin-left: 30px;    /*定义左边边距*/
}
div.down div.touxiang dl{
        position: absolute;
        /*定义绝对定位*/
left:100%;              /*距左边100%*/
top:53%;                /*距离顶部53%*/
}
/*定义图像右下角小图标*/
div.down div.touxiang dl span{
        display: inline-block;
        /*定义行内块元素*/
```

```
    width: 14px;          /*定义宽度14px*/
    height: 14px;         /*定义高度*/
        background-image: url("img/
    ptlogin.png");    /*定义图片*/
        background-repeat: no-repeat;
    /*设置图片不平铺*/
}
/*定义左下角切换用户*/
div.down div.touxiang i.people{
        background: url("img/input_
    username.png") no-repeat;
    /*定义图片，设置图片不平铺*/
        position: absolute;
        /*定义绝对定位*/
    top:75%;              /*定义距顶部75%*/
    left:10px;            /*定义距左边10px*/
    width:35px;           /*定义宽度*/
    height:35px;          /*定义高度*/
}
```

04 设计登录表单，代码如下：

```html
<div class="col-6 login-box">
        <input type="text"
placeholder="QQ号码/手机/邮箱"><span
class="first"></span>
    <input type="password"placeholder="
密码"><span class="second" ></span>
        <label><input type="checkbox"
class="three"> 记住密码</label>
        <label class="auto-
login"><input type="checkbox"
class="four"> 自动登录</label>
        <button class="btn">登
    录</button>
    </div>
```

运行效果如图 3-26 所示。

图 3-26　登录表单效果

设计样式代码如下：

```css
div.login-box{
    margin-top: 15px;            /*定义
顶部外边距15px*/
    margin-left: 20px;           /*定义
左边边距20px*/
}
```

```css
div.login-box input{
    height:30px;                 /*定义高度*/
    width:195px;                 /*定义宽度*/
        border:1px solid #d1d1d1;
        /*定义边框*/
        padding-left:10px;
        /*定义左边内边距*/
    color:#7e7e7e;           /*定义背景色*/
}
div.login-box span.first{
        display: inline-block;
        /*定义行内块级元素*/
        position: absolute;
        /*定义绝对定位*/
    width:20px;              /*定义宽度*/
    height:20px;             /*定义高度*/
        background: url("img/row.png")
    no-repeat;           /*定义背景图片*/
        margin-left: 172px;
        /*定义左边外边距*/
    top:8px;                 /*距离顶部8px*/
}
div.login-box span.second{
        display: inline-block;
        /*定义行内块级元素*/
        position: absolute;
        /*定义绝对定位*/
    width:20px;              /*定义宽度*/
    height:20px;             /*定义高度*/
        background: url("img/press.
png") no-repeat;         /*定义背景图片*/
    margin-left: 168px;      /*定义左边外
    边距*/
    top:34px;                /*距离顶部34px*/
}
div.login-box label {
    font-size: 12px;         /*定义字体大小*/
    color:#656565;           /*定义字体颜色*/
    text-indent: 15px;       /*定义文本缩进*/
    margin-top: 10px;        /*定义顶部外边距*/
    display: inline-block;
    /*定义行内块级元素*/
}
div.login-box label.auto-login{
        margin-left: 48px;
        /*定义左边边距*/
}
div.login-box input.three{
    width:16px;              /*定义宽度*/
    height:16px;             /*定义高度*/
        margin-top: 1px;
        /*定义顶部外边距*/
        position: absolute;
        /*定义绝对定位*/
        margin-left: -15px;
        /*定义左边负外边距*/
}
div.login-box input.four{
    width:16px;              /*定义宽度*/
    height:16px;             /*定义高度*/
```

```
        margin-top: 1px;
          /*定义顶部外边距*/
        position: absolute;
          /*定义绝对定位*/
margin-left: -15px; /*定义左边负外边距*/
}
div.login-box button{
display: block;        /*定义块级元素*/
width:195px;           /*定义宽度*/
height:30px;           /*定义高度*/
        background-color: #16a8de;
          /*定义背景颜色*/
        color:#fff;    /*定义字体颜色*/
      border-radius: 5px;
          /*定义圆角边框*/
    font-size: 14px;    /*定义字体大小*/
    font-weight: 600;   /*定义字体加粗*/
}
```

05▶设计右侧功能区，代码如下：

```
<!--<div class="col-3 register">-->
    <!--<a href="#">注册账号</a>-->
      <!--<a href="#" class="find-
password">找回密码</a>-->
    <!--</div>-->
```

运行效果如图 3-27 所示。

图 3-27　右侧功能区效果

设计样式代码如下：

```
div.register{
position: absolute;  /*定义绝对定位*/
margin-top: 22px;   /*定义顶部外边距*/
margin-left: 335px; /*定义左边外边距*/
}
div.register a{
    color:#2685e3;   /*定义字体颜色*/
display: block;      /*定义块级元素*/
    width:60px;      /*定义宽度*/
font-size: 13px;     /*定义字体大小*/
    font-family: "微软雅黑";
      /*定义字体*/
}
div.register a.find-password{
margin-top: 13px;   /*定义顶部外边距*/
}
```

3.6　开发电商网站特效

本案例使用 Bootstrap 的网格系统进行布局，其中设置了一些电商网站经常出现的动画效果。最终效果如图 3-28 所示。

当鼠标指针悬浮到内容包含框（product-grid）上时，触发产品图片的过渡动画和 2D 转换、产品说明及价格包含框（product-content）以及按钮包含框（social）的过渡动画，效果如图 3-29 所示。

图 3-28　页面效果　　　　　　　　图 3-29　触发过渡动画和 2D 转换效果

当鼠标指针悬浮到功能按钮上时，触发按钮的过渡动画，效果如图 3-30 所示。

图 3-30　触发按钮的过渡动画

下面来看一下具体的实现步骤。

01 使用 Bootstrap 设计结构，并添加响应式，在中屏设备中显示为 1 行 4 列，在小屏设备中显示为 1 行 2 列。

```html
<div class="row">
        <div class="col-md-3 col-
sm-6"></div>
        <div class="col-md-3 col-
sm-6"></div>
        <div class="col-md-3 col-
sm-6"></div>
        <div class="col-md-3 col-
sm-6"></div>
    </div>
```

02 设计内容。内容部分包括产品图片、产品说明和价格以及 3 个功能按钮。下面是其中一列的代码，其他三列类似，不同的是产品图片、产品说明及价格。

```html
<div class="product-grid">
    <!--产品图片-->
    <div class="product-image">
        <a href="#">
                    <img class="pic-1"
src="images/img-1.jpg">
        </a>
    </div>
    <!--产品说明及价格-->
    <div class="product-content">
            <h3 class="title"><a
href="#">男士衬衫</a></h3>
        <div class="price">￥29.00
            <span>$14.00</span>
        </div>
    </div>
    <!--功能按钮-->
    <ul class="social">
        <li><a href=""><i class="fa
fa-search"></i></a></li>
        <li><a href=""><i class="fa
fa-shopping-bag"></i></a></li>
        <li><a href=""><i class="fa
fa-shopping-cart"></i></a></li>
    </ul>
    …
</div>
```

03 设计样式。样式主要使用 CSS3 的动画来设计，为产品图片添加过渡动画（transition）以及 2D 转换（transform）；为产品说明和价格包含框（product-content）、按钮包含框（social）以及按钮添加过渡动画。具

体样式代码如下：

```css
.product-grid{
        text-align: center;
        /*定义水平居中*/
    overflow: hidden;   /*超出隐藏*/
    position: relative;/*定义相对定位*/
    transition: all 0.5s ease 0s;
    /*定义过渡动画*/
}
.product-grid .product-image{
    overflow: hidden;    /*超出隐藏*/
}
.product-grid .product-image img{
    width: 100%;        /*定义宽度*/
    height: auto;       /*高度自动*/
    transition: all 0.5s ease 0s;
    /*定义过渡动画*/
}
.product-grid:hover .product-image img{
        transform: scale(1.5);
        /*定义2D转换，放大1.1倍*/
}
.product-grid .product-content{
        padding: 12px 12px 15px 12px;
        /*定义内边距*/
        transition: all 0.5s ease 0s;
        /*定义过渡动画*/
}
.product-grid:hover  .product-
content{
        opacity: 0;        /*定义透明度*/
}
.product-grid .title{
    font-size: 20px;    /*定义字体大小*/
    font-weight: 600;   /*定义字体加粗*/
    margin: 0 0 10px;        /*定义外边距*/
}
.product-grid .title a{
    color: #000;        /*定义字体颜色*/
}
.product-grid .title a:hover{
    color: #2e86de;     /*定义字体颜色*/
}
.product-grid .price {
    font-size: 18px;    /*定义字体大小*/
    font-weight: 600;   /*定义字体加粗*/
    color:#2e86de;      /*定义字体颜色*/
}
.product-grid .price span {
    color: #999;        /*定义字体颜色*/
    font-size: 15px;        /*定义字体大小*/
    font-weight: 400;       /*定义字体粗细*/
    text-decoration: line-through;
    /*定义穿过文本下的一条线*/
    margin-left: 7px; /*定义左边外边距*/
    display: inline-block;
    /*定义行内块级元素*/
```

```
}
.product-grid .social{
    background-color: #fff;
    /*定义背景颜色*/
    width: 100%;        /*定义宽度*/
    padding: 0;         /*定义内边距*/
    margin: 0;          /*定义外边距*/
    list-style: none; /*去掉项目符号*/
    opacity: 0;         /*定义透明度*/
    position: absolute; /*绝对定位*/
    bottom: -50%;  /*距离底边的距离*/
    transition: all 0.5s ease 0s;
    /*定义过渡动画*/
}
.product-grid:hover .social{
    opacity: 1;/*定义透明度*/
bottom: 20px;  /*定义距离底边的距离*/
}
.product-grid .social li{
    display: inline-block;
    /*定义行内块级元素*/
}
```

```
.product-grid .social li a{
color: #909090;       /*定义字体颜色*/
font-size: 16px;      /*定义字体大小*/
line-height: 45px;    /*定义行高*/
text-align: center; /*定义水平居中*/
    height: 45px;        /*定义高度*/
    width: 45px;         /*定义宽度*/
    margin: 0 7px;       /*定义外边距*/
    border: 1px solid #909090;
    /*定义边框*/
    border-radius: 50px;
    /*定义圆角*/
    display: block;  /*定义块级元素*/
    position: relative;  /*相对定位*/
    transition: all 0.3s ease-in-out;
    /*定义过渡动画*/
}
.product-grid .social li a:hover {
    color: #fff;         /*定义字体颜色*/
    background-color: #2e86de;
    /*定义背景颜色*/
}
```

3.7　新手常见疑难问题

▌疑问 1：如何设置复杂页面结构的网站主页宽度？

在设计结构复杂的页面时，一般情况下会定义页面宽度为固定宽度，同时选择宽度为 950px 或者 960px。目前比较热点的门户网站的页面结构比较复杂，往往将主页宽度设置为 950px 或者 960px，例如，搜狐、雅虎、淘宝、新浪和优酷等网站。

▌疑问 2：网格系统的优势是什么？

网格系统的优势如下。

（1）建立规范，减少了维护成本。在网格系统下，页面中所有组件的尺寸都有规范。这对于比较复杂的大学网站的开发和维护来说，可以大大节约成本。

（2）提高用户体验。基于网格进行设计网页，可以让整个网站看起来布局保持一致，从而提升用户体验。

（3）网格系统提供丰富的布局方式，可以固定一些区块的尺寸，设置区块间的间距相等，从而减少网页开发的时间。

3.8　实战技能训练营

▌实战 1：设计仿微信登录页面

使用 Bootstrap 设计一个仿微信登录页面，运行结果如图 3-31 所示。

图 3-31 仿微信登录页面

实战 2：基于 Bootstrap 网格系统的可折叠侧边栏特效

利用 Bootstrap 的网格系统，设计一个可以折叠的侧边栏特效。运行效果如图 3-32 所示。单击"切换侧边栏"按钮，即可隐藏侧边栏，结果如图 3-33 所示。

图 3-32 基于 Bootstrap 网格系统的可折叠侧边栏特效　　　　图 3-33 隐藏侧边栏

第4章　精通页面排版

本章导读

　　网页作为一种特殊的版面，包括文字、图片、视频或者流动窗口等，内容繁多、复杂，设计时必须要根据内容的需要，将图片和文字按照一定的次序进行合理的编排和布局，使它们组成一个有序的整体。在 Bootstrap 中，页面的排版都是从全局的概念上出发，定制了网页中元素的风格。本章将重点学习关于主体文本、段落文本、强调文本、标题、图片、Code 风格、表格等格式。

知识导图

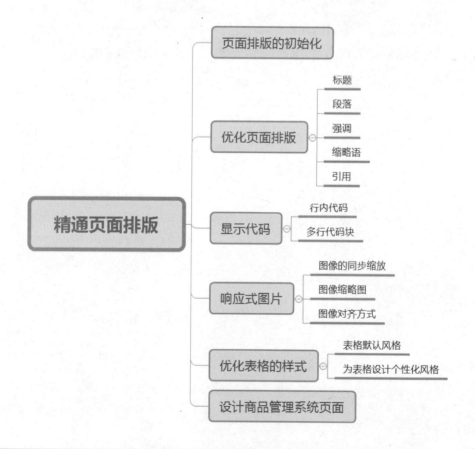

4.1　页面排版的初始化

Bootstrap 致力于提供一个简洁、优雅的基础，以此作为立足点，下面是页面排版的初始化内容。

1. 路线方针

系统重置建立新的规范化，只允许元素选择器向 HTML 元素提供自有的风格，额外的样式只通过明确的 .class 类来规范。例如，重置了一系列 <table> 样式，然后提供了 .table、.table-bordered 等样式类。

以下是 Bootstrap 的指导方针。

（1）重置浏览器默认值，使用 rem 作为尺寸规格单位，代替 em，用于指定可缩放组件的间隔与缝隙。

（2）尽量避免使用 margin-top，防止使用它造成的垂直排版混乱，以及意想不到的结果。更重要的是，一个单一方向的 margin 是一个简单的构思模型。

（3）为了易于跨设备缩放，block 块元素必须使用 rem 作为 margin 的单位。

（4）保持 font 相关属性最小的声明，尽可能地使用 inherit 属性，不影响容器溢出。

2. 页面默认值

为提供更好的页面展示效果，Bootstrap 4 更新了 <html> 和 <body> 元素的一些属性。

（1）box-sizing 是对每个元素全局设置的，这可以确保元素声明的宽度不会因为填充或边框而超过。在 <html> 上没有声明基本的字体大小，使用浏览器默认值 16 px。然后在此基础上采用 font-size:1 rem 的比例应用于 <body> 上，使媒体查询能够轻松地实现缩放，从而最大限度地保障用户的偏好和易于访问。

（2）<body> 元素被赋予一个全局性的 font-family 和 line-height 类，其下面的表单元素也继承此属性，以防止字体大小错位冲突。

（3）为了安全起见，<body> 的 background-color 的默认值设为 #fff。

3. 本地字体属性

Bootstrap 4 删除了默认的 Web 字体（Helvetica Neue，Helvetica 和 Arial），并替换为"本地 OS 字体引用机制"，以便在每个设备和操作系统上实现最佳文本呈现。具体代码如下：

```
$font-family-sans-serif:
// Safari for OS X and iOS (San Francisco)
  -apple-system,
// Chrome < 56 for OS X (San Francisco)
  BlinkMacSystemFont,
  // Windows
  "Segoe UI",
                                        // Android
                                        "Roboto",
                                        // Basic web fallback
                                        "Helvetica Neue", Arial, sans-serif,
                                        // Emoji fonts
                                         "Apple Color Emoji", "Segoe UI
                                        Emoji", "Segoe UI Symbol" !default;
```

这样，font-family 适用于 <body>，并被全局自动继承。切换全局 font-family，只要更新 $font-family-base 即可。

4. 列表

移除所有的列表元素（<ul>、<ol>、 and <dl>）的外边距 margin-top，并设置为 margin-bottom: 1rem，被嵌套的子列表无 margin-bottom 值。

5. pre 预格式化文本

pre 标签可定义预格式化的文本。被包围在 <pre> 标签元素中的文本通常会保留空格和换行符，而文本也会呈现为等宽字体。

Bootstrap 重置了 pre 元素，移除它的 margin-top 属性，并用 rem 作为 margin-bottom 的单位，代码如下：

```
.example-element {
    margin-bottom: 1 rem;
}
```

6. 表格

微调了表格的 <caption>，并确保始终保持一致的文本对齐。.table 类还对边框、填充等进行了额外的更改。

7. forms 表单

Bootstrap 重置了表单元素，得到简化的基本样式，使之简洁易用，显著变化如下。

（1）<fieldset> 去除了边框、内填充、外边距属性，所以它们可以轻松地用作单一的输入框或输入框组，放入容器中使用。

（2）<legend> 和 fieldset 字段集一样，也已被重新设计过，显示为不同种类的标题。

（3）<label> 加上了 display:nline-block 属性，从而可以被用户赋予 margin 属性进行布局调用。

（4）<input>、<select>、<textarea>、<button> 被规范化处理了，同时移除了它们的 margin 属性，并且设置了 inline-height:inherit 属性。

（5）<textarea> 被修改为只能竖直方向上调整大小，因为水平方向上调整大小经常会"破坏"页面布局。

8. address 地址控件

Bootstrap 更新了 <address> 元素初始属性，重置了浏览器默认的 font-style，由 italic 改为 normal，line-height 同样是继承来的，并添加了 margin-bottom: 1rem。

9. blockquote 引用块效果

blockquote 引用块默认的 margin 是 1em 40px，而 Bootstrap 把它重置为 1rem，使其与其他元素更一致。

10. abbr 内联元素

<abbr> 内联元素接受基本的样式，使其在段落文本中突出。

4.2　优化页面排版

Bootstrap 重写 HTML 默认样式，实现对页面版式的优化，以满足当前网页内容呈现的需要。

4.2.1　标题

所有标题和段落元素（<h1> 和 <p>）都被重置，系统移除它们的上外边距 margin-top 属性，标题添加外边距为 margin-bottom:5rem，段落元素 <p> 添加了外边距 margin-bottom:1rem 以形成简洁行距。

HTML 中的标题标签 <h1> 到 <h6>，在 Bootstrap 中均可以使用。在 Bootstrap 4 中，标题元素都被设置为如下样式：

```
h1, h2, h3, h4, h5, h6,                    font-weight: 500;
.h1, .h2, .h3, .h4, .h5, .h6 {             line-height: 1.2;
  margin-bottom: 0.5rem;                   color: inherit;
  font-family: inherit;                  }
```

> **注意**：相比较于 Bootstrap 3，Bootstrap 4 删除了上外边距的设置，只设置了下外边距 margin-bottom；font-family（字体）和 color（字体颜色）都继承父元素；font-weight（字体加粗）都设置为 500；line-height（标题行高）固定为 1.2，避免行高因标题字体大小而变化，同时也避免不同级别的标题行高不一致，影响版式风格统一。

每级标题的字体大小设置如下：

```
h1, .h1{font-size: 2.5rem;}
h2, .h2{font-size: 2rem;}
h3, .h3{font-size: 1.75rem;}
h4, .h4 {font-size: 1.5rem;}
h5, .h5 {font-size: 1.25rem;}
h6, .h6 {font-size: 1rem;}
```

例如下面代码：

```
<body class="container">
    <h1>一级标题——h1.heading</h1>
    <h2>二级标题——h2.heading</h2>
    <h3>三级标题——h3.heading</h3>
    <h4>四级标题——h4.heading</h4>
    <h5>五级标题——h5.heading</h5>
    <h6>六级标题——h6.heading</h6>
</body>
```

运行效果如图 4-1 所示。使用 Bootstrap 效果如图 4-2 所示。

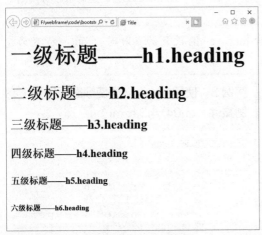

图 4-1　默认样式效果

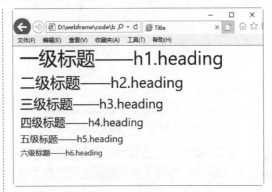

图 4-2　Bootstrap 样式效果

另外，还可以在 HTML 标签元素上使用标题类（.h1 到 .h6），得到的字体样式和相应的标题字体样式完全相同。

实例 1：使用标题类（.h1 到 h6）（案例文件：ch04\4.1.html）

```
<!DOCTYPE html>
<html>
<head>
    <meta charset="UTF-8">
    <title>使用标题类</title>
    <meta name="viewport"
content="width=device-width,initial-
scale=1, shrink-to-fit=no">
    <link rel="stylesheet"
href="bootstrap-4.5.3-dist/css/
bootstrap.css">
    <script src="jquery-3.5.1.slim.
js"></script>
    <script src="bootstrap-4.5.3-
dist/js/bootstrap.min.js"></script>
</head>
<body class="container">
    <p class="h1">一级标题样式</p>
    <p class="h2">二级标题样式</p>
    <p class="h3">三级标题样式</p>
```

```
        <p class="h4">四级标题样式</p>
        <p class="h5">五级标题样式</p>
        <p class="h6">六级标题样式</p>
    </body>
</html>
```

程序运行效果如图 4-3 所示。

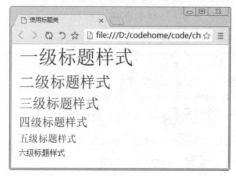

图 4-3　.h1 到 .h6 标题类效果

在标题内可以包含 <small> 标签或赋予 .small 类的元素，用来设置小型辅助标题的文本。

实例 2：使用 small 类设置辅助标题（案例文件：ch04\4.2.html）

```
<!DOCTYPE html>
<html>
<head>
    <meta charset="UTF-8">
        <title>使用small类设置辅助标题</title>
        <meta name="viewport"
```

```
content="width=device-width,initial-scale=1, shrink-to-fit=no">
        <link rel="stylesheet"
href="bootstrap-4.5.3-dist/css/
bootstrap.css">
        <script src="jquery-3.5.1.slim.
js"></script>
        <script src="bootstrap-4.5.3-
dist/js/bootstrap.min.js"></script>
    </head>
    <body class="container">
        <h1>雨说 <small>为生活在中国大地上的儿童而歌</small></h1>
        <h2>雨说 <small>为生活在中国大地上的儿童而歌</small></h2>
        <h3>雨说 <small>为生活在中国大地上的儿童而歌</small></h3>
        <h4>雨说 <small>为生活在中国大地上的儿童而歌</small></h4>
        <h5>雨说 <small>为生活在中国大地上的儿童而歌</small></h5>
        <h6>雨说 <small>为生活在中国大地上的儿童而歌</small></h6>
    </body>
</html>
```

程序运行效果如图 4-4 所示。

图 4-4　使用 small 类设置辅助标题

> **注意**：当 <small> 标签或赋予 .small 类的元素 font-weight 设置为 400 时，font-size 变为父元素的 80%。

当需要一个标题突出显示时，可以使用 display 类，使文字显示得更大。Bootstrap 4 提供了四个 display 类，分别为：.display-1、.display-2、.display-3 和 .display-4，CSS 样式代码如下：

```
    .display-1 {font-size: 6rem;font-weight: 300;line-height: 1.2;}
    .display-2 {font-size: 5.5rem;font-weight: 300;line-height: 1.2;}
    .display-3 {font-size: 4.5rem;font-weight: 300;line-height: 1.2;}
    .display-4 {font-size: 3.5rem;font-weight: 300;line-height: 1.2;}
```

实例 3：使用 display 类使标题更突出（案例文件：ch04\4.3.html）

```
<!DOCTYPE html>
<html>
<head>
    <meta charset="UTF-8">
        <title>使标题更突出</title>
        <meta name="viewport"
content="width=device-width,initial-scale=1, shrink-to-fit=no">
        <link rel="stylesheet"
href="bootstrap-4.5.3-dist/css/
bootstrap.css">
        <script src="jquery-3.5.1.slim.
js"></script>
        <script src="bootstrap-4.5.3-
```

```
dist/js/bootstrap.min.js"></script>
    </head>
    <body>
        <h1 class="display-1">记玉关踏
雪事清游（display-1）</h1>
        <h2 class="display-2">寒气脆貂
裘（display-2）</h2>
        <h3 class="display-3">傍枯林古
道（display-3）</h3>
        <h4 class="display-3">长河饮马
（display-3）</h4>
        <h5 class="display-4">此意悠悠
（display-4）</h5>
        <h6 class="display-4">短梦依然
```

```
江表（display-4）</h6>
</body>
</html>
```

程序运行效果如图 4-5 所示。

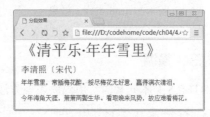

图 4-5　标题突出显示

> **提示**：使用了 display 类以后，原有标题的 font-size、font-weight 样式会发生改变。

4.2.2　段落

Bootstrap 4 定义页面主体的默认样式如下：

```
body {
    margin: 0;
    font-family: -apple-system,
BlinkMacSystemFont, "Segoe UI", Roboto,
"Helvetica Neue", Arial, "Noto Sans",
sans-serif, "Apple Color Emoji", "Segoe
UI Emoji", "Segoe UI Symbol", "Noto
Color Emoji";
    font-size: 1rem;
    font-weight: 400;
    line-height: 1.5;
    color: #212529;
    text-align: left;
    background-color: #fff;
}
```

在 Bootstrap 4 中，段落标签 <p> 被设置上外边距为 0，下外边距为 1rem，CSS 样式代码如下：

```
p {margin-top: 0;margin-bottom: 1rem;}
```

实例 4：设置分段效果（案例文件：ch04\4.4.html）

```
<!DOCTYPE html>
<html>
<head>
    <meta charset="UTF-8">
    <title>分段效果</title>
    <meta name="viewport"
content="width=device-width,initial-
scale=1, shrink-to-fit=no">
    <link rel="stylesheet"
```

```
href="bootstrap-4.5.3-dist/css/
bootstrap.css">
    <script src="jquery-3.5.1.slim.
js"></script>
    <script src="bootstrap-4.5.3-
dist/js/bootstrap.min.js"></script>
    </head>
    <body class="container">
        <h1>《清平乐·年年雪里》</h1>
        <h3><small>李清照〔宋代〕
        </small></h3>
        <p>年年雪里，常插梅花醉。按尽梅花无
好意，赢得满衣清泪。</p>
        <p>今年海角天涯，萧萧两鬓生华。看取
晚来风势，故应难看梅花。</p>
</body>
</html>
```

程序运行效果如图 4-6 所示。

图 4-6　段落效果

添加 lead 类样式可以定义段落的突出显示，被突出的段落文本 font-size 变为 1.25rem，font-weight 变为 300，CSS 样式代码如下：

```
.lead {font-size: 1.25rem;font-
weight: 300;}
```

实例 5：使用 lead 类样式（案例文件：ch04\4.5.html）

```
<!DOCTYPE html>
<html>
<head>
    <meta charset="UTF-8">
    <title>lead类样式</title>
    <meta name="viewport"
content="width=device-width,initial-
scale=1, shrink-to-fit=no">
    <link rel="stylesheet"
href="bootstrap-4.5.3-dist/css/
bootstrap.css">
    <script src="jquery-3.5.1.slim.
js"></script>
    <script src="bootstrap-4.5.3-
dist/js/bootstrap.min.js"></script>
</head>
<body class="container">
    <h1>《赠范晔诗》</h1>
    <h3><small>陆凯〔南北朝〕
    </small></h3>
    <p>折花逢驿使</p>
    <p>寄与陇头人</p>
    <p class="lead">江南无所有</p>
    <p>聊赠一枝春</p>
</body>
</html>
```

程序运行效果如图 4-7 所示。

图 4-7　lead 类样式效果

4.2.3　强调

　　HTML5 文本元素的常用内联表现方法也适用于 Bootstrap 4，可以使用 <mark>、<del>、<s>、<ins>、<u>、<strong>、<em> 等标签为常见的内联 HTML 5 元素添加强调样式。

实例 6：添加强调样式（案例文件：ch04\4.6.html）

```
<!DOCTYPE html>
<html>
<head>
    <meta charset="UTF-8">
    <title>添加强调样式</title>
    <meta name="viewport"
content="width=device-width,initial-
scale=1, shrink-to-fit=no">
    <link rel="stylesheet"
href="bootstrap-4.5.3-dist/css/
bootstrap.css">
    <script src="jquery-3.5.1.slim.
js"></script>
    <script src="bootstrap-4.5.3-
dist/js/bootstrap.min.js"></script>
</head>
<body class="container">
    <h2>强调文本</h2>
    <p> mark >标签:
<mark>标记的重点内容</mark></p>
    <p> del >标签: <del>
删除的文本</del></p>
    <p> s >标签: <s>不再准
确的文本</s></p>
    <p> ins >标签: <ins>
对文档的补充文本</ins></p>
    <p> u >标签: <u>添加下
划线的文本</u></p>
    <p> strong >标签:
<strong>粗体文本</strong></p>
    <p> em >标签: <em>斜
体文本</em></p>
</body>
</html>
```

程序运行效果如图 4-8 所示。

图 4-8　强调文本效果

　　.mark 类也可以实现 <mark> 的效果，但避免了标签带来的任何不必要的语义影响。

> **提示**：HTML 5 支持使用 <b> 和 <i> 标签定义强调文本。<b> 标签会加粗文本，<i> 标签使文本显示斜体。<b> 标签用于突出强调单词或短语，而不赋予额外的重要含义，<i> 标签主要用于语音、技术术语等。

4.2.4　缩略语

缩略语是指当鼠标指针悬停在缩写语上时会显示缩写的内容。HTML 5 中通过使用 <abbr> 标签来实现缩略语，在 Bootstrap 中只是对 <abbr> 进行了可加强。加强后缩略语具有默认下划线，鼠标指针悬停时显示帮助光标。CSS 样式代码如下：

```
abbr[title],
abbr[data-original-title] {
  text-decoration: underline;
    -webkit-text-decoration:
        underline dotted;
text-decoration: underline dotted;
  cursor: help;
  border-bottom: 0;
  text-decoration-skip-ink: none;
}
```

实例 7：添加缩略语（案例文件：ch04\4.7.html）

```
<!DOCTYPE html>
<html>
<head>
    <meta charset="UTF-8">
    <title>缩略语效果</title>
```

```
    <meta name="viewport"
content="width=device-width,initial-
scale=1, shrink-to-fit=no">
    <link rel="stylesheet"
href="bootstrap-4.5.3-dist/css/
bootstrap.css">
    <script src="jquery-3.5.1.slim.
js"></script>
    <script src="bootstrap-4.5.3-
dist/js/bootstrap.min.js"></script>
  </head>
  <body class="container">
  <h2>乌衣巷</h2>
  <p>朱雀桥边野草花，<abbr title="乌衣巷
位于南京市秦淮区秦淮河上文德桥旁的南岸。">乌
衣巷</abbr>口夕阳斜。</p>
  <p> 旧时王谢堂前燕，飞入寻常百姓家。</p>
  </body>
  </html>
```

程序运行效果如图 4-9 所示。

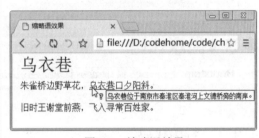

图 4-9　缩略语效果

4.2.5　引用

如果要添加引用文本，可以在正文中插入引用的块，引用的块使用带 .blockquote 类的 <blockquote> 标签。在引用块中，有 3 个标签可以使用。

（1）<blockquote>：引用块。

（2）<cite>：引用块内容的来源。

（3）<footer>：包含引用来源和作者的元素。

Bootstrap 4 为 <blockquote> 标签定义了 .blockquote 类，设置 <blockquote> 标签的底外边距为 1rem，字体大小为 1.25rem；为 <footer> 标签定义了 .blockquote-footer 类，设置元素为块级元素，字体缩小 20%，字体颜色为 #6c757d。CSS 样式代码如下：

```
.blockquote {
    margin-bottom: 1rem;
    font-size: 1.25rem;
}
.blockquote-footer {
```

```
    display: block;
    font-size: 80%;
    color: #6c757d;
}
```

提示：通过使用 text-right 类，可以实现引用文本右对齐的效果。

实例 8：添加引用文本内容（案例文件：ch04\4.8.html）

```html
<!DOCTYPE html>
<html>
<head>
    <meta charset="UTF-8">
    <title>添加引用</title>
    <meta name="viewport"
content="width=device-width,initial-
scale=1, shrink-to-fit=no">
    <link rel="stylesheet"
href="bootstrap-4.5.3-dist/css/
bootstrap.css">
    <script src="jquery-3.5.1.slim.
js"></script>
    <script src="bootstrap-4.5.3-
dist/js/bootstrap.min.js"></script>
</head>
<body class="container">
```

```html
<blockquote>
<p>公子王孙逐后尘，绿珠垂泪滴罗巾。</p>
<p>侯门一入深如海，从此萧郎是路人。</p>
    <footer class="blockquote-
footer text-right">—选自崔郊 的<cite>《赠
去婢》</cite></footer>
</blockquote>
</body>
</html>
```

程序运行效果如图 4-10 所示。

图 4-10　引用效果

4.3　显示代码

Bootstrap 支持在网页中显示代码，主要是通过 <code> 标签和 <pre> 标签来分别实现嵌入的行内代码和多行代码段。

4.3.1　行内代码

<code> 标签用于表示计算机源代码或者其他机器可以阅读的文本内容。

Bootstrap 4 优化了 <code> 标签默认样式效果，样式代码如下：

```css
code {
    font-size: 87.5%;
    color: #e83e8c;
    word-break: break-word;
}
```

实例 9：显示行内代码（案例文件：ch04\4.9.html）

```html
<!DOCTYPE html>
<html>
<head>
    <meta charset="UTF-8">
    <title>行内代码</title>
    <meta name="viewport"
content="width=device-width,initial-
scale=1, shrink-to-fit=no">
    <link rel="stylesheet"
href="bootstrap-4.5.3-dist/css/
bootstrap.css">
    <script src="jquery-3.5.1.slim.
```

```html
js"></script>
    <script src="bootstrap-4.5.3-
dist/js/bootstrap.min.js"></script>
</head>
<body class="container">
<h4>行内代码</h4>
<code>&lt;!DOCTYPE html&gt;
</code>HTML 5文档声明。<br/>
<code>&lt;head&gt;&lt;/head&gt;
</code>包含元信息和标题。<br/>
<code>&lt;body&gt;&lt;/body&gt;
</code>网页的主体内容。
</body>
</html>
```

程序运行结果如图 4-11 所示。

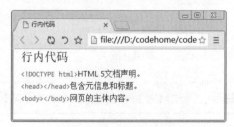

图 4-11　行内代码效果

4.3.2　多行代码块

使用 <pre> 标签可以包裹代码块，可以对 HTML 的尖括号进行转义；还可以使用 .pre-scrollable 类样式，实现垂直滚动的效果，它默认提供 350px 的高度。

实例 10：使用 <pre> 标签显示多行代码块（案例文件：ch04\4.10.html）

```html
<!DOCTYPE html>
<html>
<head>
    <meta charset="UTF-8">
    <title>多行代码块</title>
    <meta name="viewport"
content="width=device-width,initial-
scale=1, shrink-to-fit=no">
    <link rel="stylesheet"
href="bootstrap-4.5.3-dist/css/
bootstrap.css">
    <script src="jquery-3.5.1.slim.
js"></script>
    <script src="bootstrap-4.5.3-
dist/js/bootstrap.min.js"></script>
</head>
```

```html
<body>
<pre>
&lt;article&gt;
&lt;h1&gt;多行代码块效果&lt;/h1&gt;
&lt;/article&gt;
</pre>
</body>
</html>
```

程序运行结果如图 4-12 所示。

图 4-12　代码块效果

4.4　响应式图片

Bootstrap 4 为图片添加了轻量级的样式和响应式行为，因此在设计中引用图片可以更加方便且不会轻易破坏其元素。

4.4.1　图像的同步缩放

在 Bootstrap 4 中，给图片添加 .img-fluid 样式或定义 max-width: 100%、height:auto 样式，即设置响应式特性，图片大小会随着父元素大小同步缩放。

实例 11：图像的同步缩放（案例文件：ch04\4.11.html）

```html
<!DOCTYPE html>
<html>
<head>
    <meta charset="UTF-8">
    <title>图像的同步缩放</title>
    <meta name="viewport"
content="width=device-width,initial-
scale=1, shrink-to-fit=no">
    <link rel="stylesheet"
href="bootstrap-4.5.3-dist/css/
bootstrap.css">
    <script src="jquery-3.5.1.slim.
js"></script>
    <script src="bootstrap-4.5.3-
dist/js/bootstrap.min.js"></script>
</head>
<body class="container">
```

```html
<h2>图像的同步缩放</h2>
<img src="1.jpg" class="img-fluid">
</body>
</html>
```

程序运行结果如图 4-13 所示。如果改变浏览器窗口大小，此时图像也会跟着同步缩放。

图 4-13　图像的同步缩放

4.4.2　图像缩略图

可以使用 .img-thumbnail 类为图片加上一个带圆角且 1px 边界的外框样式。

实例12: 设计图像缩略图效果（案例文件: ch04\4.12.html）

```
<!DOCTYPE html>
<html>
<head>
    <meta charset="UTF-8">
    <title>图像缩略图</title>
        <meta name="viewport"
content="width=device-width,initial-
scale=1, shrink-to-fit=no">
        <link rel="stylesheet"
href="bootstrap-4.5.3-dist/css/
bootstrap.css">
        <script src="jquery-3.5.1.slim.
js"></script>
        <script src="bootstrap-4.5.3-
dist/js/bootstrap.min.js"></script>
    </head>
    <body class="container">
<h2>图像缩略图</h2>
```

```
<img src="2.jpg" class="img-
thumbnail">
</body>
</html>
```

程序运行结果如图 4-14 所示。

图 4-14　图像缩略图效果

4.4.3　图像对齐方式

设置图像对齐方式的方法如下。

（1）使用浮动类来实现图像的左浮动或右浮动效果。

（2）使用类 text-left、text-center 和 text-right 来分别实现水平居左、居中和居右对齐。

（3）使用外边距类 mx-auto 来实现水平居中，注意要把 <img> 标签转换为块级元素，添加 d-block 类。

实例13: 设置图片的对齐方式（案例文件: ch04\4.13.html）

```
<!DOCTYPE html>
<html>
<head>
    <meta charset="UTF-8">
    <title>3种对齐方式</title>
        <meta name="viewport"
content="width=device-width,initial-
scale=1, shrink-to-fit=no">
        <link rel="stylesheet"
href="bootstrap-4.5.3-dist/css/
bootstrap.css">
        <script src="jquery-3.5.1.slim.
js"></script>
        <script src="bootstrap-4.5.3-
dist/js/bootstrap.min.js"></script>
    </head>
<body class="container ">
<div class="clearfix">
```

```
        <img src="3.jpg" class="float-
left" width="200">
        <img src="3.jpg" class="float-
right" width="200">
    </div>
    <p class="text-center">浮动类实现左
    右对齐</p>
    <div class="text-center">
    <img src="3.jpg"  width="200">
    <p class="text-center">文本类实
    现水平居中</p>
</div>
<div>
    <img src="3.jpg"   class="mx-
auto d-block" width="200">
    <p class="text-center">外边距类
    实现水平居中</p>
</div>
</body>
</html>
```

程序运行结果如图 4-15 所示。

图 4-15　图像的对齐效果

4.5　优化表格的样式

Bootstrap 优化了表格的结构标签，并定义了很多表格的专用样式类。优化的结构标签如下。

（1）<table>：表格容器。

（2）<thead>：表格表头容器。

（3）<tbody>：表格主体容器。

（4）<tr>：表格行结构。

（5）<td>：表格单元格（在 <tbody> 内使用）。

（6）<th>：表格表头容器中的单元格（在 <thead> 内使用）。

（7）<caption>：表格标题容器。

还有其他的一些表格标签，在 Bootstrap 中也可以使用，但是 Bootstrap 4 不再提供样式优化，例如 <colgroup>、<tfoot> 和 <col> 标签。

> **提示**：只有为 <table> 标签添加 .table 类样式，才可为其赋予 Bootstrap 表格优化效果。

4.5.1　表格默认风格

Bootstrap 4 通过 .table 类来设置表格的默认样式。

实例 14：设置表格的默认样式（案例文件：ch04\4.14.html）

```
<!DOCTYPE html>
<html>
<head>
    <meta charset="UTF-8">
    <title>设置表格的默认样式</title>
    <meta name="viewport"
content="width=device-width,initial-
```

```
scale=1, shrink-to-fit=no">
        <link rel="stylesheet"
href="bootstrap-4.5.3-dist/css/
bootstrap.css">
        <script src="jquery-3.5.1.slim.
js"></script>
        <script src="bootstrap-4.5.3-
dist/js/bootstrap.min.js"></script>
    </head>
    <body class="container">
    <h2 align="center">商品销售表</h2>
```

```
<table class="table">
    <thead>
        <tr>
            <th>名称</th><th>产地</th>
<th>价格</th><th>库存</th><th>销量</th>
</tr>
        </thead>
        <tbody>
            <tr>
                <td>洗衣机</td><td>北京
</td><td>6800元</td><td>2600台
</td><td>1200台</td> </tr>
            <tr>
                <td>冰箱</td><td>上海
</td><td>5990元</td><td>3600台</td>
<td>800台</td> </tr>
            <tr>
                <td>空调</td><td>广州</td>
<td>12660元</td><td>4200台</td><td>1200
台</td> </tr>
            <tr>
```

```
            <td>电视机</td><td>西安
</td><td>2688元</td><td>6900台</td><td>
500台</td></tr>
        </tbody>
    </table>
    </body>
</html>
```

程序运行结果如图 4-16 所示。

图 4-16　表格默认风格效果

4.5.2　为表格设计个性化风格

除了可以为表格设置默认的风格外还可以设置多种多样的个性化风格。

1. 无边界风格

为 <table> 标签添加 .table-borderless 类，即可设计没有边框的表格。

实例 15：设计没有边框的表格（案例文件：ch04\4.15.html）

```
<!DOCTYPE html>
<html>
<head>
    <meta charset="UTF-8">
    <title>没有边框的表格</title>
        <meta name="viewport"
content="width=device-width,initial-
scale=1, shrink-to-fit=no">
        <link rel="stylesheet"
href="bootstrap-4.5.3-dist/css/
bootstrap.css">
        <script src="jquery-3.5.1.slim.
js"></script>
        <script src="bootstrap-4.5.3-
dist/js/bootstrap.min.js"></script>
    </head>
    <body class="container">
    <h2 align="center">学生成绩表</h2>
    <table class="table table-
borderless">
        <thead>
        <tr>
                <th>姓名</th><th>班级</
th><th>语文</th><th>数学</th><th>英语</
```

```
th></tr>
        </thead>
        <tbody>
        <tr>
            <td>张宝</td><td>一班</td>
<td>89</td><td>96</td><td>69</td></tr>
            <tr>
            <td>李丰</td><td>一班</td>
<td>93</td><td>94</td><td>98</td></tr>
        </table>
    </body>
</html>
```

程序运行结果如图 4-17 所示。

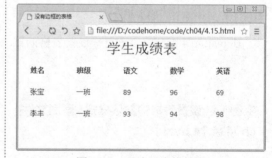

图 4-17　无边界表格效果

2. 条纹状风格

为 <table> 标签添加 .table-striped 类，可以设计条纹状的表格。

实例 16：设计条纹状的表格（案例文件：ch04\4.16.html）

```html
<!DOCTYPE html>
<html>
<head>
    <meta charset="UTF-8">
    <title>条纹状的表格</title>
    <meta name="viewport"
content="width=device-width,initial-
scale=1, shrink-to-fit=no">
    <link rel="stylesheet"
href="bootstrap-4.5.3-dist/css/
bootstrap.css">
    <script src="jquery-3.5.1.slim.
js"></script>
    <script src="bootstrap-4.5.3-
dist/js/bootstrap.min.js"></script>
</head>
<body class="container">
<h2 align="center">1月份工资表</h2>
<table class="table table-striped">
    <thead>
    <tr>
        <th>姓名</th><th>部门</th><th>
工资</th><th>奖金</th></tr>
    </thead>
    <tbody>
    <tr>
        <td>刘梦</td><td>销售部</
td><td>8600元</td><td>800元</td></tr>
    <tr>
        <td>李丽</td><td>销售部</
td><td>4500元</td><td>900元</td></tr>
    <tr>
        <td>张龙</td><td>财务部</
td><td>6800元</td><td>1200元</td> </tr>
    <tr>
        <td>林笑天</td><td>设计部</
td><td>7800元</td><td>600元</td>
    </tr>
    </tbody>
</table>
</body>
</html>
```

程序运行结果如图 4-18 所示。

图 4-18　条纹状表格效果

3. 表格边框风格

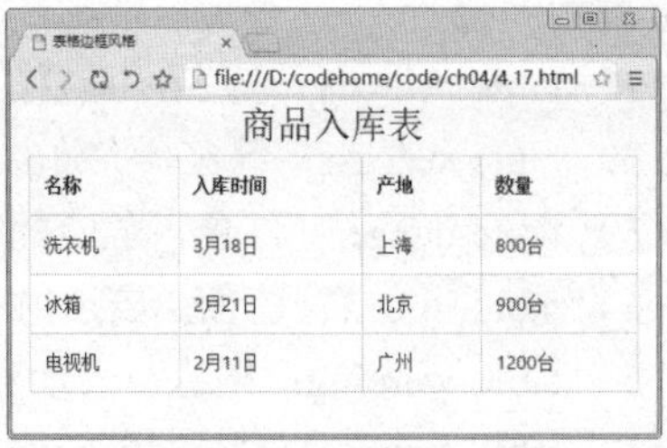

为 <table> 标签添加 .table-bordered 类，可以设计表格的边框风格。

实例 17：设计表格边框风格（案例文件：ch04\4.17.html）

```html
<!DOCTYPE html>
<html>
<head>
    <meta charset="UTF-8">
    <title>表格边框风格</title>
    <meta name="viewport"
content="width=device-width,initial-
scale=1, shrink-to-fit=no">
    <link rel="stylesheet"
href="bootstrap-4.5.3-dist/css/
bootstrap.css">
    <script src="jquery-3.5.1.slim.
js"></script>
    <script src="bootstrap-4.5.3-
dist/js/bootstrap.min.js"></script>
</head>
<body class="container">
<h2  align="center">商品入库表</h2>
<table class="table table-bordered">
    <thead>
    <tr>
        <th>名称</th><th>入库时间</
th><th>产地</th><th>数量</th></tr>
    </thead>
    <tbody>
    <tr>
        <td>洗衣机</td><td>3月18日</
td><td>上海</td><td>800台</td></tr>
    <tr>
        <td>冰箱</td><td>2月21日</
td><td>北京</td><td>900台</td></tr>
    <tr>
        <td>电视机</td><td>2月11日</
td><td>广州</td><td>1200台</td> </tr>
    </tbody>
</table>
</body>
</html>
```

程序运行结果如图 4-19 所示。

图 4-19　表格边框风格

4. 鼠标指针悬停风格

为 <table> 标签添加 .table-hover 类，可以产生行悬停效果，也就是鼠标移到行上时底纹颜色会发生变化。

实例18：设计鼠标指针悬停风格（案例文件：ch04\4.18.html）

```html
<!DOCTYPE html>
<html>
<head>
    <meta charset="UTF-8">
    <title>鼠标指针悬停风格</title>
    <meta name="viewport"
content="width=device-width,initial-
scale=1, shrink-to-fit=no">
    <link rel="stylesheet"
href="bootstrap-4.5.3-dist/css/
bootstrap.css">
    <script src="jquery-3.5.1.slim.
js"></script>
    <script src="bootstrap-4.5.3-
dist/js/bootstrap.min.js"></script>
</head>
<body class="container">
<h2 align="center">商品入库表</h2>
<table class="table table-hover">
    <thead>
    <tr>
        <th>名称</th><th>入库时间</
th><th>产地</th><th>数量</th></tr>
    </thead>
    <tbody>
    <tr>
        <td>洗衣机</td><td>3月18日</
td><td>上海</td><td>800台</td></tr>
    <tr>
        <td>冰箱</td><td>2月21日</
td><td>北京</td><td>900台</td></tr>
    <tr>
        <td>电视机</td><td>2月11日</
td><td>广州</td><td>1200台</td> </tr>
    </tbody>
</table>
</body>
</html>
```

程序运行结果如图 4-20 所示。将鼠标放在任意一行，即可发现该行的颜色发生了变化。

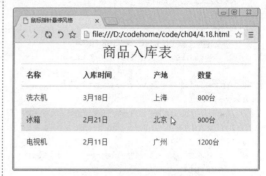

图 4-20　鼠标指针悬停风格

5. 紧凑风格

为 <table> 标签添加 .table-sm 类，可以将表格的 padding 值缩减一半，使表格更加紧凑。

将实例 18 中 4.18.html 的代码：

```html
<table class="table table-hover">
```

修改如下：

```html
<table class="table table-sm">
```

程序运行结果如图 4-21 所示。

名称	入库时间	产地	数量
洗衣机	3月18日	上海	800台
冰箱	2月21日	北京	900台
电视机	2月11日	广州	1200台

图 4-21　表格紧凑效果

6. 颜色风格

（1）.table-primary：蓝色，重要的操作。

（2）.table-success：绿色，允许执行的操作。

（3）.table-danger：红色，危险的操作。

（4）.table-info：浅蓝色，表示内容已变更。

（5）.table-warning：橘色，表示需要注意的操作。

（6）.table-active：灰色，用于鼠标悬停效果。

（7）.table-secondary：灰色，表示内容不怎么重要。

（8）.table-light：浅灰色。

（9）.table-dark：深灰色。

上述的这些颜色类可用于表格的背景颜色，也可以用于表格行和单元格的背景颜色，还可以用于表头容器 <thead> 和表格主体容器 <tbody> 的背景颜色。

实例19：设置表格背景的颜色（案例文件：ch04\4.19.html）

```
<!DOCTYPE html>
<html>
<head>
    <meta charset="UTF-8">
    <title>设置表格背景的颜色</title>
    <meta name="viewport"
content="width=device-width,initial-
scale=1, shrink-to-fit=no">
    <link rel="stylesheet"
href="bootstrap-4.5.3-dist/css/
bootstrap.css">
    <script src="jquery-3.5.1.slim.
js"></script>
    <script src="bootstrap-4.5.3-
dist/js/bootstrap.min.js"></script>
</head>
<body class="container">
<h2 align="center">商品销售报表</h2>
<table class="table">
    <thead class="table-primary">
    <tr>
        <th>编码</th><th>名称</th><th>
销售时间</th><th>销售数量</th><th>单价</
th><th>金额</th>
    </tr>
    </thead>
    <tbody>
    <tr class="table-warning">
        <td>1001</td><td>洗衣机</
td><td>2月1日</td><td>6</td><td>2300元</
td><td>13800元</td>
    </tr>
```

```
    <tr class="table-danger">
        <td>1002</td><td>冰箱</
td><td>2月1日</td><td>10</td><td>6800元
</td><td>68000元</td>
    </tr>
    <tr class="table-light">
        <td>1003</td><td>空调</
td><td>2月2日</td><td>8</td><td>1800元</
td><td>14400元</td>
    </tr>
    <tr class="table-info">
        <td>1004</td><td>电视机</
td><td>2月3日</td><td>5</td><td>3800元</
td><td>19000元</td>
    </tr>
    </tbody>
</table>
</body>
</html>
```

程序运行结果如图 4-22 所示。

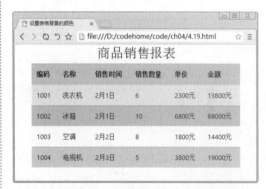

图 4-22　表格背景颜色效果

4.6 设计商品管理系统页面

本案例是一个商品管理系统页面，主要使用 Bootstrap 表格来罗列内容。具体实现步骤如下。

01 设计顶部的功能区域。功能区域包括选择查询条件、查询功能和右侧的增删改查以及角色授权。查询条件使用 Bootstrap 的按钮式下拉菜单设计完成，查询功能使用 Bootstrap 的表单组件进行设计，右侧的增删改查以及角色授权使用 Bootstrap 的按钮组件进行设计。其中选择查询条件和查询功能使用 Flex（弹性盒）进行布局，与右侧的增删改查以及角色授权再使用浮动进行布局，并添加响应式的浮动类（.float-md-*）。具体代码如下：

```
<!DOCTYPE html>
<html>
<head>
```

```
    <meta charset="UTF-8">
    <title>商品管理系统页面</title>
        <meta name="viewport"
content="width=device-width,initial-
scale=1, shrink-to-fit=no">
        <link rel="stylesheet"
href="bootstrap-4.5.3-dist/css/
bootstrap.css">
        <script src="jquery-3.5.1.slim.
js"></script>
        <script src="https://cdn.
staticfile.org/popper.js/1.14.6/umd/
popper.js"></script>
        <script src="bootstrap-4.5.3-
dist/js/bootstrap.min.js"></script>
    </head>
    <body>
    <h2 align="center">云中商品管理系统</h2>
    <div class="clearfix my-4" >
        <div class="d-flex float-left
float-md-left">
        <div class="dropdown btn-group">
        <button class="btn btn-outline-
success" type="button">选择类别</button>
        <button class="btn btn-success
dropdown-toggle dropdown-toggle-split"
data-toggle="dropdown" data-offset="-
90,0"type="button">
        </button>
        <div class="dropdown-menu">
        <a class="dropdown-item"
href="#">电器类</a>
        <a class="dropdown-item"
href="#">家具类</a>
        <a class="dropdown-item"
href="#">办公类</a>
            </div>
        </div>
        <div class="ml-3">
        <form class="form-inline">
        <div class="form-group">
        <input type="search"
class="form-control">
        </div>
        <button type="submit"
class="btn btn-success">查询</button>
            </form>
        </div>
    </div>
        <div class="ml-auto btn-group
float-md-right">
        <button type="button" class="btn
btn-primary"><i class="fa fa-plus mr-
1"></i>新增</button>
        <button type="button"
class="btn btn-warning"><i class="fa
fa-times mr-1"></i>删除</button>
        <button type="button" class="btn
```

```
btn-info"><i class="fa fa-pencil mr-
1"></i>编辑</button>
        <button type="button" class="btn
btn-success"><i class="fa fa-star mr-
1"></i>入库</button>
        <button type="button" class="btn
btn-primary"><i class="fa fa-plus mr-
1"></i>出库</button>
        </div>
    </div>
    </body>
    </html>
```

程序运行结果如图 4-23 所示。

图 4-23　系统顶部的功能区域

02 设 计 表 格。 为 <table> 标 签 添 加 .table-bordered 设计表格边框风格，为 <thead> 添加 table-success 类来设计背景色。添加代码如下：

```
<table class="table table-
bordered">
    <thead class="table-success">
    <tr>
        <th><input type="checkbox">
</th><th>商品编码</th><th>商品名称</
th><th>入库时间</th><th>库存数量</th>
        </tr>
        </thead>
        <tbody>
        <tr>
        <td><input type="checkbox">
</td><td>S0001</td><td>洗衣机</
td><td>2021-12-20</td><td>3600台</td>
        </tr>
        <tr>
        <td><input type="checkbox">
</td><td>S0002</td><td>冰箱</
td><td>2021-12-20</td><td>1200台</td>
        </tr>
        <tr>
        <td><input type="checkbox">
</td><td>S0003</td><td>洗衣机</
td><td>2021-12-20</td><td>1600台</td>
        </tr>
        <tr>
        <td><input type="checkbox">
</td><td>S0004</td><td>电视机</
```

```
td><td>2021-12-20</td><td>4600台</td>
        </tr>
        </tbody>
</table>
```

程序运行结果如图 4-24 所示。

图 4-24　商品管理系统页面最终效果

4.7　新手常见疑难问题

▍疑问 1：如何突出显示缩略？

为了突出显示缩略语，可以为 <abbr> 标签添加 .initialism 类，.initialism 类使字体大小缩小 10%，并设置字母全部大写。.initialism 类的 CSS 样式代码如下：

```
.initialism {
  font-size: 90%;
  text-transform: uppercase;
}
```

▍疑问 2：如何显示键盘输入键？

使用 <kbd> 标签，可以显示键盘输入键。例如，以下代码：

```
<body class="container">
<h4>常用的一些键盘快捷键: </h4>
<kbd>Ctrl+a </kbd>：全选<br/>
<kbd>Ctrl+c </kbd>：复制<br/>
<kbd>Ctrl+x </kbd>：剪切<br/>
<kbd>Ctrl+v </kbd>：粘贴<br/>
<kbd>Ctrl+f </kbd>：查询<br/>
</body>
```

程序运行结果如图 4-25 所示。

图 4-25　<kbd> 标签效果

4.8　实战技能训练营

▍实战 1：设计黑色条纹的表格效果

综合使用本章所学知识，再通过添加 table-dark 类，设计一个黑色条纹的表格效果，程序运行结果如图 4-26 所示。

图 4-26　条纹状表格中添加 table-dark 类效果

▍实战 2：设计一个网站管理员后台页面

综合使用本章所学知识，设计一个网站管理员后台页面，主要使用 Bootstrap 表格来罗列内容。程序运行结果如图 4-27 所示。

图 4-27　网站管理员后台页面

第5章　响应式新布局——弹性盒子

本章导读

　　Bootstrap 4 新增了新的布局方式——弹性盒子。弹性盒子是 CSS3 的一种新的布局模式，更适合响应式的设计。通过 Bootstrap 4 的弹性盒子布局，可以快速管理网格的列、导航、组件等的布局、对齐和大小，通过进一步定义 CSS，还可以实现更复杂的网页布局样式。

知识导图

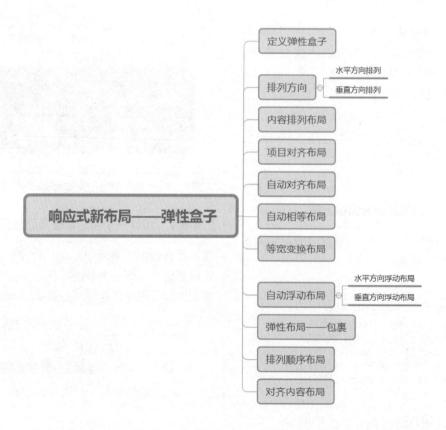

5.1 定义弹性盒子

Flex 是 Flexible Box 的缩写，意为"弹性布局"，用来为盒状模型提供最大的灵活性。任何一个容器都可以指定为 Flex 布局。

采用 Flex 布局的元素，被称为 Flex 容器，简称"容器"。其所有子元素自动成为容器成员，称为 Flex 项目 (Flex item)，简称"项目"。

应用 display 工具创建一个 flex box 容器，并将直接子元素转换为 flex 项。Flex 容器和项目可以通过附加的 Flex 属性进行修改。

在 Bootstrap 4 中有两个类可以创建弹性盒子，分别为 .d-flex 和 .d-inline-flex。.d-flex 类设置对象为弹性伸缩盒子；.d-inline-flex 类设置对象为内联块级弹性伸缩盒子。

Bootstrap 中定义了 .d-flex 和 .d-inline-flex 样式类，代码如下：

```
.d-flex {
    display: -ms-flexbox !important;
    display: flex !important;
}
.d-inline-flex {
    display: -ms-inline-flexbox !important;
    display: inline-flex !important;
}
```

下面使用这两个类分别创建弹性盒子容器，并设置 3 个弹性子元素。

实例1：定义弹性盒子（案例文件：ch05\5.1.html）

```
<!DOCTYPE html>
<html>
<head>
    <meta charset="UTF-8">
    <title>创建弹性盒子</title>
    <meta name="viewport"
content="width=device-width,initial-
scale=1, shrink-to-fit=no">
    <link rel="stylesheet"
href="bootstrap-4.5.3-dist/css/
bootstrap.css">
    <script src="jquery-3.5.1.slim.
js"></script>
    <script src="bootstrap-4.5.3-
dist/js/bootstrap.min.js"></script>
</head>
<body class="container">
<h3 align="center">定义弹性盒子</h3>
<h4>使用d-flex类创建弹性盒子</h4>
<!--使用d-flex类创建弹性盒子-->
<div class="d-flex p-3 bg-warning
    text-white">
```
```
    <div class="p-2 bg-primary">首页
        </div>
    <div class="p-2 bg-success">在线
        课程</div>
    <div class="p-2 bg-danger">加入
        会员</div>
</div><br/>
<h4>使用d-inline-flex类创建弹性盒子
    </h4>
<!--使用d-inline-flex类创建弹性盒子
    -->
<div class="d-inline-flex p-3 bg-
    warning text-white">
    <div class="p-2 bg-primary">首页
        </div>
    <div class="p-2 bg-success">在线
        课程</div>
    <div class="p-2 bg-danger">加入
        会员</div>
</div>
</body>
</html>
```

程序运行结果如图 5-1 所示。

图 5-1　弹性盒子容器效果

> **注意**：对于 .d-flex 和 .d-inline-flex 也存在响应变化，可以根据不同的断点来设置：
>
> ```
> .d-{sm|md|lg|xl}-flex
> .d-{sm|md|lg|xl}-inline-flex
> ```

5.2　排列方向

弹性盒子中子项目的排列方式包括水平排列和垂直排列，Bootstrap 4 中定义了相应的类来进行设置。

5.2.1　水平方向排列

对于水平方向的排列，使用 .flex-row 设置子项目从左到右进行排列，是默认值；使用 .flex-row-reverse 设置子项目从右侧开始排列。

实例 2：水平方向排列（案例文件：ch05\5.2.html）

```html
<!DOCTYPE html>
<html>
<head>
    <meta charset="UTF-8">
    <title>水平方向排列</title>
    <meta name="viewport"
content="width=device-width,initial-
scale=1, shrink-to-fit=no">
    <link rel="stylesheet"
href="bootstrap-4.5.3-dist/css/
bootstrap.css">
    <script src="jquery-3.5.1.slim.
js"></script>
    <script src="bootstrap-4.5.3-
dist/js/bootstrap.min.js"></script>
</head>
<body class="container">
<h3 align="center">水平方向排列</h3>
<h4>使用flex-row（从左侧开始）</h4>
<div class="d-flex flex-row p-3 bg-
warning text-white">
    <div class="p-2 bg-primary">家用
        电器</div>
    <div class="p-2 bg-success">办公
        电脑</div>
    <div class="p-2 bg-danger">男装
        女装</div>
</div><br/>
```

```html
    <h4>使用flex-row-reverse（从右侧开始）
</h4>
    <div class="d-flex flex-row-reverse
bg-warning p-3 text-white">
        <div class="p-2 bg-primary">家用
            电器</div>
        <div class="p-2 bg-success">办公
            电脑</div>
        <div class="p-2 bg-danger">男装
            女装</div>
</div>
</body>
</html>
```

程序运行结果如图 5-2 所示。

图 5-2　水平方向排列效果

水平方向布局还可以添加响应式的设置，响应式类代码如下：

```
.flex-{sm|md|lg|xl}-row
.flex-{sm|md|lg|xl}-row-reverse
```

5.2.2 垂直方向排列

使用 .flex-column 设置垂直方向布局，或使用 .flex-column-reverse 实现垂直方向的反转布局（从底向上铺开）。

实例 3：垂直方向排列（案例文件：ch05\5.3.html）

```
<!DOCTYPE html>
<html>
<head>
    <meta charset="UTF-8">
    <title>垂直方向排列</title>
    <meta name="viewport"
content="width=device-width,initial-
scale=1, shrink-to-fit=no">
    <link rel="stylesheet"
href="bootstrap-4.5.3-dist/css/
bootstrap.css">
    <script src="jquery-3.5.1.slim.
js"></script>
    <script src="bootstrap-4.5.3-
dist/js/bootstrap.min.js"></script>
</head>
<body class="container">
<h3 align="center">垂直方向排列</h3>
<h4>1. flex-column（从上往下）</h4>
<div class="d-flex flex-column p-3
bg-warning text-white">
    <div class="p-2 bg-primary">家用
        电器</div>
    <div class="p-2 bg-success">办公
        电脑</div>
    <div class="p-2 bg-danger">男装
        女装</div>
</div><br/>
<h4>2. flex-column-reverse（从下往
上）</h4>
```

```
<div class="d-flex flex-column-
reverse bg-warning p-3 text-white">
    <div class="p-2 bg-primary">家用
        电器</div>
    <div class="p-2 bg-success">办公
        电脑</div>
    <div class="p-2 bg-danger">男装
        女装</div>
</div>
</body>
</html>
```

程序运行结果如图 5-3 所示。

图 5-3　垂直方向排列效果

垂直方向布局也可以加响应式的设置，响应式类代码如下：

```
.flex-{sm|md|lg|xl}-column
.flex-{sm|md|lg|xl}-column-reverse
```

5.3　内容排列布局

使用 flexbox 弹性布局容器上的 justify-content-* 通用样式可以改变 flex 项目在主轴上的对齐（以 x 轴开始，如果是 flex-direction: column，则以 y 轴开始），可选方向值包括：start（浏览器默认值）、end、center、between 和 around，说明如下。

（1）.justify-content-start：项目位于容器的开头。

（2）.justify-content-center：项目位于容器的中心。

（3）.justify-content-end：项目位于容器的结尾。

（4）.justify-content-between：项目位于各行之间留有空白的容器内。

（5）.justify-content-around：项目位于各行之前、之间、之后都留有空白的容器内。

实例 4：内容排列效果（案例文件：ch05\5.4.html）

```
<!DOCTYPE html>
<html>
```

```
<head>
    <meta charset="UTF-8">
    <title>内容排列</title>
    <meta name="viewport"
content="width=device-width,initial-
scale=1, shrink-to-fit=no">
```

```
        <link rel="stylesheet" href=
"bootstrap-4.5.3-dist/css/bootstrap.css">
        <script src="jquery-3.5.1.slim.
js"></script>
        <script src="bootstrap-4.5.3-
dist/js/bootstrap.min.js"></script>
    </head>
    <body class="container">
    <h3 align="center">内容排列</h3>
    <!--内容位于容器的开头-->
    <div class="d-flex justify-content-
start mb-3 bg-warning text-white">
        <div class="p-2 bg-primary">家用
            电器</div>
        <div class="p-2 bg-success">办公
            电脑</div>
        <div class="p-2 bg-danger">男装
            女装</div>
    </div>
    <!--内容位于容器的中心-->
    <div class="d-flex justify-content-
center mb-3 bg-warning text-white">
        <div class="p-2 bg-primary">家用
            电器</div>
        <div class="p-2 bg-success">办公
            电脑</div>
        <div class="p-2 bg-danger">男装
            女装</div>
    </div>
    <!--内容位于容器的结尾-->
    <div class="d-flex justify-content-
end mb-3 bg-warning text-white">
        <div class="p-2 bg-primary">家用
            电器</div>
        <div class="p-2 bg-success">办公
            电脑</div>
        <div class="p-2 bg-danger">男装
            女装</div>
```

```
    </div>
    <!--内容位于各行之间留有空白的容器内-->
    <div class="d-flex justify-content-
between mb-3 bg-warning text-white">
        <div class="p-2 bg-primary">家用
            电器</div>
        <div class="p-2 bg-success">办公
            电脑</div>
        <div class="p-2 bg-danger">男装
            女装</div>
    </div>
    <!--内容位于各行之前、之间、之后都留有空
        白的容器内-->
    <div class="d-flex justify-content-
    around bg-warning text-white">
        <div class="p-2 bg-primary">家用
            电器</div>
        <div class="p-2 bg-success">办公
            电脑</div>
        <div class="p-2 bg-danger">男装
            女装</div>
    </div>
    </body>
    </html>
```

程序运行结果如图 5-4 所示。

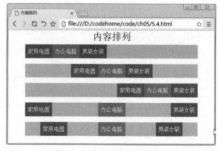

图 5-4　内容排列效果

5.4　项目对齐布局

使用 align-items-* 通用样式可以在 flexbox 容器上实现 flex 项目的对齐（以 y 轴开始，如果选择 flex-direction: column，则从 x 轴开始），可选值有：start、end、center、baseline 和 stretch（浏览器默认值）。

实例 5：项目对齐布局（案例文件：ch05\5.5.html）

```
<!DOCTYPE html>
<html>
<head>
    <meta charset="UTF-8">
    <title>项目对齐布局</title>
    <meta name="viewport"
content="width=device-width,initial-
scale=1, shrink-to-fit=no">
    <link rel="stylesheet" href=
"bootstrap-4.5.3-dist/css/
bootstrap.css">
    <script src="jquery-3.5.1.slim.
js"></script>
    <script src="bootstrap-4.5.3-
dist/js/bootstrap.min.js"></script>
    </head>
    <style>
        .box{
            width: 100%;   /*设置宽度*/
            height: 70px;   /*设置高度*/
        }
    </style>
```

```
<body class="container">
<h3 align="center">项目对齐布局
</h3>
<div class="d-flex align-items-start
bg-warning text-white mb-3 box">
    <div class="p-2 bg-primary">家用
    电器</div>
    <div class="p-2 bg-success">办公
    电脑</div>
    <div class="p-2 bg-danger">男装
    女装</div>
</div>
<div class="d-flex align-items-end
bg-warning text-white mb-3 box">
    <div class="p-2 bg-primary">家用
    电器</div>
    <div class="p-2 bg-success">办公
    电脑</div>
    <div class="p-2 bg-danger">男装
    女装</div>
</div>
<div class="d-flex align-items-
center bg-warning text-white mb-3 box">
    <div class="p-2 bg-primary">家用
    电器</div>
    <div class="p-2 bg-success">办公
    电脑</div>
    <div class="p-2 bg-danger">男装
    女装</div>
</div>
<div class="d-flex align-items-
baseline bg-warning text-white mb-3
box">
    <div class="p-2 bg-primary">家用
    电器</div>
    <div class="p-2 bg-success">办公
    电脑</div>
    <div class="p-2 bg-danger">男装
    女装</div>
</div>
```

```
<div class="d-flex align-items-
stretch bg-warning text-white mb-3 box">
    <div class="p-2 bg-primary">家用
    电器</div>
    <div class="p-2 bg-success">办公
    电脑</div>
    <div class="p-2 bg-danger">男装
    女装</div>
</div>
</body>
</html>
```

程序运行结果如图 5-5 所示。

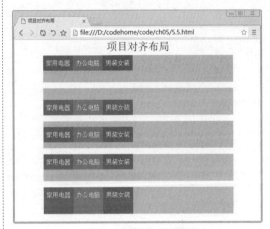

图 5-5　项目对齐效果

项目对齐布局也可以添加响应式的设置，响应式类如下：

```
.align-items-{sm|md|lg|xl}-start
.align-items-{sm|md|lg|xl}-end
.align-items-{sm|md|lg|xl}-center
.align-items-{sm|md|lg|xl}-baseline
.align-items-{sm|md|lg|xl}-stretch
```

5.5　自动对齐布局

使用 align-self-* 通用样式，可以使 flexbox 上的项目单独改变在横轴上的对齐方式（y 值开始，如果是 flex-direction: column 则为 x 轴开始），其拥有与 align-items 相同的可选子项：start、end、center、baseline 和 stretch（浏览器默认值）。

实例 6：自动对齐布局（案例文件：ch05\5.6.html）

```
<!DOCTYPE html>
<html>
<head>
    <meta charset="UTF-8">
    <title>自动对齐布局</title>
    <meta name="viewport"
content="width=device-width,initial-
scale=1, shrink-to-fit=no">
        <link rel="stylesheet"
href="bootstrap-4.5.3-dist/css/
bootstrap.css">
        <script src="jquery-3.5.1.slim.
js"></script>
        <script src="bootstrap-4.5.3-
dist/js/bootstrap.min.js"></script>
    </head>
```

```
<style>
    .box{
        width: 100%;    /*设置宽度*/
        height: 70px;    /*设置高度*/
    }
</style>
<body class="container">
<h3 align="center">自动对齐布局
</h3>
<div class="d-flex bg-warning text-
    white mb-3 box">
    <div class="px-2 bg-primary">家
        用电器</div>
    <div class="px-2 bg-success
        align-self-start">办公电脑</
        div>
    <div class="px-2 bg-danger">男装
        女装</div>
</div>
<div class="d-flex bg-warning text-
white mb-3 box">
    <div class="px-2 bg-primary">家
        用电器</div>
    <div class="px-2 bg-success 、
align-self-center">办公电脑</div>
    <div class="px-2 bg-danger">男装
        女装</div>
</div>
<div class="d-flex bg-warning text-
    white mb-3 box">
    <div class="px-2 bg-primary">家
        用电器</div>
    <div class="px-2 bg-success
align-self-end">办公电脑</div>
    <div class="px-2 bg-danger">男装
        女装</div>
</div>
<div class="d-flex bg-warning text-
    white mb-3 box">
    <div class="px-2 bg-primary">家
        用电器</div>
    <div class="px-2 bg-success
align-self-baseline">办公电脑</div>
```

5.6 自动相等布局

在一系列子元素上使用 .flex-fill 类，来强制它们平分剩下的空间。

实例 7：自动相等布局（案例文件：ch05\5.7.html）

```
<!DOCTYPE html>
<html>
<head>
    <meta charset="UTF-8">
    <title>自动相等布局</title>
    <meta name="viewport"
content="width=device-width,initial-
```

```
    <div class="px-2 bg-danger">男装
        女装</div>
</div>
<div class="d-flex bg-warning text-
    white mb-3 box">
    <div class="px-2 bg-primary">家
        用电器</div>
    <div class="px-2 bg-success
        align-self-stretch">办公电脑
        </div>
    <div class="px-2 bg-danger">男装
        女装</div>
</div>
</body>
</html>
```

程序运行结果如图 5-6 所示。

图 5-6　自动对齐效果

自动对齐布局也可以添加响应式的设置，响应式类代码如下：

```
.align-self-{sm|md|lg|xl}-start
.align-self-{sm|md|lg|xl}-end
.align-self-{sm|md|lg|xl}-center
.align-self-{sm|md|lg|xl}-baseline
.align-self-{sm|md|lg|xl}-stretch
```

```
scale=1, shrink-to-fit=no">
    <link rel="stylesheet"
href="bootstrap-4.5.3-dist/css/
bootstrap.css">
    <script src="jquery-3.5.1.slim.
js"></script>
    <script src="bootstrap-4.5.3-
dist/js/bootstrap.min.js"></script>
</head>
<body>
<h3 align="center">平均分配剩下的空间
```

```
</h3>
    <div class="d-flex bg-warning text-
white">
        <div class="flex-fill p-2 bg-
primary ">首页</div>
        <div class="flex-fill p-2 bg-
success">经典的在线课程</div>
        <div class="flex-fill p-2 bg-
danger">会员中心</div>
    </div>
    </body>
    </html>
```

程序运行结果如图 5-7 所示。

图 5-7　自动相等布局效果

自动相等布局也可以添加响应式的设置，响应式类代码如下：

```
.flex-{sm|md|lg|xl}-fill
```

5.7　等宽变换布局

使用 .flex-grow-* 实用程序切换弹性项目的增长能力以填充可用空间。在下面的案例中，.flex-grow-1 元素可以使用所有可用空间，同时允许剩余的两个 Flex 项目具有必要的空间。

实例 8：等宽变换布局（案例文件：ch05\5.8.html）

```
<!DOCTYPE html>
<html>
<head>
    <meta charset="UTF-8">
    <title>等宽变换布局</title>
    <meta name="viewport"
content="width=device-width,initial-
scale=1, shrink-to-fit=no">
    <link rel="stylesheet"
href="bootstrap-4.5.3-dist/css/
bootstrap.css">
    <script src="jquery-3.5.1.slim.
js"></script>
    <script src="bootstrap-4.5.3-
dist/js/bootstrap.min.js"></script>
</head>
<body class="container">
<h5 align="center">增长变换布局
    </h5>
<div class="d-flex bg-warning text-
    white mb-4">
    <div class="p-2 flex-grow-1 bg-
        primary">家用电器</div>
    <div class="p-2 bg-success">电脑
        办公</div>
    <div class="p-2 bg-danger">男装
        女装</div>
</div>
<h5 align="center">收缩变换布局</h5>
<div class="d-flex bg-warning text-
    white">
```

```
    <div class="p-2 w-100 bg-
        primary">家用电器</div>
    <div class="p-2 bg-success">电脑
        办公</div>
    <div class="p-2 w-100 bg-
        danger">男装女装</div>
</div>
</body>
</html>
```

程序运行结果如图 5-8 所示。

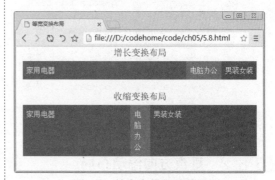

图 5-8　等宽变换布局效果

等宽变换布局也可以添加响应式的设置，响应式类代码如下：

```
.flex-{sm|md|lg|xl}-grow-0
.flex-{sm|md|lg|xl}-grow-1
.flex-{sm|md|lg|xl}-shrink-0
.flex-{sm|md|lg|xl}-shrink-1
```

5.8　自动浮动布局

将 flex 对齐与 auto margin 混在一起的时候，flexbox 也能正常运行，从而实现自动浮动布局效果。

5.8.1　水平方向浮动布局

通过 margin 来控制弹性盒子有三种布局方式，包括预设（无 margin）、向右推两个项目（.mr-auto）、向左推两个项目（.ml-auto）。

实例 9：水平方向浮动布局（案例文件：ch05\5.9.html）

```
<!DOCTYPE html>
<html>
<head>
    <meta charset="UTF-8">
    <title>水平方向浮动布局</title>
    <meta name="viewport"
content="width=device-width,initial-
scale=1, shrink-to-fit=no">
    <link rel="stylesheet"
href="bootstrap-4.5.3-dist/css/
bootstrap.css">
    <script src="jquery-3.5.1.slim.
js"></script>
    <script src="bootstrap-4.5.3-
dist/js/bootstrap.min.js"></script>
</head>
<body class="container">
<h3 align="center">水平方向浮动布局
    </h3>
<div class="d-flex bg-warning text-
    white mb-3">
    <div class="p-2 bg-primary">家用
        电器</div>
    <div class="p-2 bg-success">电脑
        办公</div>
    <div class="p-2 bg-danger">男装
        女装</div>
</div>
<div class="d-flex bg-warning text-
```

```
white mb-3">
    <div class="mr-auto p-2 bg-
        primary">家用电器</div>
    <div class="p-2 bg-success">电脑
        办公</div>
    <div class="p-2 bg-danger">男装
        女装</div>
</div>
<div class="d-flex bg-warning text-
    white mb-3">
    <div class="p-2 bg-primary">家用
        电器</div>
    <div class="p-2 bg-success">电脑
        办公</div>
    <div class="ml-auto p-2 bg-
        danger">男装女装</div>
</div>
</body>
</html>
```

程序运行结果如图 5-9 所示。

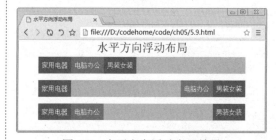

图 5-9　水平方向浮动布局效果

5.8.2　垂直方向浮动布局

结合 align-items、flex-direction: column、margin-top: auto 或 margin-bottom: auto，可以垂直移动一个 Flex 子容器到顶部或底部。

实例 10：垂直方向浮动布局（案例文件：ch05\5.10.html）

```
<!DOCTYPE html>
<html>
<head>
    <meta charset="UTF-8">
```

```
    <title>垂直方向浮动布局</title>
    <meta name="viewport"
content="width=device-width,initial-
scale=1, shrink-to-fit=no">
    <link rel="stylesheet"
href="bootstrap-4.5.3-dist/css/
bootstrap.css">
    <script src="jquery-3.5.1.slim.
```

```
js"></script>
        <script src="bootstrap-4.5.3-
dist/js/bootstrap.min.js"></script>
    </head>
    <body class="container">
    <h3 align="center">垂直方向浮动布局</h3>
    <div class="d-flex align-items-start
        flex-column bg-warning text-white
        mb-4" style="height: 200px;">
        <div class="mb-auto p-2 bg-
            primary">家用电器</div>
        <div class="p-2 bg-success">电脑
            办公</div>
        <div class="p-2 bg-danger">男装
            女装</div>
    </div>
    <div class="d-flex align-items-
end flex-column bg-warning text-white"
style="height: 200px;">
        <div class="p-2 bg-primary">家用
            电器</div>
        <div class="p-2 bg-success">电脑
            办公</div>
        <div class="mt-auto p-2 bg-danger">
            男装女装</div>
```

```
    </div>
    </body>
</html>
```

程序运行结果如图 5-10 所示。

图 5-10　垂直方向浮动布局效果

5.9　弹性布局——包裹

改变 flex 项目在 Flex 容器中的包裹方式（可以实现弹性布局），其中包括无包裹 .flex-nowrap（浏览器默认）、包裹 .flex-wrap，或者反向包裹 .flex-wrap-reverse。

实例 11：设计包裹的弹性布局（案例文件：ch05\5.11.html）

```
<!DOCTYPE html>
<html>
<head>
    <meta charset="UTF-8">
    <title>设计包裹的弹性布局</title>
        <meta name="viewport"
content="width=device-width,initial-
scale=1, shrink-to-fit=no">
        <link rel="stylesheet" href=
"bootstrap-4.5.3-dist/css/bootstrap.css">
        <script src="jquery-3.5.1.slim.
js"></script>
        <script src="bootstrap-4.5.3-
dist/js/bootstrap.min.js"></script>
    </head>
    <body class="container">
    <h3 align="center">包裹的弹性布局
</h3>
    <div class="d-flex bg-warning text-
white mb-4 flex-wrap " >
        <div class="p-2 bg-primary">首页
            </div>
        <div class="p-2 bg-success">家用
```

```
            电器</div>
        <div class="p-2 bg-danger">办公
            电脑</div>
        <div class="p-2 bg-primary">男装
            女装</div>
        <div class="p-2 bg-success">生鲜
            酒品</div>
        <div class="p-2 bg-danger">箱包
            钟表</div>
    </div>
    <div class="d-flex bg-warning text-
white mb-4 flex-wrap-reverse">
        <div class="p-2 bg-primary">首页
            </div>
        <div class="p-2 bg-success">家用
            电器</div>
        <div class="p-2 bg-danger">办公
            电脑</div>
        <div class="p-2 bg-primary">男装
            女装</div>
        <div class="p-2 bg-success">生鲜
            酒品</div>
        <div class="p-2 bg-danger">箱包
            钟表</div>
    </div>
    </body>
</html>
```

程序运行结果如图 5-11 所示。

图 5-11　包裹布局效果

包裹布局也可以添加响应式的设置，响应式类代码如下：

```
.flex-{sm|md|lg|xl}-nowrap
.flex-{sm|md|lg|xl}-wrap
.flex-{sm|md|lg|xl}-wrap-reverse
```

5.10　排列顺序布局

使用一些 order 实用程序可以实现弹性项目的可视化排序。Bootstrap 仅提供将一个项目排在第一或最后，以及重置 DOM 顺序，由于 order 只能使用整数值（例如：5），因此对于任何额外值需要自定义 CSS 样式。

实例 12：排列顺序布局（案例文件：ch05\5.12.html）

```
<!DOCTYPE html>
<html>
<head>
    <meta charset="UTF-8">
    <title>排列顺序布局</title>
    <meta name="viewport"
content="width=device-width,initial-
scale=1, shrink-to-fit=no">
    <link rel="stylesheet"
href="bootstrap-4.5.3-dist/css/
bootstrap.css">
    <script src="jquery-3.5.1.slim.
js"></script>
    <script src="bootstrap-4.5.3-
dist/js/bootstrap.min.js"></script>
</head>
<body class="container">
<h3 align="center">设置排列顺序
</h3>
<div class="d-flex bg-warning text-
    white">
    <div class="order-3 p-2 bg-
        primary">首页</div>
    <div class="order-2 p-2 bg-
        success">在线课程</div>
    <div class="order-1 p-2 bg-
```

```
    danger">会员中心</div>
</div>
<div class="d-flex bg-warning text-
    white">
    <div class="order-1 p-2 bg-
        primary">首页</div>
    <div class="order-2 p-2 bg-
        success">在线课程</div>
    <div class="order-3 p-2 bg-
        danger">会员中心</div>
</div>
</body>
</html>
```

程序运行结果如图 5-12 所示。

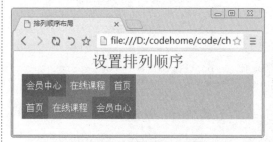

图 5-12　排列顺序布局效果

排列顺序布局也可以添加响应式的设置，响应式类代码如下：

```
.order-{sm|md|lg|xl}-0
.order-{sm|md|lg|xl}-1
.order-{sm|md|lg|xl}-2
.order-{sm|md|lg|xl}-3
.order-{sm|md|lg|xl}-4
.order-{sm|md|lg|xl}-5
.order-{sm|md|lg|xl}-6
```

```
.order-{sm|md|lg|xl}-7
.order-{sm|md|lg|xl}-8
.order-{sm|md|lg|xl}-9
.order-{sm|md|lg|xl}-10
.order-{sm|md|lg|xl}-11
.order-{sm|md|lg|xl}-12
```

5.11 对齐内容布局

使用 flexbox 容器上的 align-content 通用样式定义，可以将弹性项对齐到横轴上。可选方向值有 start（浏览器默认值）、end、center、between、around 和 stretch。

> **实例13：对齐内容（案例文件：ch05\5.13.html）**

```html
<!DOCTYPE html>
<html>
<head>
    <meta charset="UTF-8">
    <title>对齐内容</title>
    <meta name="viewport"
content="width=device-width,initial-
scale=1, shrink-to-fit=no">
    <link rel="stylesheet"
href="bootstrap-4.5.3-dist/css/
bootstrap.css">
    <script src="jquery-3.5.1.slim.
js"></script>
    <script src="bootstrap-4.5.3-
dist/js/bootstrap.min.js"></script>
</head>
<body class="container">
    <h3 align="center">align-content-
start</h3>
    <div class="d-flex align-content-
start bg-warning text-white flex-wrap
mb-4" style="height: 150px;">
        <div class="p-2 bg-primary">首页
        </div>
        <div class="p-2 bg-success">家用
        电器</div>
        <div class="p-2 bg-danger">办公
        电脑</div>
        <div class="p-2 bg-primary">男装
        女装</div>
        <div class="p-2 bg-success">生鲜
        酒品</div>
        <div class="p-2 bg-danger">箱包
        钟表</div>
        <div class="p-2 bg-primary">玩具
        乐器</div>
        <div class="p-2 bg-success">汽车
        用品</div>
        <div class="p-2 bg-danger">特产
        食品</div>
        <div class="p-2 bg-primary">图书
        文具</div>
        <div class="p-2 bg-success">童装
        内衣</div>
        <div class="p-2 bg-danger">鲜花
        礼品</div>
    </div>
    <h3 align="center">align-content-
center</h3>
    <div class="d-flex align-content-
center bg-warning text-white flex-wrap
mb-4" style="height: 150px;">
        <div class="p-2 bg-primary">首页
        </div>
        <div class="p-2 bg-success">家用
        电器</div>
        <div class="p-2 bg-danger">办公
        电脑</div>
        <div class="p-2 bg-primary">男装
        女装</div>
        <div class="p-2 bg-success">生鲜
        酒品</div>
        <div class="p-2 bg-danger">箱包
        钟表</div>
        <div class="p-2 bg-primary">玩具
        乐器</div>
        <div class="p-2 bg-success">汽车
        用品</div>
        <div class="p-2 bg-danger">特产
        食品</div>
        <div class="p-2 bg-primary">图书
        文具</div>
        <div class="p-2 bg-success">童装
        内衣</div>
        <div class="p-2 bg-danger">鲜花
        礼品</div>
    </div>
    <h3 align="center">align-content-
end</h3>
    <div class="d-flex align-content-
end bg-warning text-white flex-wrap"
style="height: 150px;">
        <div class="p-2 bg-primary">首页
        </div>
        <div class="p-2 bg-success">家用
        电器</div>
```

```
<div class="p-2 bg-danger">办公
电脑</div>
<div class="p-2 bg-primary">男装
女装</div>
<div class="p-2 bg-success">生鲜
酒品</div>
<div class="p-2 bg-danger">箱包
钟表</div>
<div class="p-2 bg-primary">玩具
乐器</div>
<div class="p-2 bg-success">汽车
用品</div>
<div class="p-2 bg-danger">特产
食品</div>
<div class="p-2 bg-primary">图书
文具</div>
<div class="p-2 bg-success">童装
内衣</div>
<div class="p-2 bg-danger">鲜花
礼品</div>
</div>
</body>
</html>
```

程序运行结果如图 5-13 所示。

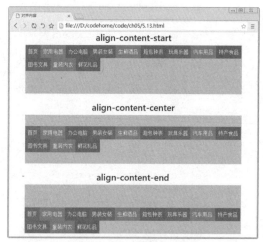

图 5-13　对齐内容布局效果

5.12　新手常见疑难问题

疑问 1：如何为对齐内容布局添加响应式效果？

对齐内容布局可以添加响应式的设置，响应式类代码如下：

```
.align-content-{sm|md|lg|xl}-start
.align-content-{sm|md|lg|xl}-end
.align-content-{sm|md|lg|xl}-center
.align-content-{sm|md|lg|xl}-
between
.align-content-{sm|md|lg|xl}-around
.align-content-{sm|md|lg|xl}-
stretch
```

疑问 2：如何为内容排列布局添加响应式效果？

内容排列布局也可以添加响应式的设置，响应式类代码如下：

```
.justify-content-{sm|md|lg|xl}-
start
.justify-content-{sm|md|lg|xl}-
center
.justify-content-{sm|md|lg|xl}-end
.justify-content-{sm|md|lg|xl}-
between
.justify-content-{sm|md|lg|xl}-
around
```

5.13　实战技能训练营

实战：设计对齐内容布局效果

综合使用本章所学知识，使用 flexbox 容器上的 align-content 通用样式定义，选择方向为 between、around 和 stretch。程序运行结果如图 5-14 所示。

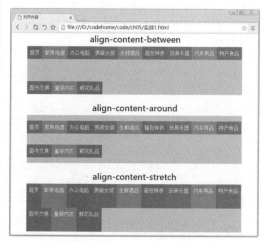

图 5-14　对齐内容布局效果

第6章 核心框架——CSS通用样式

本章导读

　　Bootstrap 核心是一个 CSS 框架，它定义了大量的通用样式类，包括边距、边框、颜色、对齐方式、阴影、浮动、显示与隐藏等，很容易上手，不需要花太多的时间，无须再编写大量的 CSS 样式，可以使用这些通用样式快速地开发精美的网页。

知识导图

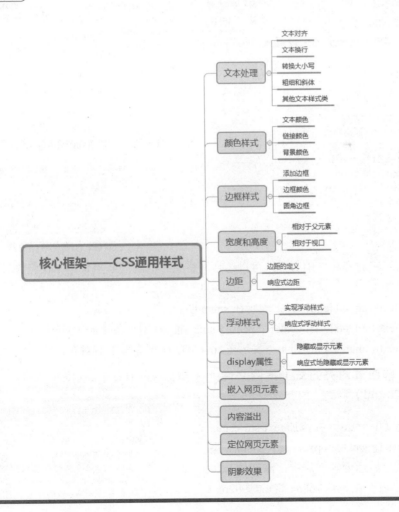

6.1 文本处理

Bootstrap 定义了一些关于文本的样式类，来控制文本的对齐、换行、转换和权重等。

6.1.1 文本对齐

在 Bootstrap 中定义了以下 4 个类，用来设置文本的水平对齐方式。

（1）.text-left：设置左对齐。

（2）.text-center：设置居中对齐。

（3）.text-right：设置右对齐。

（4）.text-justify：设置两端对齐。

实例 1：设置文本对齐方式（案例文件：ch06\6.1.html）

这里定义 3 个 div，然后每个 div 分别设置 text-left、text-center 和 text-right 类，实现不同的对齐方式。其中 border 类用来设置 div 的边框。

```
<!DOCTYPE html>
<html>
<head>
    <meta charset="UTF-8">
    <title>文本对齐方式</title>
        <meta name="viewport"
content="width=device-width,initial-
scale=1, shrink-to-fit=no">
        <link rel="stylesheet"
href="bootstrap-4.5.3-dist/css/
bootstrap.css">
        <script src="jquery-3.5.1.slim.
js"></script>
```

```
        <script src="bootstrap-4.5.3-
dist/js/bootstrap.min.js"></script>
    </head>
    <body class="container">
    <h3 align="center">文本对齐方式</h3>
    <div class="text-left border">多少红
        颜悴</div>
    <div class="text-center border">多少
        相思碎</div>
    <div class="text-right border">唯留
        血染墨香哭乱冢</div>
    </body>
</html>
```

程序运行结果如图 6-1 所示。

图 6-1　文本对齐效果

左对齐、右对齐和居中对齐，可以结合网格系统的响应断点来定义相应的对齐方式。具体设置方法如下。

（1）.text-(sm|md|lg|xl)-left：表示在 sm|md|lg|xl 型设备上左对齐。

（2）.text-(sm|md|lg|xl)-center：表示在 sm|md|lg|xl 型设备上居中对齐。

（3）.text-(sm|md|lg|xl)-right：表示在 sm|md|lg|xl 型设备上右对齐。

实例 2：响应式对齐方式（案例文件：ch06\6.2.html）

这里定义 1 个 div，并添加 text-sm-center 类，该类表示在 sm（576px ≤ sm<768px）型宽度的设备上显示为水平居中；添加的 text-md-right 类，表示在 md（768px ≤ md<992px）型宽度的设备上显示为右对齐。

```
<!DOCTYPE html>
<html>
<head>
    <meta charset="UTF-8">
    <title>响应式对齐方式</title>
        <meta name="viewport"
content="width=device-width,initial-
```

```
scale=1, shrink-to-fit=no">
        <link rel="stylesheet" href=
"bootstrap-4.5.3-dist/css/bootstrap.css">
      <script src="jquery-3.5.1.slim.
js"></script>
        <script src="bootstrap-4.5.3-
dist/js/bootstrap.min.js"></script>
   </head>
   <body class="container">
   <h3 align="center">响应式对齐方式</
h3>
   <div class="text-sm-center text-md-
left border">风华是一指流砂</div>
   </body>
   </html>
```

　　程序运行在 sm 型设备上的显示效果如图 6-2 所示。

图 6-2　sm 型设备上的显示效果

　　程序运行在 md 型设备上的显示效果如图 6-3 所示。

图 6-3　md 型设备上的显示效果

6.1.2　文本换行

　　如果元素中的文本超出了元素本身的宽度，默认情况下会自行换行。在 Bootstrap 4 中可以使用 .text-nowrap 类来阻止文本换行。

实例 3：文本换行（案例文件：ch06\6.3.html）

　　在下面的示例中定义了 2 个宽度为 15 rem 的 div，第 1 个没有添加 text-nowrap 类来阻止

文本换行，第 2 个添加了 text-nowrap 类来阻止文本换行。

```
<!DOCTYPE html>
<html>
<head>
    <meta charset="UTF-8">
    <title>文本换行</title>
      <meta name="viewport"
content="width=device-width,initial-
scale=1, shrink-to-fit=no">
        <link rel="stylesheet"
href="bootstrap-4.5.3-dist/css/
bootstrap.css">
        <script src="jquery-3.5.1.slim.
js"></script>
        <script src="bootstrap-4.5.3-
dist/js/bootstrap.min.js"></script>
   </head>
   <body class="container">
   <h3 align="center">文本换行效果</h3>
   <div class="border border-primary
mb-5" style="width: 15rem;">
        宝马雕车香满路，凤箫声动，玉壶光转，
        一夜鱼龙舞。
   </div>
   <h4 align="center">阻止文本换行</h4>
   <div class="text-nowrap border
border-primary" style="width: 15rem;">
        雨打梨花深闭门。忘了青春，误了青春。
        赏心乐事共谁论。
   </div>
   </body>
   </html>
```

　　程序运行结果如图 6-4 所示。

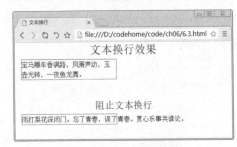

图 6-4　文本换行效果

　　在 Bootstrap 中，对于较长的文本内容，如果超出了元素盒子的宽度，可以添加 .text-truncate 类，以省略号的形式表示超出的文本内容。

> **注意**：添加 .text-truncate 类的元素，只有包含 display: inline-block 或 display:block 样式，才能实现效果。

实例 4：省略溢出的文本内容（案例文件：ch06\6.4.html）

这里给定div的宽度，然后添加 .text-truncate 类。当文本内容溢出时，将以省略号显示。

```
<!DOCTYPE html>
<html>
<head>
    <meta charset="UTF-8">
    <title>省略溢出的文本内容</title>
    <meta name="viewport"
content="width=device-width,initial-
scale=1, shrink-to-fit=no">
    <link rel="stylesheet"
href="bootstrap-4.5.3-dist/css/
bootstrap.css">
    <script src="jquery-3.5.1.slim.
js"></script>
    <script src="bootstrap-4.5.3-
dist/js/bootstrap.min.js"></script>
</head>
```

```
<body class="container">
<h3 align="center">省略溢出的文本内容
    </h3>
<div class="border border-primary
mb-5 text-truncate" style="width:
15rem;">
        少年听雨歌楼上，红烛昏罗帐。壮年听雨
        客舟中，江阔云低，断雁叫西风。
</div>
</body>
</html>
```

程序运行结果如图 6-5 所示。

图 6-5 省略溢出文本效果

6.1.3 转换大小写

如果在文本中包含字母，可以通过 Bootstrap 中定义的 3 个类来转换字母的大小写。具体的类的含义如下。

（1）.text-lowercase：将字母转换为小写。

（2）.text-uppercase：将字母转换为大写。

（3）.text-capitalize：将每个单词的第一个字母转换为大写。

> **注意**：.text-capitalize 只更改每个单词的第一个字母，不影响其他字母。

实例 5：转换大小写（案例文件：ch06\6.5.html）

```
<!DOCTYPE html>
<html>
<head>
    <meta charset="UTF-8">
    <title>字母转换大小写</title>
    <meta name="viewport"
content="width=device-width,initial-
scale=1, shrink-to-fit=no">
    <link rel="stylesheet" href=
"bootstrap-4.5.3-dist/css/bootstrap.css">
    <script src="jquery-3.5.1.slim.
js"></script>
    <script src="bootstrap-4.5.3-
dist/js/bootstrap.min.js"></script>
</head>
<body>
<h3 align="center" >字母转换大小写
    </h3>
<p class="text-uppercase">转换成大写:
```

```
in a calm sea every man is a pilot </p>
    <p class="text-lowercase">转换成小
写: IN A CALM SEA EVERY MAN IS A PILOT
</p>
    <p class="text-capitalize">转换每
个单词的首字母为大写: in a calm sea every
man is a pilot </p>
</body>
</html>
```

程序运行结果如图 6-6 所示。

图 6-6 字母转换大小写

6.1.4 粗细和斜体

Bootstrap 4 中定义了关于文本字体的样式类，可以快速改变文本字体的粗细和倾斜样式。具体的样式代码如下：

```
.font-weight-light {font-weight: 300 !important;}
.font-weight-lighter {font-weight: lighter !important;}
.font-weight-normal {font-weight: 400 !important;}
.font-weight-bold {font-weight: 700 !important;}
.font-weight-bolder {font-weight: bolder !important;}
.font-italic {font-style: italic !important;}
```

各个类的含义如下。

（1）.font-weight-light：设置较细的字体（相对于父元素）。

（2）.font-weight-lighter：设置细的字体。

（3）.font-weight-normal：设置正常粗细的字体。

（4）.font-weight-bold：设置粗的字体。

（5）.font-weight-bolder：设置较粗的字体（相对于父元素）。

（6）.font-italic：设置斜体字。

实例 6：设置文本的粗细和斜体效果（案例文件：ch06\6.6.html）

```html
<!DOCTYPE html>
<html>
<head>
    <meta charset="UTF-8">
    <title>字体的粗细和斜体效果</title>
    <meta name="viewport" content="width=device-width,initial-scale=1, shrink-to-fit=no">
    <link rel="stylesheet" href="bootstrap-4.5.3-dist/css/bootstrap.css">
    <script src="jquery-3.5.1.slim.js"></script>
    <script src="bootstrap-4.5.3-dist/js/bootstrap.min.js"></script>
</head>
<body>
<h3 align="center" >字体的粗细和斜体效果</h3>
<p class="font-weight-light">惜霜蟾照夜云天，朦胧影、画勾阑（font-weight-light）</p>
<p class="font-weight-lighter">惜霜蟾照夜云天，朦胧影、画勾阑（font-weight-lighter）</p>
<p class="font-weight-normal">惜霜蟾照夜云天，朦胧影、画勾阑（font-weight-normal）</p>
<p class="font-weight-bold">独惜霜蟾照夜云天，朦胧影、画勾阑（font-weight-bold）</p>
<p class="font-weight-bolder">惜霜蟾照夜云天，朦胧影、画勾阑（font-weight-bolder）</p>
<p class="font-italic">惜霜蟾照夜云天，朦胧影、画勾阑（font-italic）</p>
</body>
</html>
```

程序运行结果如图 6-7 所示。

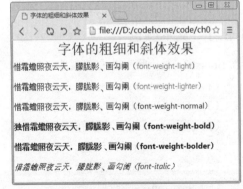

图 6-7 文本的粗细和斜体效果

6.1.5 其他文本样式类

以下三个样式类，在使用 Bootstrap 4 进行开发时可能会用到，具体含义如下。

（1）.text-reset：颜色复位。重新设置文本或链接的颜色，继承来自父元素的颜色。

（2）.text-monospace：字体类。字体包括 SFMono-Regular、Menlo、Monaco、Consolas、Liberation Mono、Courier New、monospace。

（3）.text-decoration-none：删除修饰线。

实例 7：设置其他文本样式类（案例文件：ch06\6.7.html）

```
<!DOCTYPE html>
<html>
<head>
    <meta charset="UTF-8">
    <title></title>
    <meta name="viewport"
content="width=device-width,initial-
scale=1, shrink-to-fit=no">
    <link rel="stylesheet"
href="bootstrap-4.5.3-dist/css/
bootstrap.css">
    <script src="jquery-3.5.1.slim.
js"></script>
    <script src="bootstrap-4.5.3-
dist/js/bootstrap.min.js"></script>
</head>
<body class="container">
<h4 align="center">复位颜色、添加字体
类和删除修饰</h4>
<div class="text-muted">
    <p><a href="#" class="text-
reset">独出前门望野田，月明荞麦花如雪。——
```

```
白居易《村夜》</a></p>
    <p class="text-monospace">独出前门
望野田，月明荞麦花如雪。——白居易《村夜》</
p>
    <p><a href="#" class="text-
decoration-none">独出前门望野田，月明荞麦花
如雪。——白居易《村夜》</a></p>
</div>
</body>
</html>
```

程序运行结果如图 6-8 所示。

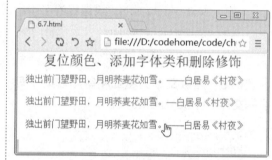

图 6-8　其他样式类效果

6.2　颜色样式

在网页开发中，通过颜色来传达不同的意义和表达不同的模块。在 Bootstrap 中有一系列的颜色样式，包括文本颜色、链接文本颜色、背景颜色等与状态相关的样式。

6.2.1　文本颜色

Bootstrap 提供了一些有代表意义的文本颜色类，说明如下。

（1）.text-primary：蓝色。

（2）.text-secondary：灰色。

（3）.text-success：浅绿色。

（4）.text-danger：浅红色。

（5）.text-warning：浅黄色。

（6）.text-info：浅蓝色。

（7）.text-light：浅灰色（白色背景上看不清楚）。

（8）.text-dark：深灰色。

（9）.text-muted：灰色。

（10）.text-white：白色（白色背景上看不清楚）。

实例 8：设置文本颜色（案例文件：ch06\6.8.html）

这里设置 .text-light 类和 .text-white 类，同时还需要添加相应的背景色，否则是看不见的。这里添加了 .bg-dark 类，背景显示为深灰色。

```
<!DOCTYPE html>
<html>
<head>
    <meta charset="UTF-8">
    <title>设置文本颜色</title>
        <meta name="viewport"
content="width=device-width,initial-
scale=1, shrink-to-fit=no">
        <link rel="stylesheet" href=
"bootstrap-4.5.3-dist/css/bootstrap.css">
        <script src="jquery-3.5.1.slim.
js"></script>
        <script src="bootstrap-4.5.3-
dist/js/bootstrap.min.js"></script>
</head>
<body class="container">
<h3 align="center">设置文本颜色
    </h3>
<p class="text-primary">.text-
    primary——蓝色</p>
<p class="text-secondary">.text-
    secondary——灰色</p>
<p class="text-success">.text-
    success——浅绿色</p>
<p class="text-danger">.text-
    danger——浅红色</p>
<p class="text-warning">.text-
    warning——浅黄色</p>
<p class="text-info">.text-info——
    浅蓝色</p>
<p class="text-light bg-dark">.
    text-light——浅灰色（白色背景上看不
    清楚）</p>
<p class="text-dark">.text-dark——
    深灰色</p>
<p class="text-muted">.text-
    muted——灰色</p>
```

```
<p class="text-white bg-dark">.
text-white——白色（白色背景上看不清楚）</
p>
</body>
</html>
```

程序运行结果如图 6-9 所示。

图 6-9　文本颜色类

Bootstrap 4 中还有两个特别的颜色类 text-black-50 和 text-white-50，CSS 样式代码如下：

```
.text-black-50 {
    color: rgba(0,0,0,0.5)
    !important;
}
.text-white-50 {
    color: rgba(255,255,255,0.5)
    !important;
}
```

这两个类分别设置文本为黑色和白色，并设置透明度为 0.5。

6.2.2　链接颜色

对于前面介绍的文本颜色类，在链接上也能正常使用。再配合 Bootstrap 提供的悬浮和焦点样式（悬浮时颜色变暗），使链接文本更适合网页整体的颜色搭配。

> **注意**：和设置文本颜色一样，不建议使用 .text-white 和 .text-light 这两个类，因为不显示样式，需要相应的背景色来辅助。

实例 9：设置链接颜色（案例文件：ch06\6.9.html）

```html
<!DOCTYPE html>
<html>
<head>
    <meta charset="UTF-8">
    <title>链接的文本颜色</title>
    <meta name="viewport"
content="width=device-width,initial-
scale=1, shrink-to-fit=no">
    <link rel="stylesheet" href=
"bootstrap-4.5.3-dist/css/bootstrap.css">
    <script src="jquery-3.5.1.slim.
js"></script>
    <script src="bootstrap-4.5.3-
dist/js/bootstrap.min.js"></script>
</head>
<body class="container">
<h3 align="center">链接的文本颜色
</h3>
<p><a href="#" class="text-
primary">.text-primary——蓝色链接
</a></p>
    <p><a href="#" class="text-
secondary">.text-secondary——灰色链接
</a></p>
    <p><a href="#" class="text-
success">.text-success——浅绿色链接
</a></p>
    <p><a href="#" class="text-
danger">.text-danger——浅红色链接</a>
</p>
    <p><a href="#" class="text-
warning">.text-warning——浅黄色链接
</a></p>
    <p><a href="#" class="text-info">.
```

```html
text-info——浅蓝色链接</a></p>
    <p><a href="#" class="text-light
bg-dark">.text-light——浅灰色链接（添加了
深灰色背景）</a></p>
    <p><a href="#" class="text-dark">.
text-dark——深灰色链接</a></p>
    <p><a href="#" class="text-
muted">.text-muted——灰色链接</a></p>
    <p><a href="#" class="text-white
bg-dark">.text-white——白色链接（添加了深
灰色背景）</a></p>
</body>
</html>
```

程序运行结果如图 6-10 所示。

图 6-10　链接文本颜色效果

6.2.3　背景颜色

Bootstrap 提供的背景颜色类有 .bg-primary、.bg-success、.bg-info、.bg-warning、.bg-danger、.bg-secondary、.bg-dark 和 .bg-light。背景颜色与文本类颜色一样，只是这里设置的是背景颜色。

> **注意**：背景颜色不会设置文本的颜色，在开发中需要与文本颜色样式结合使用，常使用 .text-white（设置为白色文本）类设置文本颜色。

实例 10：设置背景颜色（案例文件：ch06\6.10.html）

```html
<!DOCTYPE html>
<html>
<head>
    <meta charset="UTF-8">
    <title>设置背景颜色</title>
```

```html
    <meta name="viewport"
content="width=device-width,initial-
scale=1, shrink-to-fit=no">
    <link rel="stylesheet" href=
"bootstrap-4.5.3-dist/css/bootstrap.css">
    <script src="jquery-3.5.1.slim.
js"></script>
    <script src="bootstrap-4.5.3-
dist/js/bootstrap.min.js"></script>
```

```
</head>
<body class="container">
<h3 align="center">设置背景颜色
  </h3>
<p class="bg-primary text-white">
  .bg-primary——蓝色背景</p>
<p class="bg-secondary text-
  white">.bg-secondary——灰色背景
  </p>
<p class="bg-success text-white">
  .bg-success——浅绿色背景</p>
<p class="bg-danger text-white">
  .bg-danger——浅红色背景</p>
<p class="bg-warning text-white">
  .bg-warning——浅黄色背景</p>
<p class="bg-info text-white">
  .bg-info——浅蓝色背景</p>
<p class="bg-light">
  .bg-light——浅灰色背景</p>
<p class="bg-dark text-white">
  .bg-dark——深灰色背景</p>
<p class="bg-white">
  .bg-white——白色背景</p>
```

```
</body>
</html>
```

程序运行结果如图 6-11 所示。

图 6-11　背景颜色效果

6.3　边框样式

使用 Bootstrap 提供的边框样式类，可以快速地添加和删除元素的边框，也可以指定添加或删除元素某一边的边框。

6.3.1　添加边框

通过给元素添加 .border 类来添加边框。如果想指定添加某一边，可从以下 4 个类中选择添加。

（1）.border-top：添加元素上边框。

（2）.border-right：添加元素右边框。

（3）.border-bottom：添加元素下边框。

（4）.border-left：添加元素左边框。

实例 11：添加不同的边框样式（案例文件：ch06\6.11.html）

在下面的示例中，定义 5 个 div，第一个 div 添加 .border 设置四个边的边框，另外 4 个 div 各设置一边的边框。

```
<!DOCTYPE html>
<html>
<head>
    <meta charset="UTF-8">
    <title>添加边框样式</title>
        <meta name="viewport"
content="width=device-width,initial-
scale=1, shrink-to-fit=no">
```

```
        <link rel="stylesheet"
href="bootstrap-4.5.3-dist/css/
bootstrap.css">
        <script src="jquery-3.5.1.slim.
js"></script>
        <script src="bootstrap-4.5.3-
dist/js/bootstrap.min.js"></script>
    </head>
    <style>
        div{
            width: 100px;
            height: 100px;
            float: left;
            margin-left: 30px;
        }
    </style>
```

```
<body class="container">
<h3 align="center">添加边框样式
</h3>
<div class="border border-primary
bg-light">border</div>
<div class="border-top border-
primary bg-light">border-top</div>
<div class="border-right border-
primary bg-light">border-right</div>
<div class="border-bottom border-
primary bg-light">border-bottom</div>
<div class="border-left border-
primary bg-light">border-left</div>
</body>
</html>
```

程序运行结果如图 6-12 所示。

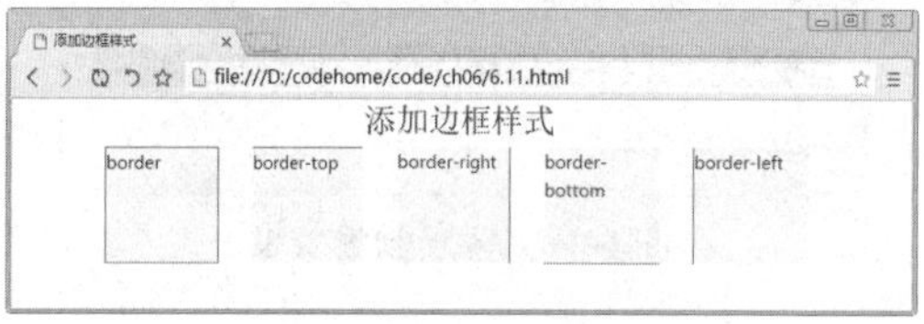

图 6-12　添加边框效果

在元素有边框的情况下，若需要删除边框或删除某一边的边框，只需要在边框样式类后面添加"-0"，就可以删除对应的边框。例如 .border-0 类表示删除元素四边的边框。

实例 12：删除边框效果（案例文件：ch06\6.12.html）

```
<!DOCTYPE html>
<html>
<head>
    <meta charset="UTF-8">
    <title>删除指定边框</title>
    <meta name="viewport"
content="width=device-width,initial-
scale=1, shrink-to-fit=no">
    <link rel="stylesheet"
href="bootstrap-4.5.3-dist/css/
bootstrap.css">
    <script src="jquery-3.5.1.slim.
js"></script>
    <script src="bootstrap-4.5.3-
dist/js/bootstrap.min.js"></script>
</head>
<style>
    div{
        width: 100px;
        height: 100px;
        float: left;
        margin-left: 30px;
    }
```

```
</style>
<body class="container">
<h3 align="center">删除指定边框
</h3>
<div class="border border-0 border-
primary bg-light">border-0</div>
<div class="border border-top-0
border-primary bg-light">border-top-0
</div>
<div class="border border-right-0
border-primary bg-light">border-
right-0</div>
<div class="border border-bottom-0
border-primary bg-light">border-
bottom-0</div>
<div class="border border-left-0
border-primary bg-light">border-
left-0</div>
</body>
</html>
```

程序运行结果如图 6-13 所示。

图 6-13　删除边框效果

6.3.2　边框颜色

边框的颜色类是 .border 加上主题颜色组成，包括 .border-primary、.border-secondary、.border-success、.border-danger、.border-warning、.border-info、.border-light、.border-dark 和 .border-white。

实例 13：设置边框颜色（案例文件：ch06\6.13.html）

```
<!DOCTYPE html>
<html>
<head>
    <meta charset="UTF-8">
    <title>设置边框颜色</title>
    <meta name="viewport"
content="width=device-width,initial-
scale=1, shrink-to-fit=no">
    <link rel="stylesheet"
href="bootstrap-4.5.3-dist/css/
bootstrap.css">
    <script src="jquery-3.5.1.slim.
js"></script>
```

```
    <script src="bootstrap-4.5.3-
dist/js/bootstrap.min.js"></script>
    </head>
    <style>
        div{
            width: 100px;
            height: 100px;
            float: left;
            margin: 15px;
        }
    </style>
    <body class="container">
    <h3 align="center">设置边框颜色</h3>
    <div class="border border-
primary">border-primary</div>
    <div class="border border-
secondary">border-secondary</div>
    <div class="border border-
success">border-success</div>
    <div class="border border-
danger">border-danger</div>
    <div class="border border-
warning">border-warning</div>
    <div class="border border-
info">border-info</div>
    <div class="border border-
light">border-light</div>
    <div class="border border-
dark">border-dark</div>
    <div class="border border-
white">border-white</div>
    </body>
    </html>
```

程序运行结果如图 6-14 所示。

图 6-14　设置边框颜色

6.3.3　圆角边框

在 Bootstrap 中给元素添加 .rounded 类来实现圆角边框效果，也可以指定某一边的圆角边框。圆角边框样式代码如下：

```
.rounded {
        border-radius: 0.25rem
!important;
    }
    .rounded-top {
        border-top-left-radius: 0.25rem
!important;
```

```
        border-top-right-radius:
        0.25rem !important;
    }
    .rounded-right {
        border-top-right-radius:
        0.25rem !important;
        border-bottom-right-radius:
        0.25rem !important;
    }
    .rounded-bottom {
        border-bottom-right-radius:
        0.25rem !important;
        border-bottom-left-radius:
        0.25rem !important;
    }
    .rounded-left {
        border-top-left-radius: 0.25rem
        !important;
        border-bottom-left-radius:
        0.25rem !important;
    }
    .rounded-circle {
        border-radius: 50% !important;
    }
    .rounded-pill {
        border-radius: 50rem!important;
    }
```

具体含义如下。

（1）.rounded-top：设置元素左上和右上的圆角边框。

（2）.rounded-bottom：设置元素左下和右下的圆角边框。

（3）.rounded-left：设置元素左上和左下的圆角边框。

（4）.rounded-right：设置元素右上和右下的圆角边框。

实例14：设置圆角边框（案例文件：ch06\6.14.html）

```
<!DOCTYPE html>
<html>
<head>
    <meta charset="UTF-8">
    <title>圆角边框</title>
        <meta name="viewport"
content="width=device-width,initial-
scale=1, shrink-to-fit=no">
        <link rel="stylesheet"
href="bootstrap-4.5.3-dist/css/
bootstrap.css">
        <script src="jquery-3.5.1.slim.
js"></script>
        <script src="bootstrap-4.5.3-
```

```
dist/js/bootstrap.min.js"></script>
    </head>
    <style>
        div{
            width: 100px;
            height: 100px;
            float: left;
            margin: 15px;
            padding-top: 20px;
        }
    </style>
    <body class="container">
    <h3 align="center">圆角边框</h3>
    <div class="border border-primary
rounded">rounded</div>
    <div class="border border-primary
rounded-0">rounded-0</div>
    <div class="border border-primary
rounded-top">rounded-top</div>
    <div class="border border-primary
rounded-right">rounded-right</div>
    <div class="border border-primary
rounded-bottom">rounded-bottom</div>
```

```
    <div class="border border-primary
rounded-left">rounded-left</div>
    <div class="border border-primary
rounded-circle">rounded-circle</div>
    <div class="border border-primary
rounded-pill">rounded-pill</div>
    </body>
    </html>
```

程序运行结果如图 6-15 所示。

图 6-15　圆角边框效果

6.4　宽度和高度

在 Bootstrap 4 中，宽度和高度的设置分为两种情况，一种是相对于父元素宽度和高度来设置，以百分比来表示；另一种是相对于视口的宽度和高度来设置，单位为 vw（视口宽度）和 vh（视口高度）。在 Bootstrap 4 中，宽度用 w 表示，高度用 h 来表示。

6.4.1　相对于父元素

相对于父元素的宽度和高度样式类是由 _variables.scss 文件中 $sizes 变量来控制的，默认值包括 25%、50%、75%、100% 和 auto。用户可以调整这些值，定制不同的规格。

具体的样式代码如下：

```
.w-25 {width: 25% !important;}
.w-50 {width: 50% !important;}
.w-75 {width: 75% !important;}
.w-100 {width: 100% !important;}
.w-auto {width: auto !important;}
```

```
.h-25 {height: 25% !important;}
.h-50 {height: 50% !important;}
.h-75 {height: 75% !important;}
.h-100 {height: 100% !important;}
.h-auto {height: auto !important;}
```

提示：.w-auto 为宽度自适应类，.h-auto 为高度自适应类。

实例 15：相对于父元素的宽度和高度（案例文件：ch06\6.15.html）

```
<!DOCTYPE html>
<html>
<head>
    <meta charset="UTF-8">
    <title>相对于父元素的宽度和高度
        </title>
        <meta name="viewport"
```

```
content="width=device-width,initial-
scale=1, shrink-to-fit=no">
        <link rel="stylesheet"
href="bootstrap-4.5.3-dist/css/
bootstrap.css">
        <script src="jquery-3.5.1.slim.
js"></script>
        <script src="bootstrap-4.5.3-
dist/js/bootstrap.min.js"></script>
    </head>
    <body class="container">
```

```html
<h3 align="center">相对于父元素的宽度
    </h3>
<div class="bg-secondary text-white
    mb-4">
    <div class="w-25 p-3 bg-
        success">w-25</div>
    <div class="w-50 p-3 bg-
        success">w-50</div>
    <div class="w-75 p-3 bg-
        success">w-75</div>
    <div class="w-100 p-3 bg-
        success">w-100</div>
    <div class="w-auto p-3 bg-success
        border-top">w-auto</div>
</div>
<h3 class="mb-2">相对于父元素的高度</h3>
<div class="bg-secondary text-
white" style="height: 100px;">
    <div class="h-25 d-inline-block
bg-success text-center" style="width:
120px;">h-25</div>
    <div class="h-50 d-inline-block
bg-success text-center" style="width:
120px;">h-50</div>
    <div class="h-75 d-inline-block
bg-success text-center" style="width:
120px;">h-75</div>
    <div class="h-100 d-inline-
block bg-success text-center"
style="width: 120px;">h-100</div>
    <div class="h-auto d-inline-
block bg-success text-center"
style="width: 120px;">h-auto</div>
    </div>
    </body>
    </html>
```

程序运行结果如图 6-16 所示。

图 6-16　相对于父元素的宽度和高度

除了上面这些类以外，还可以使用以下
两个类：

```css
.mw-100 {max-width: 100%
    !important;}
.mh-100 {max-height: 100%
```

!important;}

其中 .mw-100 类设置最大宽度，.mh-100
类设置最大高度。这两个类多用来设置图片。
例如，一个元素盒子的尺寸是固定的，而要
包含的图片的尺寸不确定的情况下，便可以
设置 .mw-100 和 .mh-100 类，使图片不会因
为尺寸过大而撑破元素盒子，影响页面布局。

实例16：设置最大高度和宽度（案例文件：ch06\6.16.html）

```html
<!DOCTYPE html>
<html>
<head>
    <meta charset="UTF-8">
    <title>最大宽度和高度</title>
    <meta name="viewport"
content="width=device-width,initial-
scale=1, shrink-to-fit=no">
    <link rel="stylesheet"
href="bootstrap-4.5.3-dist/css/
bootstrap.css">
    <script src="jquery-3.5.1.slim.
js"></script>
    <script src="bootstrap-4.5.3-
dist/js/bootstrap.min.js"></script>
</head>
<body class="container">
<h3 align="center">最大宽度和高度
    </h3>
<div style="width: 400px;height:
300px;" class="border border-primary">
    <img src="1.jpg" class="mw-100
mh-100">
</div>
</body>
</html>
```

程序运行结果如图 6-17 所示。

图 6-17　设置最大高度和宽度

6.4.2　相对于视口

vw 和 vh 是 CSS3 中的新知识，是相对于视口（viewport）宽度和高度的单位。不论怎么调整视口的大小，视口的宽度都等于100vw，高度都等于100vh。也就是把视口平均分成100份，1vw 等于视口宽度的 1%，1vh 等于视口高度的 1%。

在 Bootstrap 4 中定义了以下 4 个相对于视口的类：

```
.min-vw-100 {min-width: 100vw !important;}
.min-vh-100 {min-height: 100vh !important;}
.vw-100 {width: 100vw !important;}
.vh-100 {height: 100vh !important;}
```

说明如下。

（1）.min-vw-100：最小宽度等于视口的宽度。

（2）.min-vh-100：最小高度等于视口的高度。

（3）.vw-100：宽度等于视口的宽度。

（4）.vh-100：高度等于视口的高度。

使用 .min-vw-100 类的元素，当元素的宽度大于视口的宽度时，按照该元素本身宽度来显示，出现水平滚动条；当宽度小于视口的宽度时，元素自动调整，元素的宽度等于视口的宽度。

使用 .min-vh-100 类的元素，当元素的高度大于视口的高度时，按照该元素本身高度来显示，出现竖向滚动条；当元素的高度小于视口的高度时，元素自动调整，元素的高度等于视口的高度。

使用 .vw-100 类的元素，元素的宽度等于视口的宽度。

使用 .vh-100 类的元素，元素的高度等于视口的高度。

实例 17：设置相对于视口的宽度（案例文件：ch06\6.17.html）

该案例主要是比较 .min-vw-100 类和 .vw-100 类的作用效果。这里定义了 2 个 <h2> 标签，都设置 1200px 宽，分别添加 .min-vw-100 类和 .vw-100 类。

```
<!DOCTYPE html>
<html>
<head>
    <meta charset="UTF-8">
    <title>设置相对于视口的宽度
        </title>
    <meta name="viewport"
content="width=device-width,initial-
scale=1, shrink-to-fit=no">
    <link rel="stylesheet"
href="bootstrap-4.5.3-dist/css/
bootstrap.css">
    <script src="jquery-3.5.1.slim.
js"></script>
    <script src="bootstrap-4.5.3-
dist/js/bootstrap.min.js"></script>
</head>
<body class="text-white">
```

```
    <h3 class="text-right text-dark mb-
4">.min-vw-100类和.vw-100类的对比效果</h3>
    <h2 style="width: 1200px;"
class="min-vw-100 bg-primary text-
center">.min-vw-100</h2>
    <h2 style="width: 1200px;"
class="vw-100 bg-success text-
center">vw-100</h2>
</body>
</html>
```

程序运行结果如图 6-18 所示。

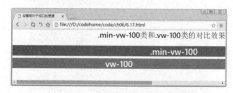

图 6-18　相对于视口的宽度

从结果可以看出，设置了 vw-100 类的盒子宽度始终等于视口的宽度，会随着视口宽度的改变而改变；设置 .min-vw-100 类的盒子宽度大于视口宽度时，盒子宽度是固定的，不会随着视口的改变而改变，当盒子宽度小于视口宽度，宽度会自动调整到视口的宽度。

6.5 边距

Bootstrap 4 定义了许多关于边距的类，使用这些类可以快速地处理网页的外观，使页面的布局更加协调，还可以根据需要添加响应式的操作。

6.5.1 边距的定义

在 CSS 中，通过 margin（外边距）和 padding（内边距）来设置元素的边距。在 Bootstrap 4 中，用 m 来表示 margin，用 p 来表示 padding。

关于设置哪一边的边距也做了定义，具体含义如下。

（1）t：用于设置 margin-top 或 padding-top。

（2）b：用于设置 margin-bottom 或 padding-bottom。

（3）l：用于设置 margin-left 或 padding-left。

（4）r：用于设置 margin-right 或 padding-right。

（5）x：用于设置左右两边的类 *-left 和 *-right（* 代表 margin 或 padding）。

（6）y：用于设置左右两边的类 *-top 和 *-bottom（* 代表 margin 或 padding）。

在 Bootstrap 4 中，margin 和 padding 定义了 6 个值，具体含义如下。

（1）*-0：设置 margin 或 padding 为 0。

（2）*-1：设置 margin 或 padding 为 0.25rem。

（3）*-2：设置 margin 或 padding 为 0.5rem。

（4）*-3：设置 margin 或 padding 为 1rem。

（5）*-4：设置 margin 或 padding 为 1.5rem。

（6）*-5：设置 margin 或 padding 为 3rem。

此外，Bootstrap 还包括一个 .mx-auto 类，常用于固定宽度的块级元素的水平居中。

Bootstrap 还定义了负的 margin 样式，具体含义如下。

（1）m-n1：设置 margin 为 -0.25rem。

（2）m-n2：设置 margin 或 padding 为 -0.5rem。

（3）m-n3：设置 margin 或 padding 为 -1rem。

（4）m-n4：设置 margin 或 padding 为 -1.5rem。

（5）m-n5：设置 margin 或 padding 为 -3rem。

实例 18：为 div 元素设置不同的边距（案例文件：ch06\6.18.html）

```
<!DOCTYPE html>
<html>
<head>
    <meta charset="UTF-8">
    <title>设置不同的边距</title>
    <meta name="viewport" content="width=device-width,initial-scale=1, shrink-to-fit=no">
    <link rel="stylesheet" href="bootstrap-4.5.3-dist/css/bootstrap.css">
    <script src="jquery-3.5.1.slim.js"></script>
```

```
    <script src="bootstrap-4.5.3-dist/js/bootstrap.min.js"></script>
</head>
<style>
    div{width: 200px;height: 50px;}
</style>
<body class="container">
    <!--mx-auto设置<h3>水平居中，mb-4设置<h3>底外边距为1.5rem-->
    <h3 class="mb-4 mx-auto border border-primary" style="width:150px">mx-auto</h3>
    <!--ml-4设置左外边距为1.5rem-->
    <div class="ml-4 border border-primary">ml-4</div>
    <div class="border border-primary">正常的盒子</div>
```

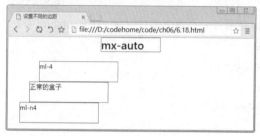

```
<!--ml-n4设置左外边距为-1.5rem-->
    <div class="ml-n4 border
border-primary">ml-n4</div>
    </body>
    </html>
```

程序运行结果如图 6-19 所示。

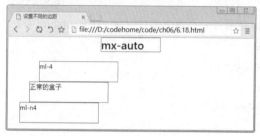

图 6-19　设置不同的边距效果

6.5.2　响应式边距

边距样式可以结合网格断点来设置响应式的边距，在不同的断点范围显示不同的边距值。格式如下所示：

```
{ m | p }{ t | b | l | r | x | y }-
{sm|md|lg|xl}-{0|1|2|3|4|5}
```

实例 19：设置响应式边距（案例文件：ch06\6.19.html）

这里设置 div 的边距样式为 mx-auto 和 mr-sm-2。mx-auto 设置水平居中，mr-sm-2 设置右侧 margin-right 为 0.5rem。

```
<!DOCTYPE html>
<html>
<head>
    <meta charset="UTF-8">
    <title>设置响应式边距</title>
```

```
    <meta name="viewport"
content="width=device-width,initial-
scale=1, shrink-to-fit=no">
        <link rel="stylesheet"
href="bootstrap-4.5.3-dist/css/
bootstrap.css">
        <script src="jquery-3.5.1.slim.
js"></script>
        <script src="bootstrap-4.5.3-
dist/js/bootstrap.min.js"></script>
    </head>
    <body class="container">
      <h3 class="mb-4">响应式的边距</h3>
      <div class="mx-auto mr-sm-2 border
border-primary" style="width:150px">mx-
auto mr-sm-2</div>
    </body>
    </html>
```

程序运行在 xs 型设备上，显示 mx-auto 类效果，如图 6-20 所示。

图 6-20　mx-auto 类效果

程序运行在 sm 型设备上，显示 mr-sm-2 类效果，如图 6-21 所示。

图 6-21　mr-sm-2 类效果

6.6　浮动样式

使用 Bootstrap 中提供的 float 浮动通用样式，除了可以快速地实现浮动，还可以在任何网格断点上切换浮动。

6.6.1　实现浮动样式

在 Bootstrap 4 中，可以使用以下两个类来实现左浮动和右浮动。

（1）.float-left：元素向左浮动。

（2）.float-right：元素向右浮动。

设置浮动后，为了不影响网页的整体布局，需要清除浮动。Bootstrap 4 中使用 .clearfix 类来清除浮动，只需把 .clearfix 添加到父元素中即可。

实例 20：实现浮动样式（案例文件：ch06\6.20.html）

```
<!DOCTYPE html>
<html>
<head>
    <meta charset="UTF-8">
    <title>浮动效果</title>
        <meta name="viewport"
content="width=device-width,initial-
scale=1, shrink-to-fit=no">
        <link rel="stylesheet"
href="bootstrap-4.5.3-dist/css/
bootstrap.css">
        <script src="jquery-3.5.1.slim.
js"></script>
        <script src="bootstrap-4.5.3-
dist/js/bootstrap.min.js"></script>
    </head>
    <body class="container">
```

```
        <h3 class="mb-4">浮动效果</h3>
        <div class="clearfix text-white
border border-primary p-3">
            <div class="float-left bg-
primary">左边浮动</div>
            <div class="float-right bg-
primary">右边浮动</div>
        </div>
    </body>
</html>
```

程序运行结果如图 6-22 所示。

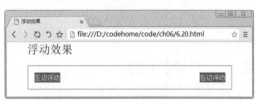

图 6-22 浮动效果

6.6.2 响应式浮动样式

我们还可以在网格不相同的视口断点上来设置元素不同的浮动。例如，在小型设备（sm）上设置右浮动，可添加 .float-sm-right 类来实现；在中型设备（md）上设置左浮动，可添加 .float-md-left 类来实现。

.float-sm-right 和 .float-md-left 称为响应式的浮动类。Bootstrap 4 支持的响应式浮动类如下所示。

（1）.float-sm-left：在小型设备（sm）上向左浮动。

（2）.float-sm-right：在小型设备（sm）上向右浮动。

（3）.float-md-left：在中型设备（md）上向左浮动。

（4）.float-md-right：在中型设备（md）上向右浮动。

（5）.float-lg-left：在大型设备（lg）上向左浮动。

（6）.float-lg-right：在大型设备（lg）上向右浮动。

（7）.float-xl-left：在超大型设备（xl）上向左浮动。

（8）.float-xl-right：在超大型设备（xl）上向右浮动。

实例 21：响应式浮动样式（案例文件：ch06\6.21.html）

这里使用响应式浮动类实现了一个简单布局。box2 和 box3 只有在中型设备及更大的设备中才会浮动。

```
<!DOCTYPE html>
<html>
<head>
```

```
    <meta charset="UTF-8">
    <title>响应式浮动样式</title>
        <meta name="viewport"
content="width=device-width,initial-
scale=1, shrink-to-fit=no">
        <link rel="stylesheet"
href="bootstrap-4.5.3-dist/css/
bootstrap.css">
        <script src="jquery-3.5.1.slim.
js"></script>
            <script src="bootstrap-4.5.3-
```

```
dist/js/bootstrap.min.js"></script>
    </head>
    <body class="container">
    <h2 class="mb-4">响应式浮动样式</h2>
    <div class="clearfix text-white">
        <div class="bg-success w-50">落
            红</div>
        <div class="float-md-left bg-
            danger w-50">春泥</div>
        <div class="float-md-right bg-
            primary w-50">繁花</div>
    </div>
    </body>
    </html>
```

图 6-23　在中屏以下设备上的显示效果

程序运行在中屏及以上设备上的显示效果如图 6-24 所示。

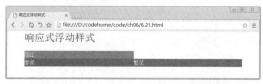

图 6-24　在中屏及以上设备上的显示效果

程序运行在中屏以下设备上显示效果如图 6-23 所示。

6.7　display 属性

通过使用 display 属性类，可以快速、有效地切换组件的显示或隐藏。

6.7.1　隐藏或显示元素

在 CSS 中隐藏和显示通常使用 display 属性来实现，在 Bootstrap 4 中也是通过它来实现的。只是在 Bootstrap 4 中用 d 来表示，具体代码格式如下：

.d-{sm、md、lg或xl}-{value}

value 的取值如下所示。

（1）none：隐藏元素。

（2）inline：显示为内联元素，元素前后没有换行符。

（3）inline-block：行内块元素。

（4）block：显示为块级元素，此元素前后带有换行符。

（5）table：元素会作为块级表格来显示，表格前后带有换行符。

（6）table-cell：元素会作为一个表格单元格显示（类似 <td> 和 <th>）。

（7）table-row：此元素会作为一个表格行显示（类似 <tr>）。

（8）flex：将元素作为弹性伸缩盒显示。

（9）inline-flex：将元素作为内联块级弹性伸缩盒显示。

实例 22：隐藏或显示元素（案例文件：ch06\6.22.html）

这里使用 display 属性设置 div 为行内元素，设置 span 为块级元素。

```
<!DOCTYPE html>
<html>
<head>
    <meta charset="UTF-8">
    <title></title>
    <meta name="viewport"
content="width=device-width,initial-
```

```
scale=1, shrink-to-fit=no">
        <link rel="stylesheet"
href="bootstrap-4.5.3-dist/css/
bootstrap.css">
        <script src="jquery-3.5.1.slim.
js"></script>
        <script src="bootstrap-4.5.3-
dist/js/bootstrap.min.js"></script>
    </head>
    <body class="container">
    <h2>内联元素和块级元素的转换</h2>
    <p>div显示为内联元素（一行排列）</p>
    <div class="d-inline bg-primary
text-white">div——d-inline</div>
```

```
    <div class="d-inline m-5 bg-danger
text-white">div——d-inline</div>
    <p>span显示为块级元素（独占一行）</p>
    <span class="d-block bg-success
text-white">span——d-block</span>
    <span class="d-block bg-dark text-
white">span——d-block</span>
    </body>
    </html>
```

程序运行结果如图 6-25 所示。

图 6-25　display 属性作用效果

6.7.2　响应式地隐藏或显示元素

为了更加友好地进行移动开发，可以按不同的设备来响应式地显示或隐藏元素。为同一个网站创建不同的版本，应针对每个屏幕大小来隐藏或显示元素。

若要隐藏元素，只需使用 .d-none 类或 .d-{sm、md、lg 或 xl}-none 响应屏幕变化的类。若要在给定的屏幕大小间隔上显示元素，可以组合 .d-*-none 类和 .d-*-* 类，例如 .d-none .d-md-block .d-xl-none 类，将隐藏除中型和大型设备外的所有屏幕大小的元素。在实际开发中，可以根据需要自由组合显示或隐藏的类。经常使用的类含义如表 6-1 所示。

表 6-1　隐藏或显示的类

组 合 类	说　　明
.d-none	在所有的设备上都隐藏
.d-none .d-sm-block	仅在超小型设备（xs）上隐藏
.d-sm-none .d-md-block	仅在小型设备（sm）上隐藏
.d-md-none .d-lg-block	仅在中型设备（md）上隐藏
.d-lg-none .d-xl-block	仅在大型设备（lg）上隐藏
.d-xl-none	仅在超大型屏幕（xl）上隐藏
.d-block	在所有的设备上都显示
.d-block .d-sm-none	仅在超小型设备（xs）上显示
.d-none .d-sm-block .d-md-none	仅在小型设备（sm）上显示
.d-none .d-md-block .d-lg-none	仅在中型设备（md）上显示
.d-none .d-lg-block .d-xl-none	仅在大型设备（lg）上显示
.d-none .d-xl-block	仅在超大型设备（xl）上显示

实例 23：响应式地显示或隐藏元素（案例文件：ch06\6.23.html）

这里定义了两个 div，蓝色背景色的 div 在小屏设备上显示，在中屏及以上设备上隐藏；红色背景色的 div 刚好与之相反。

```
<!DOCTYPE html>
<html>
```

```
<head>
    <meta charset="UTF-8">
    <title>响应式地显示或隐藏</title>
    <meta name="viewport"
content="width=device-width,initial-
scale=1, shrink-to-fit=no">
    <link rel="stylesheet"
href="bootstrap-4.5.3-dist/css/
bootstrap.css">
    <script src="jquery-3.5.1.slim.
js"></script>
```

```
        <script src="bootstrap-4.5.3-
dist/js/bootstrap.min.js"></script>
    </head>
    <body class="container">
    <h2>响应式地显示或隐藏</h2>
    <div class="d-md-none bg-primary
text-white">在xs、sm设备上显示（蓝色背景）
</div>
    <div class="d-none d-md-block bg-
danger text-white">在md、lg、xl设备上显示
（浅红色背景）</div>
    </body>
    </html>
```

程序运行在小屏设备上的显示效果如图 6-26 所示。

图 6-26　小屏设备上的显示效果

程序运行在中屏及以上设备上的显示效果如图 6-27 所示。

图 6-27　中屏及以上设备上显示效果

6.8　嵌入网页元素

在页面中通常使用 <iframe>、<embed>、<video>、<object> 标签来嵌入视频、图像、幻灯片等。在 Bootstrap 4 中不仅可以使用这些标签，还添加了一些相关的样式类，以便在任何设备上都能友好地扩展显示。

下面通过一个嵌入图片的示例来说明。

首先，使用一个 div 包裹插入标签 <iframe>，在 div 中添加 .embed-responsive 类和 .embed-responsive-16by9 类，然后直接使用 <iframe> 标签的 src 属性引用本地的一张图片即可。

（1）.embed-responsive：实现同比例的收缩。

（2）.embed-responsive-16by9：定义 16：9 的长宽比例。还有 .embed-responsive-21by9、.embed-responsive-3by4、.embed-responsive-1by1 可以选择。

实例 24：嵌入网页图片（案例文件：ch06\6.24.html）

```
<!DOCTYPE html>
<html>
<head>
    <meta charset="UTF-8">
    <title></title>
    <meta name="viewport"
content="width=device-width,initial-
scale=1, shrink-to-fit=no">
    <link rel="stylesheet"
href="bootstrap-4.5.3-dist/css/
bootstrap.css">
    <script src="jquery-3.5.1.slim.
js"></script>
    <script src="bootstrap-4.5.3-
dist/js/bootstrap.min.js"></script>
    </head>
    <body class="container">
    <h3 align="center" >嵌入图像</h3>
    <div class="embed-responsive embed-
responsive-16by9">
```

```
        <iframe src="1.jpg"></iframe>
    </div>
    </body>
    </html>
```

程序运行结果如图 6-28 所示。

图 6-28　嵌入图片效果

6.9　内容溢出

在 Bootstrap 4 中定义了以下两个类来处理内容溢出的情况。

（1）.overflow-auto：在固定宽度和高度的元素上，如果内容溢出了元素，将生成一个垂直滚动条，通过滚动滚动条可以查看溢出的内容。

（2）.overflow-hidden：在固定宽度和高度的元素上，如果内容溢出了元素，溢出的部分将被隐藏。

实例 25：处理内容溢出（案例文件：ch06\6.25.html）

```
<!DOCTYPE html>
<html>
<head>
    <meta charset="UTF-8">
    <title>处理内容溢出</title>
        <meta name="viewport"
content="width=device-width,initial-
scale=1, shrink-to-fit=no">
<link rel="stylesheet"href="bootstrap-
4.5.3-dist/css/bootstrap.css">
        <script src="jquery-3.5.1.slim.
js"></script>
        <script src="bootstrap-4.5.3-
dist/js/bootstrap.min.js"></script>
    </head>
    <body class="container p-3">
    <h4 align="center">处理内容溢出</h4>
    <div class="overflow-auto border
float-left" style="width: 200px;height:
100px;">
```

对潇潇暮雨洒江天，一番洗清秋。渐霜风凄紧，关河冷落，残照当楼。是处红衰翠减，苒苒物华休。唯有长江水，无语东流。

```
    </div>
    <div class="overflow-hidden border
float-right" style="width: 200px;height:
100px;">
```

对潇潇暮雨洒江天，一番洗清秋。渐霜风凄紧，关河冷落，残照当楼。是处红衰翠减，苒苒物华休。唯有长江水，无语东流。

```
    </div>
    </body>
    </html>
```

程序运行结果如图 6-29 所示。

图 6-29　内容溢出效果

6.10　定位网页元素

在 Bootstrap 4 中，定位元素可以使用以下类来实现。

（1）.position-static：无定位。

（2）.position-relative：相对定位。

（3）.position-absolute：绝对定位。

（4）.position-fixed：固定定位。

（5）.position-sticky：黏性定位。

无定位、相对定位、绝对定位和固定定位很好理解，只要在需定位的元素中添加这些类，就可以实现定位。相比较而言，.position-sticky 类很少使用，主要原因是 .position-sticky 类对浏览器的兼容性很差，只有部分浏览器支持（例如谷歌和火狐浏览器）。

.position-sticky 是结合 .position-relative 和 .position-fixed 两种定位功能于一体的特殊定位，元素定位表现为在跨越特定阈值前为相对定位，之后为固定定位。特定阈值指的是 top、right、bottom 或 left 中的一个。也就是说，必须指定 top、right、bottom 或 left 四个阈值其中之一，才可使黏性定位生效，否则其行为与相对定位相同。

在 Bootstrap 4 中的 @supports 规则下定义了关于黏性定位的 top 阈值类 .sticky-top，CSS 样式代码如下：

```
@supports ((position: -webkit-sticky) or (position: sticky)) {
    .sticky-top {
        position: -webkit-sticky;
        position: sticky;
        top: 0;
        z-index: 1020;
    }
}
```

当元素的 top 值为 0 时，表现为固定定位。当元素的 top 值大于 0 时，表现为相对定位。

> **注意**：如果设置 .sticky-top 类的元素，它的任意父节点定位是相对定位、绝对定位或固定定位时，该元素相对父元素进行定位，而不会相对 viewport 定位。如果元素的父元素设置了 overflow:hidden 样式，元素将不能滚动，无法达到阈值，.sticky-top 类将不生效。

.sticky-top 类适用于一些特殊场景，例如头部导航栏固定。下面就来实现"头部导航栏固定"的效果。

实例 26：头部导航栏固定效果（案例文件：ch06\6.26.html）

```html
<!DOCTYPE html>
<html>
<head>
    <meta charset="UTF-8">
    <title>头部导航栏固定效果</title>
    <meta name="viewport"
content="width=device-width,initial-
scale=1, shrink-to-fit=no">
    <link rel="stylesheet"
href="bootstrap-4.5.3-dist/css/
bootstrap.css">
    <script src="jquery-3.5.1.slim.
js"></script>
    <script src="bootstrap-4.5.3-
dist/js/bootstrap.min.js"></script>
</head>
<body>
<div class="container text-white">
    <nav class="sticky-top bg-
primary p-5 mb-5">信隆商城</nav>
    <div class=" bg-secondary p-3">
        <p>家用电器</p>
        <p>手机数码</p>
        <p>家具家电</p>
        <p>男装女装</p>
        <p>男鞋户外</p>
        <p>玩具乐器</p>
        <p>生鲜特产</p>
        <p>白酒红酒</p>
        <p>礼品鲜花</p>
```

```html
        </div>
    </div>
</body>
</html>
```

在 Google Chrome 浏览器中运行，效果如图 6-30 所示；向下滚动滚动条，页面效果如图 6-31 所示。

图 6-30　初始化效果

图 6-31　滚动滚动条后的效果

> **注意**：内容栏的内容需要超出可视范围，当滚动滚动条时才能看出效果。

6.11 阴影效果

在 Bootstrap 4 中定义了 4 个关于阴影的类，可以用来添加阴影或去除阴影。包括 .shadow-none 和三个默认大小的类，CSS 样式代码如下所示：

```
.shadow-none {box-shadow: none
!important;}
.shadow-sm {box-shadow: 0 0.125rem
0.25rem rgba(0,0,0,0.075) !important;}
.shadow {box-shadow: 0 0.5rem 1rem
rgba(0,0,0,0.15) !important;}
.shadow-lg {box-shadow: 0 1rem 3rem
rgba(0,0,0,0.175) !important;}
```

说明如下。

（1）.shadow-none：去除阴影。

（2）.shadow-sm：设置很小的阴影。

（3）.shadow：设置正常的阴影。

（4）.shadow-lg：设置更大的阴影。

实例 27：设置阴影效果（案例文件：ch06\6.27.html）

```
<!DOCTYPE html>
<html>
<head>
    <meta charset="UTF-8">
    <title>各种阴影效果</title>
    <meta name="viewport"
content="width=device-width,initial-
scale=1, shrink-to-fit=no">
    <link rel="stylesheet"
href="bootstrap-4.5.3-dist/css/
bootstrap.css">
    <script src="jquery-3.5.1.slim.
js"></script>
    <script src="bootstrap-4.5.3-
dist/js/bootstrap.min.js"></script>
</head>
<body class="container">
    <h3 align="center">各种阴影效果</h3>
    <div class="shadow-sm p-3 mb-5">
        去除阴影效果</div>
    <div class="shadow-sm p-3 mb-5">
        小的阴影</div>
    <div class="shadow p-3 mb-5">正常
        的阴影</div>
    <div class="shadow-lg p-3 mb-5">
        大的阴影</div>
</body>
</html>
```

程序运行结果如图 6-32 所示。

图 6-32　设置阴影效果

6.12　新手常见疑难问题

疑问 1：如何添加关闭图标？

在 Bootstrap 4 中使用通用的 .close 类定义关闭图标。可以使用关闭图标来关闭模态框提示和 alert 提示组件的内容。

例如下面代码：

```
<body class="container">
<h3 class="mb-4">关闭图标</h3>
<button type="button" class="close"
aria-label="Close">
    <span aria-hidden="true">为提示
信息添加关闭图标可以关闭相关的内容&times;</
span>
</button>
</body>
```

程序运行结果如图 6-33 所示。

图 6-33　关闭图标效果

疑问 2：如何设置表单控件为不可编辑样式？

通过设置 disabled 属性，可以设计不可编辑的表单控件，防止用户输入，并能改变外观样式。例如以下代码：

```
<label><input class="from-control"
type="text" placeholder="不可编辑内容"
disabled>
    </label>
```

程序运行结果如图 6-34 所示。

图 6-34 不可编辑样式

6.13 实战技能训练营

实战 1：设计嵌入视频效果

综合使用本章所学知识，设计嵌入视频的效果，程序运行结果如图 6-35 所示。

图 6-35 嵌入视频效果

实战 2：设计商城浮动菜单效果

使用响应式的浮动类实现了一个商城浮动菜单效果。程序运行在中屏以下设备上的显示效果如图 6-36 所示。

图 6-36 在中屏以下设备上的显示效果

程序运行在中屏及以上设备上的显示效果如图 6-37 所示。

图 6-37 在中屏及以上设备上的显示效果

第7章 认识CSS组件

本章导读

  Bootstrap 4 内置了大量优雅的、可重用的组件，包括按钮、按钮组、下拉菜单、导航、超大屏幕、徽章、警告框、媒体对象、进度条、导航栏、表单、列表组、面包屑、分页等，还有 Bootstrap 4 中新增加卡片组合旋转器组件。本章重点介绍按钮、按钮组、下拉菜单、导航、超大屏幕组件的结构和使用方法，其他插件的使用方法将在后续章节详细介绍。

知识导图

7.1　正确使用 CSS 组件

在介绍 Bootstrap 组件之前，本节先通过一个下拉菜单的案例，介绍如何快速掌握 Bootstrap 组件的正确使用方法。

实例 1：正确使用 CSS 组件（案例文件：ch07\7.1.html）

操作步骤如下。

01 新建 HTML5 文档。HTML5 标准的 doctype 头部定义是首要的，从而确保 CSS 组件可以正确使用。

```
<!doctype html>
<html>
...
</html>
```

02 响应式 meta 标签。Bootstrap 4 不同于历史版本，它首先为移动设备优化代码，然后用 CSS 媒体查询来扩展组件。为了确保所有设备的渲染和触摸效果，必须在网页的 <head> 区添加响应式的视图标签。

```
<meta name="viewport"
content="width=device-width, initial-
scale=1, shrink-to-fit=no">
```

03 在页面头部区域 <head> 标签内引入下面框架文件：

```
<link rel="stylesheet"
href="bootstrap-4.5.3-dist/css/
bootstrap.css">
<script src="jquery-3.5.1.slim.
js"></script>
<script src="popper.js"></script>
<script src="bootstrap-4.5.3-dist/
js/bootstrap.js"></script>
```

（1）bootstrap.css：Bootstrap 样式文件。

（2）jquery-3.5.1.slim.js：jQuery 库文件，Bootstrap 需要依赖它。

（3）popper.js：一些插件需要它的支持，例如下拉菜单、弹窗、工具提示等。

（4）bootstrap.js：Bootstrap 的插件文件，

包括下拉菜单。

04 在 <body> 标签内设计下拉菜单 HTML 结构，在激活元素上设置 data-toggle="dropdown"，从而激活下拉菜单。代码如下：

```
<body class="container">
<div class="dropdown">
    <button class="btn btn-
secondary dropdown-toggle" data-
toggle="dropdown" type="button" >
        商城菜单
    </button>
    <div class="dropdown-menu">
    <button class="dropdown-item"
type="button">家用电器</button>
    <button class="dropdown-item"
type="button">电脑手机</button>
    <button class="dropdown-item"
type="button">男装女装</button>
    <button class="dropdown-item"
type="button">鲜花礼品</button>
    <button class="dropdown-item"
type="button">水果特产</button>
    </div>
</div>
</body>
```

上面代码创建了一个下拉菜单，其中包括激活按钮 <button> 标签，以及 5 个下拉菜单列表项。在下拉包含框中，引入 dropdown 类，定义下拉菜单框。然后在下拉列表框中引入 dropdown-menu 类，定义下拉菜单面板。

05 在浏览器中运行程序，单击"商城菜单"下拉按钮即可显示下拉菜单，效果如图 7-1 所示。

图 7-1　下拉菜单效果

06 除了使用定义 data 属性激活菜单以外，还可以使用 JavaScript 脚本直接调用菜单。为激活按钮定义一个 ID 值，以便 JavaScript 获取激活元素，然后为该元素绑定 dropdown() 构造函数。代码修改如下：

```
<body class="container">
<div class="dropdown">
    <button class="btn btn-secondary
dropdown-toggle"  type="button"
id="dropdown">
        商城菜单
    </button>
    <div class="dropdown-menu">
        <button class="dropdown-
item" type="button">家用电器</button>
        <button class="dropdown-
item" type="button">电脑手机</button>
        <button class="dropdown-
item" type="button">男装女装</button>
        <button class="dropdown-
item" type="button">鲜花礼品</button>
        <button class="dropdown-
```

```
item" type="button">水果特产</button>
    </div>
</div>
<script>
    $(function () {
            $("#dropdown").
                dropdown();
    })
</script>
</body>
```

07 通过 JavaScript 脚本激活下拉菜单。程序运行效果如图 7-2 所示。

图 7-2　通过 JavaScript 脚本激活的下拉菜单效果

7.2　按钮

按钮是网页中不可缺少的一个组件，广泛应用于表单、下拉菜单、对话框等场景中。例如网站登录页面中的"登录"和"注册"按钮等。Bootstrap 专门定制了按钮样式类，并支持自定义样式。

7.2.1　定义按钮

Bootstrap 4 中使用 btn 类来定义按钮。btn 类不仅可以在 <button> 元素上使用，也可以在 <a>、<input> 元素上使用，都能带来按钮效果。

实例 2：三种方式定义按钮效果（案例文件：ch07\7.2.html）

```
<!DOCTYPE html>
<html>
<head>
    <meta charset="UTF-8">
    <title > 三 种 方 式 定 义 按 钮 效 果
        </title>
        <meta name="viewport"
content="width=device-width,initial-
scale=1, shrink-to-fit=no">
        <link rel="stylesheet"
href="bootstrap-4.5.3-dist/css/
bootstrap.css">
        <script src="jquery-3.5.1.slim.
js"></script>
        <script src="bootstrap-4.5.3-
```

```
dist/js/bootstrap.min.js"></script>
    </head>
    <body class="container">
    <h3 align="center">三种方式定义按钮效
        果</h3>
    <!--使用<button>元素定义按钮-->
    <button class="btn">热门课程
        </button>
    <!--使用<a>元素定义按钮-->
    <a class="btn" href="#">技术支持</a>
    <!--使用<input>元素定义按钮-->
    <input class="btn" type="button"
        value="联系我们">
    </body>
    </html>
```

程序运行结果如图 7-3 所示。

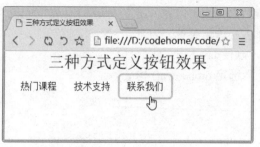

图 7-3　按钮默认效果

在 Bootstrap 4 中，仅仅添加 btn 类，按钮不会显示任何效果，只在单击时才会显示淡蓝色的边框。上面展示了 Bootstrap 4 中按钮组件的默认效果，下面将介绍 Bootstrap 4 对按钮定制的其他样式。

7.2.2　设计按钮风格

Bootstrap 4 中，对按钮定义了多种样式，例如背景颜色、边框颜色、大小和状态。下面分别进行介绍。

1. 设计按钮的背景颜色

Bootstrap 4 为按钮定制了多种背景颜色类，包括 .btn-primary、.btn-secondary、.btn-success、.btn-danger、.btn-warning、.btn-info、.btn-light 和 .btn-dark。

每种颜色都有自己的应用目标：

（1）.btn-primary：亮蓝色，主要的。

（2）.btn-secondary：灰色，次要的。

（3）.btn-success：亮绿色，表示成功或积极的动作。

（4）.btn-danger：红色，提醒存在危险。

（5）.btn-warning：黄色，表示警告，提醒应该谨慎。

（6）.btn-info：浅蓝色，表示信息。

（7）.btn-light：高亮。

（8）.btn-dark：黑色。

实例 3：设置按钮背景颜色（案例文件：ch07\7.3.html）

```
<!DOCTYPE html>
<html>
<head>
    <meta charset="UTF-8">
    <title>按钮背景颜色</title>
    <meta name="viewport"
content="width=device-width,initial-
scale=1, shrink-to-fit=no">
    <link rel="stylesheet"
href="bootstrap-4.5.3-dist/css/
bootstrap.css">
    <script src="jquery-3.5.1.slim.
js"></script>
    <script src="bootstrap-4.5.3-
dist/js/bootstrap.min.js"></script>
```

```
</head>
<body class="container">
  <h3 align="center">按钮背景颜色
    </h3>
    <button type="button" class="btn
btn-primary">首页</button>
    <button type="button"
class="btn btn-secondary">电器
</button>
    <button type="button" class="btn
btn-success">男装</button>
    <button type="button" class="btn
btn-danger">女装</button>
    <button type="button" class="btn
btn-warning">特产</button>
    <button type="button" class="btn
btn-info">水果</button>
    <button type="button" class="btn
```

```
btn-light">电脑</button>
        <button type="button" class="btn
btn-dark">手机</button>
    </body>
    </html>
```

程序运行结果如图 7-4 所示。

图 7-4　按钮背景颜色效果

2. 设计按钮的边框颜色

在 btn 类的引用中，如果不希望按钮带有背景颜色，可以使用 .btn-outline-* 来设置按钮的边框。* 可以从 primary、secondary、success、danger、warning、info、light 和 dark 进行选择。

> **注意**：添加 .btn-outline-* 的按钮，其文本颜色和边框颜色是相同的。

实例 4：设置边框颜色（案例文件：ch07\7.4.html）

```
<!DOCTYPE html>
<html>
<head>
    <meta charset="UTF-8">
    <title>按钮边框颜色</title>
    <meta name="viewport"
content="width=device-width,initial-
scale=1, shrink-to-fit=no">
    <link rel="stylesheet"
href="bootstrap-4.5.3-dist/css/
bootstrap.css">
    <script src="jquery-3.5.1.slim.
js"></script>
    <script src="bootstrap-4.5.3-
dist/js/bootstrap.min.js"></script>
</head>
<body class="container">
    <h3 align="center">按钮边框颜色
        </h3>
    <button type="button"
class="btn btn-outline-primary">首页
</button>
    <button type="button" class="btn
btn-outline-secondary">电器</button>
    <button type="button" class="btn
btn-outline-success">男装</button>
    <button type="button" class="btn
btn-outline-danger">女装</button>
    <button type="button" class="btn
btn-outline-warning">特产</button>
    <button type="button" class="btn
btn-outline-info">手机</button>
    <button type="button" class="btn
btn-outline-light">电脑</button>
    <button type="button" class="btn
btn-outline-dark">水果</button>
    </body>
    </html>
```

程序运行结果如图 7-5 所示。

图 7-5　边框颜色效果

3. 设计按钮的大小

Bootstrap 4 中定义了两个设置按钮大小的类，可以根据网页布局选择大小合适的按钮。

（1）.btn-lg：大号按钮。

（2）.btn-sm：小号按钮。

实例 5：设置按钮的大小（案例文件：ch07\7.5.html）

```
<!DOCTYPE html>
<html>
<head>
    <meta charset="UTF-8">
    <title>设计按钮的大小</title>
    <meta name="viewport"
content="width=device-width,initial-
scale=1, shrink-to-fit=no">
    <link rel="stylesheet" href=
"bootstrap-4.5.3-dist/css/bootstrap.css">
    <script src="jquery-3.5.1.slim.
js"></script>
    <script src="bootstrap-4.5.3-
dist/js/bootstrap.min.js"></script>
</head>
<body class="container">
    <h3 align="center">设置按钮的大小
        </h3>
    <button type="button"
class="btn btn-primary btn-lg">大号按钮效
果</button>
    <button type="button"
class="btn btn-primary">默认按钮的大小</
button>
```

```
            <button type="button"
class="btn btn-primary btn-sm">小号按钮效
果</button>
    </body>
    </html>
```

程序运行结果如图 7-6 所示。

图 7-6　按钮不同大小效果

另外，Bootstrap 4 还定义了一个 .btn-

block 类，使用它可以创建块级按钮，此时按钮跨越父级的整个宽度。例如以下代码：

```
    <button type="button" class="btn
btn-primary btn-block">登录</button>
    <button type="button" class="btn
btn-secondary btn-block">注册</button>
```

程序运行结果如图 7-7 所示。

图 7-7　块级按钮效果

4. 按钮的激活和禁用状态

按钮的激活状态：在按钮上添加 active 类可实现激活状态。激活状态下，按钮背景颜色更深、边框变暗、带内阴影。

按钮的禁用状态：将 disabled 属性添加到 <button> 元素中可实现禁用状态。禁用状态下，按钮颜色变暗，且不具有交互性，单击不会有任何响应。

> **注意**：使用 <a> 元素设置的按钮，禁用状态有些不同。<a> 不支持 disabled 属性，因此必须添加 .disabled 类以使其在视觉上显示为禁用。

实例 6：设置按钮的激活和禁用状态（案例文件：ch07\7.6.html）

```
<!DOCTYPE html>
<html>
<head>
    <meta charset="UTF-8">
    <title>设置按钮的各种状态</title>
    <meta name="viewport"
content="width=device-width,initial-
scale=1, shrink-to-fit=no">
    <link rel="stylesheet"
href="bootstrap-4.5.3-dist/css/
bootstrap.css">
    <script src="jquery-3.5.1.slim.
js"></script>
    <script src="bootstrap-4.5.3-
dist/js/bootstrap.min.js"></script>
</head>
<body class="container">
```

```
    <h3 align="center">设置按钮的各种状态
</h3>
    <button href="#" class="btn btn-
primary">按钮的默认状态</button>
    <button href="#" class="btn btn-
primary active">按钮的激活状态</button>
    <button type="button" class="btn
btn-primary" disabled>按钮的禁用状态</
button>
    </body>
    </html>
```

程序运行结果如图 7-8 所示。

图 7-8　激活和禁用效果

7.3　按钮组

如果想要把一系列按钮结合在一起，可以使用按钮组来实现。按钮组与下拉菜单组件结合使用，可以设计出按钮组工具栏，类似于按钮式导航样式。

7.3.1 定义按钮组

使用含有 btn-group 类的容器包含一系列的 <a> 或 <button> 标签，可以生成一个按钮组。

实例 7：定义按钮组（案例文件：ch07\7.7.html）

```
<!DOCTYPE html>
<html>
<head>
    <meta charset="UTF-8">
    <title>按钮组效果</title>
    <meta name="viewport"
content="width=device-width,initial-
scale=1, shrink-to-fit=no">
    <link rel="stylesheet"
href="bootstrap-4.5.3-dist/css/
bootstrap.css">
    <script src="jquery-3.5.1.slim.
js"></script>
    <script src="bootstrap-4.5.3-
dist/js/bootstrap.min.js"></script>
</head>
<body class="container">
<h3 align="center">按钮组效果</h3>
<div class="btn-group">
    <button type="button"
```

```
class="btn btn-primary">主页</button>
    <button type="button"
class="btn btn-warning">热门课程
</button>
    <button type="button"
class="btn btn-info">技术支持</button>
    <button type="button"
class="btn btn-secondary">联系我们
</button>
    </div>
    </body>
    </html>
```

程序运行结果如图 7-9 所示。

图 7-9 按钮组效果

7.3.2 定义按钮组工具栏

将多个按钮组（btn-group）包含在一个含有 btn-toolbar 类的容器中，可以将按钮组组合成更复杂的按钮工具栏。

实例 8：设计按钮组工具栏（案例文件：ch07\7.8.html）

```
<!DOCTYPE html>
<html>
<head>
    <meta charset="UTF-8">
    <title>按钮组工具栏</title>
    <meta name="viewport"
content="width=device-width,initial-
scale=1, shrink-to-fit=no">
    <link rel="stylesheet"
href="bootstrap-4.5.3-dist/css/
bootstrap.css">
    <script src="jquery-3.5.1.slim.
js"></script>
    <script src="bootstrap-4.5.3-
dist/js/bootstrap.min.js"></script>
</head>
<body class="container">
```

```
<h3 align="center">按钮组工具栏</h3>
<div class="btn-toolbar">
    <div class="btn-group mr-2">
        <button type="button"
class="btn btn-primary">上一页</button>
    </div>
    <div class="btn-group mr-2">
        <button type="button"
class="btn btn-warning">1</button>
        <button type="button"
class="btn btn-warning">2</button>
        <button type="button"
class="btn btn-warning">3</button>
        <button type="button"
class="btn btn-warning">4</button>
        <button type="button"
class="btn btn-warning">5</button>
        <button type="button"
class="btn btn-warning">6</button>
        <button type="button"
```

```
class="btn btn-warning">7</button>
                <button type="button"
class="btn btn-warning">8</button>
    </div>
    <div class="btn-group">
                <button type="button"
class="btn btn-info">下一页</button>
        </div>
    </div>
    </body>
    </html>
```

程序运行结果如图 7-10 所示。

图 7-10　按钮组工具栏效果

还可以将输入框与工具栏中的按钮组混合使用，添加合适的通用样式类来设置间隔空间。

实例 9：设置按钮组和输入框结合的效果（案例文件：ch07\7.9.html）

```
<!DOCTYPE html>
<html>
<head>
    <meta charset="UTF-8">
    <title>设置按钮组和输入框结合的效果
</title>
        <meta name="viewport"
content="width=device-width,initial-
scale=1, shrink-to-fit=no">
        <link rel="stylesheet"
href="bootstrap-4.5.3-dist/css/
bootstrap.css">
        <script src="jquery-3.5.1.slim.
```

```
js"></script>
        <script src="bootstrap-4.5.3-
dist/js/bootstrap.min.js"></script>
    </head>
    <body class="container">
    <h3 align="center">设置按钮组和输入框
结合的效果</h3>
    <div class="btn-toolbar">
        <div class="btn-group mr-2">
                <button type="button"
class="btn btn-warning">1</button>
                <button type="button"
class="btn btn-warning">2</button>
                <button type="button"
class="btn btn-warning">3</button>
                <button type="button"
class="btn btn-warning">4</button>
                <button type="button"
class="btn btn-warning">5</button>
                <button type="button"
class="btn btn-warning">6</button>
        </div>
        <div class="input-group">
                <div class="input-group-
prepend">
                <div class="input-group-
text" id="btnGroupAddon">@</div>
            </div>
                <input type="text"
class="form-control" placeholder="邮箱">
        </div>
    </div>
    </body>
    </html>
```

程序运行结果如图 7-11 所示。

图 7-11　按钮组结合输入框效果

7.3.3　设计按钮组布局和样式

Bootstrap 中定义了一些样式类，可以根据不同的场景进行选择。

1. 嵌套按钮组

将一个按钮组放在另一个按钮组中，可以实现按钮组与下拉菜单的组合。

实例 10：设计嵌套按钮组（案例文件：ch07\7.10.html）

```
<!DOCTYPE html>
<html>
```

```
<head>
    <meta charset="UTF-8">
    <title>嵌套按钮组</title>
        <meta name="viewport"
content="width=device-width,initial-
scale=1, shrink-to-fit=no">
```

```html
        <link rel="stylesheet"
href="bootstrap-4.5.3-dist/css/
bootstrap.css">
        <script src="jquery-3.5.1.slim.
js"></script>
        <script src="popper.js"></
script>
        <script src="bootstrap-4.5.3-
dist/js/bootstrap.min.js"></script>
    </head>
    <body class="container">
    <h3 align="center">嵌套按钮组</h3>
    <div class="btn-group">
        <button type="button"
class="btn btn-secondary">首页</button>
        <div class="btn-group">
            <button type="button"
class="btn btn-secondary dropdown-
toggle" data-toggle="dropdown">热门课程
            </button>
            <div class="dropdown-menu">
                <a class="dropdown-
item" href="#">网络安全训练营</a>
                <a class="dropdown-
item" href="#">网站开发训练营</a>
                <a class="dropdown-
item" href="#">Python智能训练营</a>
                <a class="dropdown-
```

```html
item" href="#">PHP开发训练营</a>
            </div>
        </div>
        <button type="button"
class="btn btn-secondary">技术支持
        </button>
        <button type="button"
class="btn btn-secondary">联系我们
        </button>
    </div>
    </body>
</html>
```

程序运行结果如图 7-12 所示。

图 7-12　嵌套按钮组效果

2. 垂直布局按钮组

把一系列按钮包含在含有 btn-group-vertical 类的容器中，可以设计垂直分布的按钮组。

实例 11：设计垂直分布的按钮组（案例文件：ch07\7.11.html）

```html
<!DOCTYPE html>
<html>
<head>
    <meta charset="UTF-8">
    <title>垂直布局按钮组</title>
    <meta name="viewport"
content="width=device-width,initial-
scale=1, shrink-to-fit=no">
    <link rel="stylesheet"
href="bootstrap-4.5.3-dist/css/
bootstrap.css">
    <script src="jquery-3.5.1.slim.
js"></script>
    <script src="popper.js"></
script>
    <script src="bootstrap-4.5.3-
dist/js/bootstrap.min.js"></script>
</head>
<body class="container">
<h3 align="center">垂直布局按钮组</
h3>
<div class="btn-group-vertical">
```

```html
    <button type="button"
class="btn btn-primary">家用电器
    </button>
    <button type="button"
class="btn btn-primary">电脑数码
    </button>
    <button type="button"
class="btn btn-warning">男装女装
    </button>
    <!--添加下拉菜单-->
    <div class="dropright">
        <button type="button"
class="btn btn-info dropdown-toggle"
data-toggle="dropdown">珠宝箱包
        </button>
        <div class="dropdown-menu">
            <a class="dropdown-
item" href="#">黄金饰品</a>
            <a class="dropdown-
item" href="#">珠宝饰品</a>
            <a class="dropdown-
item" href="#">旅行箱包</a>
            <a class="dropdown-
item" href="#">潮流女包</a>
        </div>
    </div>
```

```
        <button type="button"
class="btn btn-warning">水果特产
    </button>
    </div>
    </body>
    </html>
```

程序运行结果如图 7-13 所示。

图 7-13　按钮组垂直布局效果

3. 控制按钮组大小

给含有 btn-group 类的容器中添加 btn-group-lg 或 btn-group-sm 类，可以设计按钮组的大小。

实例 12：设置控制按钮组大小（案例文件：ch07\7.12.html）

```
<!DOCTYPE html>
<html>
<head>
    <meta charset="UTF-8">
    <title>按钮组大小</title>
    <meta name="viewport"
content="width=device-width,initial-
scale=1, shrink-to-fit=no">
    <link rel="stylesheet" href=
"bootstrap-4.5.3-dist/css/bootstrap.css">
    <script src="jquery-3.5.1.slim.
js"></script>
    <script src="popper.js"></
script>
    <script src="bootstrap-4.5.3-
dist/js/bootstrap.min.js"></script>
</head>
<body class="container">
<h3 align="center">按钮组大小</h3>
<div class="btn-group btn-group-lg
mr-2">
    <button type="button" class="btn
btn-primary">箱包皮具</button>
    <button type="button" class="btn
btn-primary">珠宝黄金</button>
    </div><hr/>
```

```
<div class="btn-group mr-2">
    <button type="button" class="btn
btn-warning">旅行箱包</button>
    <button type="button" class="btn
btn-warning">潮流女包</button>
    </div><hr/>
    <div class="btn-group btn-group-sm">
        <button type="button"
class="btn btn-info">单肩包</button>
    <button type="button" class="btn
btn-info">双肩包</button>
        <button type="button"
class="btn btn-info">斜挎包</button>
    </div>
    </body>
    </html>
```

程序运行结果如图 7-14 所示。

图 7-14　按钮组不同大小效果

7.4　下拉菜单

下拉菜单是网页中常见的组件形式之一，可以说常见的网页中都有它的影子。一个设计新颖、美观的下拉菜单，会为网页增色不少。

7.4.1　定义下拉菜单

下拉菜单组件依赖于第三方 popper.js 插件实现，popper.js 插件提供了动态定位和浏览器窗口大小监测，所以在使用下拉菜单时确保引入了 popper.js 文件，并放在引用 Bootstrap.js 文件之前。

Bootstrap 中的下拉菜单组件有固定的基本结构，下拉菜单必须包含在 dropdown 类容器中，该容器包含下拉菜单的触发器和下拉菜单，下拉菜单必须包含在 dropdown-menu 类容器中。

基本结构如下：

```
<div class="dropdown">
    <button>触发按钮</button>
    <div class="dropdown-menu">下拉菜单内容</div>
</div>
```

如果下拉菜单组件不包含在 dropdown 类容器中，可以使用声明为 position: relative; 的元素。

```
<div style="position:relative;">
    <button>触发按钮</button>
    <div class="dropdown-menu">下拉菜单内容</div>
</div>
```

一般情况下使用从 `<a>` 或 `<button>` 触发下拉菜单，以适应使用的需求。

在下拉菜单基本结构中，通过为激活按钮添加 data-toggle="dropdown" 属性，可激活下拉菜单的交互行为；添加 .dropdown-toggle 类，来设置一个指示小三角。

```
<button type="button" class="btn btn-primary dropdown-toggle" data-toggle="dropdown">激活按钮</button>
```

激活按钮效果如图 7-15 所示。

在 Bootstrap 3 中，必须使用 `<a>` 来定义下拉菜单的菜单项，但在 Bootstrap 4 中，不仅仅可以使用 `<a>`，也可以使用 `<button>`。在 Bootstrap 4 中，不管是使用 `<a>` 还是 `<button>`，每个菜单项上都需要添加 dropdown-item 类。

图 7-15　激活按钮效果

下拉菜单的标准结构如下：

```
<div class="dropdown">
      <button class="btn btn-secondary dropdown-toggle" data-toggle="dropdown"
type="button">
        激活按钮
    </button>
    <div class="dropdown-menu">
        <a class="dropdown-item" href="#">菜单项1</a>
        <button class="dropdown-item" type="button">菜单项2</button>
    </div>
</div>
```

程序运行结果如图 7-16 所示。

图 7-16　下拉菜单效果

7.4.2 设计下拉按钮的样式

1. 分裂式按钮下拉菜单

首先在 <div class="dropdown"> 容器中添加按钮组 btn-group 类，然后设置两个近似的按钮来创建分列式按钮。在激活按钮中添加 .dropdown-toggle-split 类，减少水平方向的 padding 值，以使主按钮旁边拥有合适的空间。

> **实例 13：分裂式按钮下拉菜单（案例文件：ch07\7.13.html）**

```html
<!DOCTYPE html>
<html>
<head>
    <meta charset="UTF-8">
    <title>分裂式按钮下拉菜单</title>
        <meta name="viewport"
content="width=device-width,initial-
scale=1, shrink-to-fit=no">
        <link rel="stylesheet"
href="bootstrap-4.5.3-dist/css/
bootstrap.css">
        <script src="jquery-3.5.1.slim.
js"></script>
        <script src="popper.js"></
script>
        <script src="bootstrap-4.5.3-
dist/js/bootstrap.min.js"></script>
    </head>
    <h3 align="center">分裂式按钮下拉菜单
</h3>
    <div class="dropdown btn-group">
        <button class="btn btn-
secondary" type="button">箱包皮具
    </button>
        <button class="btn btn-
```

```html
secondary dropdown-toggle dropdown-
toggle-split" data-toggle="dropdown"
type="button">
        </button>
        <div class="dropdown-menu">
            <a class="dropdown-item"
href="#">旅行箱包</a>
            <button class="dropdown-
item" type="button">精品男包</button>
            <a class="dropdown-item"
href="#">潮流女包</a>
            <button class="dropdown-
item" type="button">精品皮带</button>
        </div>
    </div>
</html>
```

程序运行效果如图 7-17 所示。

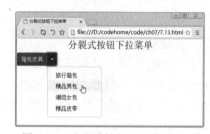

图 7-17 分裂式按钮下拉菜单效果

2. 设置菜单展开方向

默认情况下，菜单激活后是向下方展开，还可以设置向左、向右和向上展开，只需要把 <div class="dropdown"> 容器中 dropdown 类换成 dropleft（向左）、dropright（向右）或 dropup（向上）便可以实现不同的展开方向。

> **实例 14：设置菜单向上展开（案例文件：ch07\7.14.html）**

```html
<!DOCTYPE html>
<html>
<head>
    <meta charset="UTF-8">
    <title>向上展开菜单</title>
        <meta name="viewport"
content="width=device-width,initial-
scale=1, shrink-to-fit=no">
        <link rel="stylesheet"
href="bootstrap-4.5.3-dist/css/
bootstrap.css">
```

```html
        <script src="jquery-3.5.1.slim.
js"></script>
        <script src="popper.js"></
script>
        <script src="bootstrap-4.5.3-
dist/js/bootstrap.min.js"></script>
    </head>
    <body class="container">
    <h3 align="center">向上展开菜单</
h3><br /><br /><br /><br /><br />
    <div class="dropup">
        <button class="btn btn-
secondary dropdown-toggle" data-
toggle="dropdown" type="button">
        箱包皮具
```

```
        </button>
        <div class="dropdown-menu">
            <a class="dropdown-item"
href="#">旅行箱包</a>
            <button class="dropdown-
item" type="button">精品男包</button>
            <a class="dropdown-item"
href="#">潮流女包</a>
            <button class="dropdown-
item" type="button">精品皮带</button>
        </div>
    </div>
    </body>
    </html>
```

程序运行效果如图 7-18 所示。

图 7-18　下拉菜单向上展开效果

7.4.3　设计下拉菜单的样式

1. 设计菜单分割线

使用添加 dropdown-divider 类的容器（div），添加到需要的位置，便可实现分割线效果。

实例 15：设计菜单分割线（案例文件：ch07\7.15.html）

```
<!DOCTYPE html>
<html>
<head>
    <meta charset="UTF-8">
    <title>菜单项添加分割线</title>
    <meta name="viewport"
content="width=device-width,initial-
scale=1, shrink-to-fit=no">
    <link rel="stylesheet"
href="bootstrap-4.5.3-dist/css/
bootstrap.css">
    <script src="jquery-3.5.1.slim.
js"></script>
    <script src="popper.js"></
script>
    <script src="bootstrap-4.5.3-
dist/js/bootstrap.min.js"></script>
</head>
<body class="container">
<h3 align="center">菜单项添加分割线</
h3>
<div class="dropdown">
    <button class="btn btn-
secondary dropdown-toggle" data-
toggle="dropdown" type="button">
        惠丰商城
    </button>
    <div class="dropdown-menu">
        <button class="dropdown-
item" type="button">家用电器</button>
        <button class="dropdown-
```

```
item" type="button">电脑数码</button>
        <button class="dropdown-
item" type="button">男装女装</button>
        <div class="dropdown-
divider"></div>
        <button class="dropdown-
item" type="button">珠宝箱包</button>
        <button class="dropdown-
item" type="button">水果特产</button>
        <button class="dropdown-
item" type="button">男鞋女鞋</button>
    </div>
</div>
</body>
</html>
```

程序运行效果如图 7-19 所示。

图 7-19　菜单分割线效果

2. 激活和禁用菜单项

通过添加 .active 设置激活状态，添加 .disabled 设置禁用状态。

实例16：激活和禁用菜单项（案例文件：ch07\7.16.html）

```
<!DOCTYPE html>
<html>
<head>
    <meta charset="UTF-8">
        <title>菜单项激活和禁用状态</title>
        <meta name="viewport"
content="width=device-width,initial-
scale=1, shrink-to-fit=no">
        <link rel="stylesheet"
href="bootstrap-4.5.3-dist/css/
bootstrap.css">
        <script src="jquery-3.5.1.slim.
js"></script>
        <script src="popper.js"></
script>
        <script src="bootstrap-4.5.3-
dist/js/bootstrap.min.js"></script>
    </head>
    <body class="container">
    <h3 align="center">菜单项激活和禁用状
态</h3>
    <div class="dropdown">
        <button class="btn btn-
secondary dropdown-toggle" data-
toggle="dropdown" type="button">
            惠丰商城
        </button>
        <div class="dropdown-menu">
            <button class="dropdown-
item active" type="button">家用电器</
button>
            <button class="dropdown-
item" type="button">电脑数码</button>
            <button class="dropdown-
item" type="button">男装女装</button>
            <button class="dropdown-
item disabled " type="button">珠宝箱包</
button>
            <button class="dropdown-
item disabled " type="button">水果特产</
button>
        </div>
    </div>
    </body>
</html>
```

程序运行效果如图7-20所示。

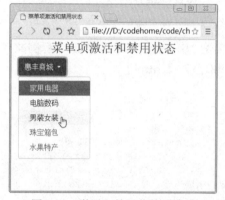

图7-20　激活和禁用菜单项效果

3. 设置菜单项对齐方式

默认情况下，下拉菜单自动从顶部和左侧进行定位，可以为 <div class="dropdown-menu"> 容器添加 dropdown-menu-right 类设置右侧对齐。

> **注意**：菜单项对齐需要依赖 popper.js 文件，需要 <head> 中引入该文件。

实例17：设置菜单项对齐方式（案例文件：ch07\7.17.html）

```
<!DOCTYPE html>
<html>
<head>
    <meta charset="UTF-8">
    <title>菜单项对齐</title>
        <meta name="viewport"
content="width=device-width,initial-
scale=1, shrink-to-fit=no">
        <link rel="stylesheet"
href="bootstrap-4.5.3-dist/css/
bootstrap.css">
        <script src="jquery-3.5.1.slim.
js"></script>
        <script src="popper.js"></
script>
        <script src="bootstrap-4.5.3-
dist/js/bootstrap.min.js"></script>
    </head>
    <body class="container text-
center">
    <h3 align="center">菜单项右对齐</h3>
    <div class="dropdown">
        <button class="btn btn-
secondary dropdown-toggle" data-
toggle="dropdown" type="button">
            惠丰商城
        </button>
        <div class="dropdown-menu
dropdown-menu-right">
            <button class="dropdown-
```

```
item" type="button">家用电器</button>
                <button class="dropdown-
item" type="button">电脑数码</button>
                <button class="dropdown-
item" type="button">男装女装</button>
                <button class="dropdown-
item " type="button">珠宝箱包</button>
                <button class="dropdown-
item " type="button">水果特产</button>
        </div>
    </div>
    </body>
    </html>
```

程序运行效果如图 7-21 所示。

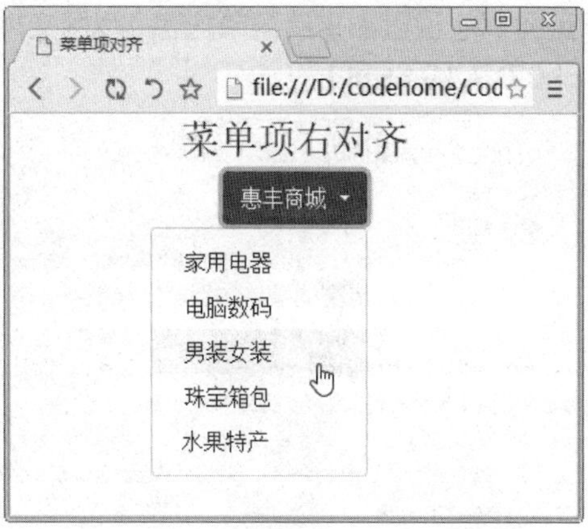

图 7-21　菜单项对齐效果

4. 菜单的偏移

在下拉菜单中，还可以设置菜单的偏移量，通过为激活按钮添加 data-offset 属性来实现。在下面的示例中，设置 data-offset="200,60"。

实例18：设置菜单的偏移效果（案例文件：ch07\7.18.html）

```
<!DOCTYPE html>
<html>
<head>
    <meta charset="UTF-8">
    <title>设置菜单的偏移量</title>
        <meta name="viewport"
content="width=device-width,initial-
scale=1, shrink-to-fit=no">
        <link rel="stylesheet"
href="bootstrap-4.5.3-dist/css/
bootstrap.css">
        <script src="jquery-3.5.1.slim.
js"></script>
        <script src="popper.js"></
script>
        <script src="bootstrap-4.5.3-
dist/js/bootstrap.min.js"></script>
    </head>
    <body class="container">
    <h3 align="center">设置菜单的偏移量</
h3>
    <div class="dropdown mr-1">
        <button type="button"
class="btn btn-secondary dropdown-
toggle" data-toggle="dropdown" data-
offset="200,60">
            激活按钮
        </button>
        <div class="dropdown-menu
```

```
dropdown-menu-right">
                <button class="dropdown-
item" type="button">家用电器</button>
                <button class="dropdown-
item" type="button">电脑数码</button>
                <button class="dropdown-
item" type="button">男装女装</button>
                <button class="dropdown-
item " type="button">珠宝箱包</button>
                <button class="dropdown-
item " type="button">水果特产</button>
        </div>
    </div>
    </body>
    </html>
```

程序运行效果如图 7-22 所示。

图 7-22　菜单的偏移效果

5. 设置丰富的菜单内容

在下拉菜单中不仅仅可以添加菜单项，还可以添加其他内容，例如：菜单项标题、文本、表单等。

实例19：设置丰富的菜单内容（案例文件：ch07\7.19.html）

```
<!DOCTYPE html>
<html>
<head>
    <meta charset="UTF-8">
    <title>丰富的菜单内容</title>
    <meta name="viewport"
content="width=device-width,initial-
scale=1, shrink-to-fit=no">
    <link rel="stylesheet"
href="bootstrap-4.5.3-dist/css/
bootstrap.css">
    <script src="jquery-3.5.1.slim.
js"></script>
    <script src="popper.js"></
script>
    <script src="bootstrap-4.5.3-
dist/js/bootstrap.min.js"></script>
</head>
<body class="container">
<h3 align="center">丰富的菜单内容</
h3>
<div class="dropdown">
    <button type="button" class="btn
btn-primary dropdown-toggle position-
relative" data-toggle="dropdown">
        老码识途课堂
    </button>
    <div class="dropdown-menu"
style="max-width: 300px;">
        <h6 class="dropdown-header"
type="button">经典课程</h6>
```

```
        <button class="dropdown-
item" type="button">热门课程</button>
        <button class="dropdown-
item" type="button">技术支持</button>
        <hr>
        <p class="mx-3">老码识途课堂
为读者提供核心技术的培训和指导。</p>
        <hr>
        <form action=""
class="mx-3">
            <input type="text"
placeholder="姓名"><br/>
            <textarea
type="textarea" cols="22" rows="4"
placeholder="技术疑难问题"></textarea>
        </form>
    </div>
</div>
</body>
</html>
```

程序运行效果如图 7-23 所示。

图 7-23　菜单内容效果

7.5　导航组件

导航组件包括标签页导航和胶囊导航，并提供了它们的激活样式；还可以在导航中添加下拉菜单。不仅如此，还提供了不同的样式类，来设计导航的风格和布局。

7.5.1　定义导航

Bootstrap 中提供的导航可共享通用标记和样式，例如基础的 nav 样式类和活动与禁用状态类。基础的 nav 组件采用 Flexbox 弹性布局构建，并为构建所有类型的导航组件提供了坚实的基础，包括一些样式覆盖。

Bootstrap 导航组件一般以列表结构为基础进行设计，在 <ul> 上添加 nav 类，在每个 <li> 选项上添加 nav-item 类，在每个链接上添加 nav-link 类。

```
<ul class="nav">
    <li class="nav-item">
        <a class="nav-link"
href="#">首页</a>
    </li>
```

```
    <li class="nav-item">
        <a class="nav-link"
href="#">热门课程</a>
    </li>
    <li class="nav-item">
```

```
            <a class="nav-link"
href="#">技术支持</a>
        </li>
        <li class="nav-item">
            <a class="nav-link "
href="#">联系我们</a>
        </li>
    </ul>
```

Bootstrap 4 中，nav 类可以使用在其他元素上，非常灵活，不仅仅可以在 <ul> 列表中使用，也可以自定义一个 <nav> 元素。因为 nav 类基于 Flexbox 弹性盒子定义，导航链接的行为与导航项目相同，不需要额外的标记。

实例 20：定义导航（案例文件：ch07\7.20.html）

```
<!DOCTYPE html>
<html>
<head>
    <meta charset="UTF-8">
    <title>定义导航</title>
    <meta name="viewport"
content="width=device-width,initial-
scale=1, shrink-to-fit=no">
    <link rel="stylesheet"
href="bootstrap-4.5.3-dist/css/
bootstrap.css">
```

```
    <script src="jquery-3.5.1.slim.
js"></script>
        <script src="popper.js"></
script>
        <script src="bootstrap-4.5.3-
dist/js/bootstrap.min.js"></script>
    </head>
    <body>
    <nav class="nav">
        <a class="nav-link active"
href="#">首页</a>
        <a class="nav-link" href="#">热
门课程</a>
        <a class="nav-link" href="#">技
术支持</a>
        <a class="nav-link " href="#">
联系我们</a>
    </nav>
    </body>
    </html>
```

程序运行结果如图 7-24 所示。

图 7-24　导航效果

7.5.2　设计导航的布局

1. 水平对齐布局

默认情况下，导航是左对齐，使用 Flexbox 布局属性可轻松地更改导航的水平对齐方式。

（1）.justify-content-center：设置导航水平居中。

（2）.justify-content-end：设置导航右对齐。

实例 21：设置导航水平方向对齐（案例文件：ch07\7.21.html）

```
<!DOCTYPE html>
<html>
<head>
    <meta charset="UTF-8">
    <title>设置导航水平方向对齐</
title>
    <meta name="viewport"
content="width=device-width,initial-
scale=1, shrink-to-fit=no">
    <link rel="stylesheet"
href="bootstrap-4.5.3-dist/css/
bootstrap.css">
    <script src="jquery-3.5.1.slim.
js"></script>
```

```
    <script src="popper.js"></
script>
        <script src="bootstrap-4.5.3-
dist/js/bootstrap.min.js"></script>
    </head>
    <body class="container border">
    <h3 align="center">水平方向居中对齐</
h3>
    <ul class="nav justify-content-
center">
        <li class="nav-item">
            <a class="nav-link active"
href="#">热门课程</a>
        </li>
        <li class="nav-item">
            <a class="nav-link"
href="#">经典教材</a>
```

```
            </li>
            <li class="nav-item">
                    <a class="nav-link"
href="#">技术支持</a>
            </li>
            <li class="nav-item">
                    <a class="nav-link "
href="#">联系我们</a>
            </li>
        </ul>
        <h3 align="center">水平方向右对齐</h3>
        <ul class="nav justify-content-end">
            <li class="nav-item">
                    <a class="nav-link active"
href="#">热门课程</a>
            </li>
            <li class="nav-item">
                    <a class="nav-link"
href="#">经典教材</a>
            </li>
            <li class="nav-item">
```

```
                    <a class="nav-link"
href="#">技术支持</a>
            </li>
            <li class="nav-item">
                    <a class="nav-link "
href="#">联系我们</a>
            </li>
        </ul>
        </body>
        </html>
```

程序运行结果如图 7-25 所示。

图 7-25　导航水平对齐效果

2. 垂直对齐布局

使用 .flex-column 类可以设置导航的垂直布局。如果只需要在特定的 viewport 屏幕下垂直布局，还可以定义响应式类，例如 flex-sm-column 类，表示只在小屏设备（<768px）上导航垂直布局。

实例 22：设置垂直对齐布局（案例文件：ch07\7.22.html）

```
<!DOCTYPE html>
<html>
<head>
    <meta charset="UTF-8">
    <title>垂直对齐布局</title>
        <meta name="viewport"
content="width=device-width,initial-
scale=1, shrink-to-fit=no">
        <link rel="stylesheet"
href="bootstrap-4.5.3-dist/css/
bootstrap.css">
        <script src="jquery-3.5.1.slim.
js"></script>
        <script src="bootstrap-4.5.3-
dist/js/bootstrap.min.js"></script>
    </head>
    <body class="container">
    <h3 align="center">垂直方向布局</h3>
    <ul class="nav flex-column border">
        <li class="nav-item">
                <a class="nav-link active"
href="#">家用电器</a>
        </li>
        <li class="nav-item">
                <a class="nav-link"
href="#">电脑办公</a>
        </li>
        <li class="nav-item">
```

```
                <a class="nav-link"
href="#">家装厨具</a>
        </li>
        <li class="nav-item">
                <a class="nav-link"
href="#">箱包钟表</a>
        </li>
        <li class="nav-item">
                <a class="nav-link"
href="#">食品生鲜</a>
        </li>
        <li class="nav-item">
                <a class="nav-link"
href="#">礼品鲜花</a>
        </li>
    </ul>
    </body>
    </html>
```

程序运行结果如图 7-26 所示。

图 7-26　导航垂直布局效果

7.5.3 设计导航的风格

1. 设计标签页导航

为导航添加 nav-tabs 类可以实现标签页导航，然后对选中的选项使用 active 类进行标记。

实例 23：设计标签页导航（案例文件：ch07\7.23.html）

```
<!DOCTYPE html>
<html>
<head>
    <meta charset="UTF-8">
    <title>标签页导航</title>
    <meta name="viewport"
content="width=device-width,initial-
scale=1, shrink-to-fit=no">
    <link rel="stylesheet"
href="bootstrap-4.5.3-dist/css/
bootstrap.css">
    <script src="jquery-3.5.1.slim.
js"></script>
    <script src="bootstrap-4.5.3-
dist/js/bootstrap.min.js"></script>
</head>
<body class="container">
<h3 align="center">标签页导航</h3>
<ul class="nav nav-tabs">
    <li class="nav-item">
        <a class="nav-link active"
href="#">热门课程</a>
    </li>
    <li class="nav-item">
        <a class="nav-link"
href="#">经典教材</a>
    </li>
    <li class="nav-item">
        <a class="nav-link"
href="#">技术支持</a>
    </li>
    <li class="nav-item">
        <a class="nav-link
disabled" href="#">联系我们</a>
    </li>
</ul>
</body>
</html>
```

程序运行结果如图 7-27 所示。

图 7-27　标签页导航效果

标签页导航可以结合 Bootstrap 中的下拉菜单组件，来设计带下拉菜单的标签页导航。

实例 24：设计带下拉菜单的标签页导航（案例文件：ch07\7.24.html）

```
<!DOCTYPE html>
<html>
<head>
    <meta charset="UTF-8">
    <title>带下拉菜单的标签页导航</
title>
    <meta name="viewport"
content="width=device-width,initial-
scale=1, shrink-to-fit=no">
    <link rel="stylesheet"
href="bootstrap-4.5.3-dist/css/
bootstrap.css">
    <script src="jquery-3.5.1.slim.
js"></script>
    <script src="popper.js"></
script>
    <script src="bootstrap-4.5.3-
dist/js/bootstrap.min.js"></script>
</head>
<body class="container">
<h3 align="center">带下拉菜单的标签页
导航</h3>
<ul class="nav nav-tabs">
    <li class="nav-item">
        <a class="nav-link active"
href="#">经典教材</a>
    </li>
    <li class="nav-item dropdown">
        <a class="nav-link
dropdown-toggle" data-toggle="dropdown"
href="#">热门课程</a>
        <div class="dropdown-menu">
            <a class="dropdown-item
active" href="#">网络安全训练营</a>
            <a class="dropdown-
item" href="#">Python智能开发训练营</a>
            <a class="dropdown-
item" href="#">网站开发训练营</a>
            <a class="dropdown-
item" href="#">Java开发训练营</a>
        </div>
    </li>
    <li class="nav-item">
        <a class="nav-link"
href="#">技术支持</a>
```

```
                </li>
        <li class="nav-item">
                <a class="nav-link
disabled" href="#">联系我们</a>
        </li>
    </ul>
    </body>
    </html>
```

程序运行结果如图 7-28 所示。

图 7-28　带下拉菜单的标签页导航效果

2. 设计胶囊式导航

为导航添加 nav-pills 类可以实现胶囊式导航，然后对选中的选项使用 active 类进行标记。

实例 25：设计胶囊式导航（案例文件：ch07\7.25.html）

```
<!DOCTYPE html>
<html>
<head>
    <meta charset="UTF-8">
    <title>胶囊式导航</title>
        <meta name="viewport"
content="width=device-width,initial-
scale=1, shrink-to-fit=no">
        <link rel="stylesheet"
href="bootstrap-4.5.3-dist/css/
bootstrap.css">
        <script src="jquery-3.5.1.slim.
js"></script>
        <script src="popper.js"></
script>
        <script src="bootstrap-4.5.3-
dist/js/bootstrap.min.js"></script>
    </head>
    <body class="container">
    <h3 align="center">胶囊式导航</h3>
    <ul class="nav nav-pills">
        <li class="nav-item">
            <a class="nav-link active"
href="#">经典教材</a>
        </li>
        <li class="nav-item">
                <a class="nav-link"
href="#">热门课程</a>
        </li>
        <li class="nav-item">
                <a class="nav-link"
href="#">技术支持</a>
        </li>
        <li class="nav-item">
                <a class="nav-link"
href="#">联系我们</a>
        </li>
    </ul>
    </body>
    </html>
```

程序运行结果如图 7-29 所示。

图 7-29　胶囊式导航效果

胶囊式导航可以结合 Bootstrap 中的下拉菜单组件，来设计带下拉菜单的胶囊式导航。

实例 26：设计带下拉菜单的胶囊式导航（案例文件：ch07\7.26.html）

```
<!DOCTYPE html>
<html>
<head>
    <meta charset="UTF-8">
        <title>带下拉菜单的胶囊式导航</
title>
        <meta name="viewport"
content="width=device-width,initial-
scale=1, shrink-to-fit=no">
        <link rel="stylesheet"
href="bootstrap-4.5.3-dist/css/
bootstrap.css">
        <script src="jquery-3.5.1.slim.
js"></script>
        <script src="popper.js"></
script>
        <script src="bootstrap-4.5.3-
dist/js/bootstrap.min.js"></script>
    </head>
    <body class="container">
    <h3 align="center">带下拉菜单的胶囊式
导航</h3>
    <ul class="nav nav-pills">
        <li class="nav-item">
```

```
                    <a class="nav-link"
href="#">经典教材</a>
            </li>
            <li class="nav-item dropdown">
                    <a class="nav-link
dropdown-toggle" data-toggle="dropdown"
href="#">热门课程</a>
                    <div class="dropdown-menu">
                    <a class="dropdown-item
active" href="#">网络安全训练营</a>
                    <a class="dropdown-
item" href="#">Python智能开发训练营</a>
                    <a class="dropdown-
item" href="#">网站开发训练营</a>
                    <a class="dropdown-
item" href="#">Java开发训练营</a>
            </div>
            </li>
            <li class="nav-item">
                    <a class="nav-link"
href="#">技术支持</a>
            </li>
```

```
            <li class="nav-item">
                    <a class="nav-link"
href="#">联系我们</a>
            </li>
        </ul>
    </body>
</html>
```

程序运行结果如图 7-30 所示。

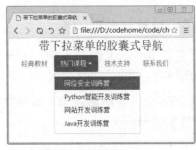

图 7-30　带下拉菜单的胶囊式导航效果

3. 填充和对齐

对于导航的内容有一个扩展类 nav-fill，nav-fill 类会将含有 nav-item 类的元素按照比例分配空间。

> **注意**：nav-fill 类是分配导航所有的水平空间，不是设置每个导航项目的宽度相同。

实例 27：设置导航的填充和对齐（案例文件：ch07\7.27.html）

```
<!DOCTYPE html>
<html>
<head>
    <meta charset="UTF-8">
    <title>填充和对齐</title>
        <meta name="viewport"
content="width=device-width,initial-
scale=1, shrink-to-fit=no">
        <link rel="stylesheet"
href="bootstrap-4.5.3-dist/css/
bootstrap.css">
        <script src="jquery-3.5.1.slim.
js"></script>
        <script src="bootstrap-4.5.3-
dist/js/bootstrap.min.js"></script>
    </head>
    <body class="container">
    <h3 align="center">填充和对齐</h3>
    <ul class="nav nav-pills nav-fill">
        <li class="nav-item">
            <a class="nav-link active"
href="#">经典教材</a>
        </li>
```

```
        <li class="nav-item">
                <a class="nav-link"
href="#">热门课程</a>
        </li>
        <li class="nav-item">
                <a class="nav-link"
href="#">技术支持</a>
        </li>
        <li class="nav-item">
                <a class="nav-link"
href="#">联系我们</a>
        </li>
    </ul>
    </body>
</html>
```

程序运行结果如图 7-31 所示。

图 7-31　填充和对齐效果

当使用 `<nav>` 定义导航时，需要在超链接上添加 nav-item 类，才能实现填充和对齐。具体代码如下：

```
<body class="container">
<h3 class="mb-4">填充和对齐</h3>
<nav class="nav nav-pills nav-fill">
    <a class="nav-item nav-link
```

```
active" href="#">经典教材</a>
    <a class="nav-item nav-link"
href="#">热门课程</a>
        <a class="nav-item nav-link"
href="#">技术支持</a>
        <a class="nav-item nav-link "
href="#">联系我们</a>
    </nav>
    </body>
```

7.5.4　设计导航选项卡

导航选项卡就像 tab 栏一样，切换 tab 栏中每个项可以切换对应内容框中的内容。在 Bootstrap 4 中，导航选项卡一般在标签页导航和胶囊式导航的基础上实现。

实例 28：设计导航选项卡（案例文件：ch07\7.28.html）

设计并激活标签页导航和胶囊式导航。为每个导航项上的超链接定义 data-toggle="tab" 或 data-toggle="pill" 属性，激活导航的交互行为。在导航结构基础上添加内容包含框，使用 tab-content 类定义内容显示框。在内容包含框中插入与导航结构对应的多个子内容框，并使用 tab-pane 进行定义。为每个内容框定义 id 值，并在导航项中为超链接绑定锚链接。

```
<!DOCTYPE html>
<html>
<head>
    <meta charset="UTF-8">
    <title>胶囊导航选项卡</title>
        <meta name="viewport"
content="width=device-width,initial-
scale=1, shrink-to-fit=no">
        <link rel="stylesheet"
href="bootstrap-4.5.3-dist/css/
bootstrap.css">
        <script src="jquery-3.5.1.slim.
js"></script>
        <script src="popper.js"></
script>
        <script src="bootstrap-4.5.3-
dist/js/bootstrap.min.js"></script>
    </head>
    <body class="container">
    <h3 align="center">胶囊导航选项卡</
h3>
    <ul class="nav nav-pills">
        <li class="nav-item">
            <a class="nav-link active"
data-toggle="pill" href="#head">经典教材
</a>
        </li>
        <li class="nav-item">
```

```
        <a class="nav-link" data-
toggle="pill" href="#new">热门课程</a>
        </li>
        <li class="nav-item">
            <a class="nav-link" data-
toggle="pill" href="#template">技术支持
</a>
        </li>
        <li class="nav-item">
            <a class="nav-link" data-
toggle="pill" href="#about">联系我们</a>
        </li>
    </ul>
    <div class="tab-content">
        <div class="tab-pane active"
id="head">这里包含网站开发，编程开发和网络安
全方面的经典教材</div>
        <div class="tab-pane" id="new">
这里包含网站开发，编程开发和网络安全方面的视频
课程</div>
        <div class="tab-pane"
id="template">读者遇到技术问题可以留言</
div>
        <div class="tab-pane"
id="about">联系公众号：老码识途课堂</div>
    </div>
    </body>
    </html>
```

运行程序，然后切换到"热门课程"选项卡，内容也相应的切换，效果如图 7-32 所示。

图 7-32　胶囊导航选项卡效果

> **提示**：可以为每个 tab-pane 添加 fade 类来实现淡入效果。具体代码如下：
>
> ```html
> <div class="tab-content">
>     <div class="tab-pane fade show active " id="head">这里包含网站开发，编程开发和网络安全方面的经典教材</div>
>     <div class="tab-pane fade " id="new">这里包含网站开发，编程开发和网络安全方面的视频课程</div>
>     <div class="tab-pane fade " id="template">读者遇到技术问题可以留言</div>
>     <div class="tab-pane fade " id="about">联系公众号：老码识途课堂</div>
> </div>
> ```

还可以利用网格系统布局，设置垂直形式的胶囊导航选项卡。

实例 29：设置垂直形式的胶囊导航选项卡（案例文件：ch07\7.29.html）

```html
<!DOCTYPE html>
<html>
<head>
    <meta charset="UTF-8">
    <title>垂直形式的胶囊导航选项卡</title>
    <meta name="viewport" content="width=device-width,initial-scale=1, shrink-to-fit=no">
    <link rel="stylesheet" href="bootstrap-4.5.3-dist/css/bootstrap.css">
    <script src="jquery-3.5.1.slim.js"></script>
    <script src="popper.js"></script>
    <script src="bootstrap-4.5.3-dist/js/bootstrap.min.js"></script>
</head>
<body class="container">
<h3 align="center">垂直形式的胶囊导航选项卡</h3>
<div class="row">
    <div class="col-4">
        <ul class="nav nav-pills">
            <li class="nav-item">
                <a class="nav-link active" data-toggle="pill" href="#head">经典教材</a>
            </li>
            <li class="nav-item">
                <a class="nav-link" data-toggle="pill" href="#new">热门课程</a>
            </li>
            <li class="nav-item">
                <a class="nav-link" data-toggle="pill" href="#template">技术支持</a>
            </li>
            <li class="nav-item">
                <a class="nav-link" data-toggle="pill" href="#about">联系我们</a>
            </li>
        </ul>
    </div>
    <div class="col-8">
        <div class="tab-content">
            <div class="tab-pane active" id="head">这里包含网站开发，编程开发和网络安全方面的经典教材</div>
            <div class="tab-pane" id="new">这里包含网站开发，编程开发和网络安全方面的视频课程</div>
            <div class="tab-pane" id="template">读者遇到技术问题可以留言</div>
            <div class="tab-pane" id="about">联系公众号：老码识途课堂</div>
        </div>
    </div>
</div>
</body>
</body>
</html>
```

程序运行，然后切换到"联系我们"选项卡，内容也相应的切换，效果如图7-33所示。

图 7-33　垂直形式的胶囊导航选项卡效果

7.6 超大屏幕

超大屏幕（Jumbotron）是一个轻量、灵活的组件，可以选择性地扩展到整个视口，以展示网站上的重要内容。

7.6.1 定义超大屏幕

超大屏幕是一个使用 jumbotron 类定义的一个包含框，里面可以根据需要添加相应的内容。Bootstrap 4 中 jumbotron 类的代码如下：

```css
.jumbotron {
    padding: 2rem 1rem;
    margin-bottom: 2rem;
    background-color: #e9ecef;
    border-radius: 0.3rem;
}
```

可以看到 jumbotron 类定义了灰色背景和 0.3rem 的圆角效果。

实例 30：设计超大屏幕（案例文件：ch07\7.30.html）

```html
<!DOCTYPE html>
<html>
<head>
    <meta charset="UTF-8">
    <title>设计超大屏幕</title>
    <meta name="viewport"
content="width=device-width,initial-
scale=1, shrink-to-fit=no">
    <link rel="stylesheet"
href="bootstrap-4.5.3-dist/css/
bootstrap.css">
    <script src="jquery-3.5.1.slim.
js"></script>
    <script src="popper.js"></
script>
    <script src="bootstrap-4.5.3-
dist/js/bootstrap.min.js"></script>
</head>
<body class="container">
<h3 align="center">超大屏幕</h3>
<div class="jumbotron">
    <h1 class="display-4">热门课程</
h1>
    <p class="lead">Java开发训练营
Python智能开发训练营</p>
```

```html
    <p class="lead">网络安全训练营 网
站开发训练营</p>
    <hr class="my-4">
    <p class="lead">老码识途课堂，打造
1对1私人定制课程。</p>
    <a class="btn btn-primary btn-
lg" href="#">更多信息...</a>
</div>
</body>
</html>
```

程序运行结果如图 7-34 所示。

图 7-34　超大屏幕效果

7.6.2 设计风格

如果想要超大屏占满当前浏览器宽度并且不带有圆角，只要添加 .jumbotron-fluid 类，并在里面添加一个 container 或 container-fluid 类，来设置间隔空间即可。

实例 31: 设计占满全屏宽度的超大屏幕(案例文件: ch07\7.31.html)

```
<!DOCTYPE html>
<html>
<head>
    <meta charset="UTF-8">
    <title>设计占满全屏宽度的超大屏幕</title>
    <meta name="viewport" content="width=device-width,initial-scale=1, shrink-to-fit=no">
    <link rel="stylesheet" href="bootstrap-4.5.3-dist/css/bootstrap.css">
    <script src="jquery-3.5.1.slim.js"></script>
    <script src="popper.js"></script>
    <script src="bootstrap-4.5.3-dist/js/bootstrap.min.js"></script>
</head>
<body>
    <h3 align="center">超大屏幕（全屏效果）</h3>
    <div class="jumbotron jumbotron-fluid">
        <div class="container">
        <h1 class="display-4">热门课程</h1>
        <p class="lead">Java开发训练营 Python智能开发训练营</p>
        <p class="lead">网络安全训练营 网站开发训练营</p>
        <hr class="my-4">
            <p class="lead">老码识途课堂，打造1对1私人定制课程。</p>
            <a class="btn btn-primary btn-lg" href="#">更多信息...</a>
        </div>
    </div>
</body>
</html>
```

程序运行结果如图 7-35 所示。

图 7-35　占满全屏宽度效果

7.7　新手常见疑难问题

疑问 1: 如何设置下拉菜单中按钮的大小?

在 Bootstrap 4 中可以使用按钮组件的样式（.btn-lg 或 .btn-sm）来设置下拉菜单按钮的大小。例如以下代码：

```
<button class="btn btn-secondary dropdown-toggle btn-lg" data-toggle="dropdown" type="button">
    大按钮效果（btn-lg）
</button>
<button class="btn btn-secondary dropdown-toggle btn-sm" data-toggle="dropdown" type="button">
    小按钮效果（btn-sm）
</button>
```

疑问 2: 如何设置导航两端对齐效果?

在 Bootstrap 4 中可以使用 nav-justified 类来设计标签页或胶囊式标签呈现出两端对齐效果。例如以下代码：

```
<ul class="nav nav-tabs nav-justified" >
    <li class="active"><a href="#">经典教材</a></li>
    <li class="active"><a href="#">热门课程</a></li>
    <li class="active"><a href="#">技术支持</a></li>
    <li class="active"><a href="#">联系我们</a></li>
</ul>
```

7.8　实战技能训练营

实战 1: 设计网站广告牌效果

本案例使用 jumbotron 组件设计广告牌，展示网站主要内容。首先使用超大屏组件设计广告牌，添加 rgba 背景色，然后在外层添加一个容器，并设置背景图片。程序运行结果如图 7-36 所示。

实战 2: 设计具有淡入效果的导航选项卡

本案例设计具有淡入效果的导航选项卡，单击 tab 栏中每个项可以切换对应内容框中的图片。程序运行结果如图 7-37 所示。

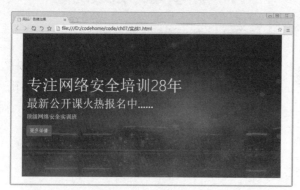

图 7-36　网站广告牌效果

图 7-37　具有淡入效果的导航选项卡

第8章　精通CSS组件

📖 **本章导读**

Bootstrap 通过组合 HTML、CSS 和 JavaScript 代码，设计出丰富的流行组件。例如，徽章、警告框、媒体对象、进度条、导航条等。使用这些组件可以轻松地搭建出清新的界面，还可以提高用户的交互体验。本章重点学习这些组件的使用方法和技巧。

📑 **知识导图**

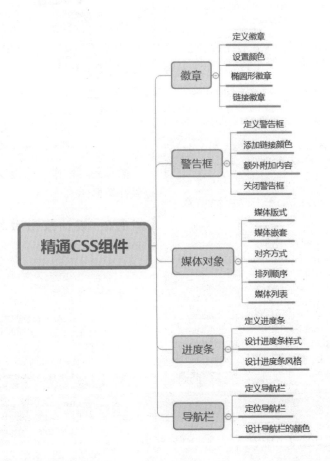

8.1 徽章

徽章组件（Badges）主要用于突出显示新的或未读的内容，在 E-mail 客户端很常见。

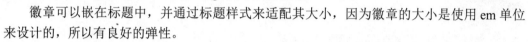

8.1.1 定义徽章

通常使用 \<span\> 标签，添加 badge 类来设计徽章。

徽章可以嵌在标题中，并通过标题样式来适配其大小，因为徽章的大小是使用 em 单位来设计的，所以有良好的弹性。

实例 1：标题中添加徽章（案例文件：ch08\8.1.html）

```
<!DOCTYPE html>
<html>
<head>
    <meta charset="UTF-8">
    <title>标题中添加徽章</title>
        <meta name="viewport"
content="width=device-width,initial-
scale=1, shrink-to-fit=no">
        <link rel="stylesheet"
href="bootstrap-4.5.3-dist/css/
bootstrap.css">
        <script src="jquery-3.5.1.slim.
js"></script>
        <script src="bootstrap-4.5.3-
dist/js/bootstrap.min.js"></script>
    </head>
    <body class="container">
    <h3 align="center">标题中添加徽章
</h3>
    <h1>标题1 <span class="badge badge-
secondary">徽章</span></h1>
    <h2>标题2 <span class="badge badge-
secondary">徽章</span></h2>
    <h3>标题3 <span class="badge badge-
secondary">徽章</span></h3>
    <h4>标题4 <span class="badge badge-
secondary">徽章</span></h4>
    <h5>标题5 <span class="badge badge-
secondary">徽章</span></h5>
    <h6>标题6 <span class="badge badge-
secondary">徽章</span></h6>
    </body>
    </html>
```

程序运行结果如图 8-1 所示。

图 8-1 徽章效果

徽章还可以作为链接或按钮的一部分来提供计数器。

实例 2：设计按钮徽章（案例文件：ch08\8.2.html）

```
<!DOCTYPE html>
<html>
<head>
    <meta charset="UTF-8">
        <title>按钮、链接中添加徽章</
title>
        <meta name="viewport"
content="width=device-width,initial-
scale=1, shrink-to-fit=no">
        <link rel="stylesheet" href=
"bootstrap-4.5.3-dist/css/bootstrap.css">
        <script src="jquery-3.5.1.slim.
js"></script>
        <script src="bootstrap-4.5.3-
dist/js/bootstrap.min.js"></script>
    </head>
```

```html
<body class="container">
    <h3 align="center">按钮、链接中添加徽
章</h3>
    <button type="button" class="btn
btn-primary">
            按钮<span class="badge badge-
light ml-4">1</span>
    </button>
    <button type="button" class="btn
btn-danger">
            按钮<span class="badge badge-
light ml-4">2</span>
    </button>
    <button type="button" class="btn
btn-success">
            链接<span class="badge badge-
light ml-4">3</span>
    </button>
```

```html
    <a href="#" class="btn btn-
warning">
            链接<span class="badge badge-
light ml-4">4</span>
    </a>
    </body>
    </html>
```

程序运行结果如图 8-2 所示。

图 8-2　按钮徽章效果

> **提示**：徽章不仅仅只能在标题、链接和按钮中添加，还可以根据场景在其他元素中添加，以实现想要的效果。

8.1.2　设置颜色

Bootstrap 4 中为徽章定制了一系列的颜色类，各个颜色类的含义如下。

（1）badge-primary：重要，通过醒目的彩色设计（深蓝色），提示浏览者注意阅读。

（2）badge-secondary：次要，通过灰色的视觉变化进行提示。

（3）badge-success：成功，通过积极的亮绿色表示成功或积极的动作。

（4）badge-danger：危险，通过红色提醒危险操作信息。

（5）badge-warning：警告，通过黄色提醒应该谨慎操作。

（6）badge-info：信息，通过浅蓝色提示相关信息。

（7）badge-light：明亮的白色。

（8）badge-dark：深深的黑色。

实例 3：设置徽章的颜色（案例文件：ch08\8.3.html）

```html
<!DOCTYPE html>
<html>
<head>
    <meta charset="UTF-8">
    <title>设置徽章的颜色</title>
        <meta name="viewport"
content="width=device-width,initial-
scale=1, shrink-to-fit=no">
        <link rel="stylesheet"
href="bootstrap-4.5.3-dist/css/
bootstrap.css">
        <script src="jquery-3.5.1.slim.
js"></script>
        <script src="bootstrap-4.5.3-
dist/js/bootstrap.min.js"></script>
```

```html
    </head>
    <body class="container">
    <h3 align="center">设置徽章的颜色</
h3>
    <span class="badge badge-primary">
主要</span>
    <span class="badge badge-
secondary">次要</span>
    <span class="badge badge-success">
成功</span>
    <span class="badge badge-danger">危
险</span>
    <span class="badge badge-warning">
警告</span>
    <span class="badge badge-info">信息
</span>
    <span class="badge badge-light">明亮
</span>
```

```html
        <span class="badge badge-dark">深色
</span>
        </body>
        </html>
```

程序运行结果如图 8-3 所示。

图 8-3　徽章颜色效果

8.1.3　椭圆形徽章

椭圆形徽章是 Bootstrap 4 中新增加的一个样式，使用 .badge-pill 类进行定义。.badge-pill 类代码如下：

```css
.badge-pill {
    padding-right: 0.6em;
    padding-left: 0.6em;
    border-radius: 10rem;
}
```

设置了水平内边距和较大的圆角边框，使徽章看起来更圆润。

实例 4：设计椭圆形徽章（案例文件：ch08\8.4.html）

```html
        <!DOCTYPE html>
        <html>
        <head>
            <meta charset="UTF-8">
            <title>椭圆形徽章</title>
            <meta name="viewport"
content="width=device-width,initial-
scale=1, shrink-to-fit=no">
            <link rel="stylesheet" href=
"bootstrap-4.5.3-dist/css/bootstrap.css">
            <script src="jquery-3.5.1.slim.
js"></script>
            <script src="bootstrap-4.5.3-
dist/js/bootstrap.min.js"></script>
        </head>
        <body class="container">
        <h3 align="center">椭圆形徽章</h3>
        <span class="badge badge-pill
badge-primary">主要</span>
        <span class="badge badge-pill
badge-secondary">次要</span>
```

```html
        <span class="badge badge-pill
badge-success">成功</span>
        <span class="badge badge-pill
badge-danger">危险</span>
        <span class="badge badge-pill
badge-warning">警告</span>
        <span class="badge badge-pill
badge-info">信息</span>
        <span class="badge badge-pill
badge-light">明亮</span>
        <span class="badge badge-pill
badge-dark">深色</span>
        </body>
        </html>
```

程序运行结果如图 8-4 所示。

图 8-4　椭圆形徽章效果

8.1.4　链接徽章

.badge-* 类也可以在 <a> 元素上使用，并实现悬停、焦点等状态效果。

实例 5：链接徽章（案例文件：ch08\8.5.html）

```html
        <!DOCTYPE html>
        <html>
        <head>
            <meta charset="UTF-8">
            <title>链接徽章</title>
            <meta name="viewport"
content="width=device-width,initial-
scale=1, shrink-to-fit=no">
            <link rel="stylesheet" href=
"bootstrap-4.5.3-dist/css/bootstrap.css">
            <script src="jquery-3.5.1.slim.
js"></script>
            <script src="bootstrap-4.5.3-
dist/js/bootstrap.min.js"></script>
        </head>
        <body class="container">
        <h3 align="center">链接徽章</h3>
        <a href="#" class="badge badge-
primary">主要</a>
        <a href="#" class="badge badge-
secondary">次要</a>
        <a href="#" class="badge badge-
```

```
success">成功</a>
    <a href="#" class="badge badge-
danger">危险</a>
    <a href="#" class="badge badge-
warning">警告</a>
    <a href="#" class="badge badge-
info">信息</a>
    <a href="#" class="badge badge-
light">明亮</a>
    <a href="#" class="badge badge-
dark">深色</a>
    </body>
    </html>
```

程序运行结果如图 8-5 所示。

图 8-5　链接徽章效果

8.2　警告框

警告框组件通过提供一些灵活的预定义消息，为常见的用户动作提供反馈消息和提示。

8.2.1　定义警告框

使用 alert 类可以设计警告框组件，还可以使用 alert-success、alert-info、alert-warning、alert-danger、alert-primary、alert-secondary、alert-light 或 alert-dark 类来定义不同的颜色，效果类似于 IE 浏览器的警告效果。

> 提示：只添加 alert 类是没有任何页面效果的，需要根据适用场景选择合适的颜色类。

实例 6：定义警告框（案例文件：ch08\8.6.html）

```
<!DOCTYPE html>
<html>
<head>
    <meta charset="UTF-8">
    <title>警告框</title>
    <meta name="viewport"
content="width=device-width,initial-
scale=1, shrink-to-fit=no">
    <link rel="stylesheet"
href="bootstrap-4.5.3-dist/css/
bootstrap.css">
    <script src="jquery-3.5.1.slim.
js"></script>
    <script src="bootstrap-4.5.3-
dist/js/bootstrap.min.js"></script>
</head>
<body class="container">
<h3 align="center">警告框</h3>
<div class="alert alert-primary">
    <strong>主要的!</strong> 这是一个
重要的操作信息。
    </div>
<div class="alert alert-secondary">
    <strong>次要的!</strong> 显示一些
```

```
不重要的信息。
    </div>
    <div class="alert alert-success">
        <strong>成功!</strong> 指定操作成
功提示信息。
    </div>
    <div class="alert alert-info">
        <strong>信息!</strong> 请注意这个
信息。
    </div>
    <div class="alert alert-warning">
        <strong>警告!</strong> 设置警告信息。
    </div>
    <div class="alert alert-danger">
        <strong>错误!</strong> 危险的操作。
    </div>
    <div class="alert alert-dark">
        <strong>深灰色!</strong> 深灰色提
示框。
    </div>
    <div class="alert alert-light">
        <strong>浅灰色!</strong>浅灰色提示框。
    </div>
    </body>
    </html>
```

程序运行结果如图 8-6 所示。

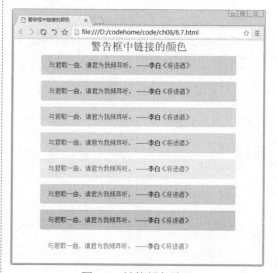

图 8-6　警告框效果

8.2.2　添加链接颜色

使用 .alert-link 类可以为带颜色的警告框中的链接加上合适的颜色，会自动对应有一个优化后的链接颜色方案。

实例 7：设置链接颜色（案例文件：ch08\8.7.html）

```
<!DOCTYPE html>
<html>
<head>
    <meta charset="UTF-8">
        <title>警告框中链接的颜色</title>
        <meta name="viewport"
content="width=device-width,initial-
scale=1, shrink-to-fit=no">
        <link rel="stylesheet"
href="bootstrap-4.5.3-dist/css/
bootstrap.css">
        <script src="jquery-3.5.1.slim.
js"></script>
        <script src="bootstrap-4.5.3-
dist/js/bootstrap.min.js"></script>
    </head>
<body class="container">
    <h3 align="center">警告框中链接的颜色
</h3>
    <div class="alert alert-primary">
        与君歌一曲，君为我倾耳听。 ——<a
href="#" class="alert-link">李白</a>《将
进酒》
    </div>
    <div class="alert alert-secondary">
```

```
        与君歌一曲，请君为我倾耳听。 ——<a
href="#" class="alert-link">李白</a>《将
进酒》
    </div>
    <div class="alert alert-success">
        与君歌一曲，请君为我倾耳听。 ——<a
href="#" class="alert-link">李白</a>《将
进酒》
    </div>
    <div class="alert alert-info">
        与君歌一曲，请君为我倾耳听。 ——<a
href="#" class="alert-link">李白</a>《将
进酒》
    </div>
    <div class="alert alert-warning">
        与君歌一曲，请君为我倾耳听。 ——<a
href="#" class="alert-link">李白</a>《将
进酒》
    </div>
    <div class="alert alert-danger">
        与君歌一曲，请君为我倾耳听。 ——<a
href="#" class="alert-link">李白</a>《将
进酒》
    </div>
    <div class="alert alert-dark">
        与君歌一曲，请君为我倾耳听。 ——<a
href="#" class="alert-link">李白</a>《将
进酒》
    </div>
    <div class="alert alert-light">
        与君歌一曲，请君为我倾耳听。 ——<a
href="#" class="alert-link">李白</a>《将
进酒》
    </div>
    </body>
</html>
```

程序运行结果如图 8-7 所示。

图 8-7　链接颜色效果

8.2.3 额外附加内容

警告框还可以包含其他 HTML 元素，例如标题、段落和分隔符。

实例 8：额外附加内容（案例文件：ch08\8.8.html）

```html
<!DOCTYPE html>
<html>
<head>
    <meta charset="UTF-8">
    <title>额外附加内容</title>
    <meta name="viewport"
content="width=device-width,initial-
scale=1, shrink-to-fit=no">
    <link rel="stylesheet"
href="bootstrap-4.5.3-dist/css/
bootstrap.css">
    <script src="jquery-3.5.1.slim.
js"></script>
    <script src="bootstrap-4.5.3-
dist/js/bootstrap.min.js"></script>
</head>
<body class="container">
<h3 align="center">额外附加内容</h3>
<div class="alert alert-primary"
role="alert">
    <h4>第1题：腾蛇乘雾，终为土灰。这句
诗创作于哪个朝代？</h4>
    <hr.
    <p>A. 元末明初</p>
    <p>B.金</p>
    <p>C. 汉</p>
    <p>D.春秋</p>
</div>
</body>
</html>
```

程序运行结果如图 8-8 所示。

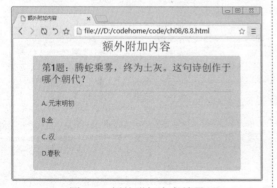

图 8-8 额外附加内容效果

8.2.4 关闭警告框

在警告框中添加 .alert-dismissible 类，然后在关闭按钮的链接上添加 class="close" 和 data-dismiss="alert" 类来设置警告框的关闭操作。

实例 9：添加关闭警告框（案例文件：ch08\8.9.html）

```html
<!DOCTYPE html>
<html>
<head>
    <meta charset="UTF-8">
    <title>关闭警告框</title>
    <meta name="viewport"
content="width=device-width,initial-
scale=1, shrink-to-fit=no">
    <link rel="stylesheet" href=
"bootstrap-4.5.3-dist/css/bootstrap.css">
    <script src="jquery-3.5.1.slim.
js"></script>
    <script src="bootstrap-4.5.3-
dist/js/bootstrap.min.js"></script>
</head>
<body class="container">
<h3 align="center">关闭警告框</h3>
<div class="alert alert-success
alert-dismissible">
    <button type="button"
class="close" data-
dismiss="alert">&times;</button>
    <b>将进酒1：</b>  与君
歌一曲，请君为我倾耳听。
</div>
<div class="alert alert-info alert-
dismissible">
    <button type="button" class="close"
data-dismiss="alert">&times;</button>
    <b>将进酒2：</b>  钟鼓
馔玉不足贵，但愿长醉不愿醒。
</div>
<div class="alert alert-warning
alert-dismissible">
    <button type="button"
class="close" data-dismiss="alert">
&times;</button>
    <b>将进酒3：</b>  古来
圣贤皆寂寞，惟有饮者留其名。
</div>
</body>
</html>
```

程序运行结果如图 8-9 所示。单击警告框中的关闭按钮后，对应的内容将被删除，效果如图 8-10 所示。

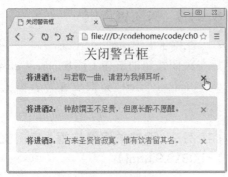
图 8-9　删除前效果

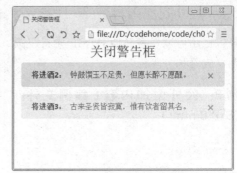
图 8-10　删除后效果

还可以添加 .fade 和 .show 设置警告框在关闭时的淡出和淡入效果。

```
<div class="alert alert-success alert-dismissible fade show">
    <button type="button" class="close" data-dismiss="alert">&times;</button>
    <b>将进酒2: </b>  钟鼓馔玉不足贵，但愿长醉不愿醒。
</div>
...
```

8.3　媒体对象

媒体对象是一类特殊版式的区块样式，用来设计图文混排效果，也可以是对媒体与文本的混排效果。

8.3.1　媒体版式

媒体对象仅需要引用 .media 和 .media-body 两个类，就可以实现页面设计目标、形成布局、间距并控制可选的填充和边距。

实例 10：设计媒体版式（案例文件：ch08\8.10.html）

```
<!DOCTYPE html>
<html>
<head>
    <meta charset="UTF-8">
    <title>媒体版式</title>
    <meta name="viewport" content="width=device-width,initial-scale=1, shrink-to-fit=no">
    <link rel="stylesheet" href="bootstrap-4.5.3-dist/css/bootstrap.css">
    <script src="jquery-3.5.1.slim.js"></script>
    <script src="bootstrap-4.5.3-dist/js/bootstrap.min.js"></script>
</head>
<body class="container">
<h3 align="center">媒体版式</h3>
<div class="media">
    <img src="1.jpg" class="mr-4 w-25" alt="">
    <div class="media-body">
        <h3 class="mt-0">HTML5+CSS3+JavaScript网页设计案例课堂（第2版）</h3>
        <div class="my-1">类型: 经典图书</div>
        <div class="my-1">出版社: 清华大学出版社</div>
        <div class="my-1">作者: 刘春茂</div>
        <div class="my-1">价格: 75元</div>
        <div class="my-1">
        <a href="#">内容简介、</a>
        <a href="#">前言/序言、</a>
        <a href="#">资源下载、</a>
            <a href="#">更多>></a>
        </div>
        <div class="my-1">内容简介:
```
《HTML 5+CSS 3+JavaScript网页设计案例课堂（第2版）》以零基础讲解为宗旨，用实例引导读者深入学习，采取【HTML 5网页设计→CSS 3美化网页→JavaScript动态特效→综合案例实战】的讲解模式，深入浅出地讲

```
解CSS+DIV的各项技术及实战技能…</div>
        </div>
    </div>
</body>
</html>
```

程序运行结果如图 8-11 所示。

图 8-11　媒体版式效果

8.3.2　媒体嵌套

媒体对象可以无限嵌套，但是建议在某些时候尽量减少网页的嵌套层级，嵌套太多会影响页面的美观。嵌套时只需要在 .media-body 中再嵌套 .media 即可。

实例 11：媒体嵌套（案例文件：ch08\8.11.html）

```
<!DOCTYPE html>
<html>
<head>
    <meta charset="UTF-8">
    <title>媒体嵌套</title>
    <meta name="viewport"
content="width=device-width,initial-
scale=1, shrink-to-fit=no">
    <link rel="stylesheet"
href="bootstrap-4.5.3-dist/css/
bootstrap.css">
    <script src="jquery-3.5.1.slim.
js"></script>
    <script src="bootstrap-4.5.3-
dist/js/bootstrap.min.js"></script>
</head>
<body class="container">
<h3 align="center">媒体嵌套</h3>
<div class="media">
    <img src="2.jpg" class="mr-3"
alt="">
    <div class="media-body ">
        <h4 class="mt-0">水果</h4>
            水果的种类有很多,水果依构造和特
性可分为浆果、瓜果、橘果、核果、仁果五类，按味
性分为寒性水果、温性水果及热性水果。
        <div class="media mt-3">
```

```
            <a class="mr-3"
href="#">
                <img src="3.jpg"
class="mr-3" alt="">
            </a>
            <div class="media-body">
                <h4 class="mt-0">苹果</h4>
                    苹果是蔷薇科植物，其树
为落叶乔木。苹果营养价值很高，富含矿物质和维生
素，含钙量丰富，有助于代谢掉体内多余盐分，苹果
酸可代谢热量，防止肥胖。
            </div>
        </div>
    </div>
</div>
</body>
</html>
```

程序运行结果如图 8-12 所示。

图 8-12　媒体嵌套效果

8.3.3　对齐方式

媒体对象中的图片可以使用 Flexbox 样式类来设置布局。只要在图片上添加 align-self-start、align-self-center 和 align-self-end 类，即可实现顶部、中间和底部的对齐。

实例 12：设置媒体对象的对齐方式（案例文件：ch08\8.12.html）

```
<!DOCTYPE html>
<html>
```

```
<head>
    <meta charset="UTF-8">
    <title>媒体对齐方式</title>
    <meta name="viewport"
content="width=device-width,initial-
scale=1, shrink-to-fit=no">
```

```
        <link rel="stylesheet" href=
"bootstrap-4.5.3-dist/css/bootstrap.css">
        <script src="jquery-3.5.1.slim.
js"></script>
        <script src="bootstrap-4.5.3-
dist/js/bootstrap.min.js"></script>
    </head>
    <body class="container">
    <h3 align="center">媒体对齐方式</h3>
    <hr/>
    <div class="media">
      <img src="3.jpg" class="align-
self-start mr-3" alt="" width="60">
        <div class="media-body">
            <h5 class="mt-0">苹果</h5>
                <div>1.山鹰的眼睛不怕迷雾，真
理的光辉不怕笼罩。</div>
                <div>2.我宁可做饥饿的雄鹰，也
不愿做肥硕的井蛙。</div>
                <div>3.雄鹰当展翅高飞，翱翔于
九天之上。</div>
        </div>
    </div><hr/>
    <div class="media">
        <img src="3.jpg" class="align-
self-center mr-3" alt="" width="60">
        <div class="media-body">
            <h5 class="mt-0">苹果</h5>
            <div>1．苹果是蔷薇科植物，其树
为落叶乔木。</div>
            <div>2．苹果营养价值很高，富含
矿物质和维生素，含钙量丰富，有助于代谢掉体内多
余盐分。</div>
            <div>3．苹果酸可代谢热量，防止
肥胖。</div>
```

```
        </div>
    </div><hr/>
    <div class="media">
        <img src="3.jpg" class="align-
self-end mr-3" alt="" width="60">
        <div class="media-body">
            <h5 class="mt-0">苹果</h5>
            <div>1．苹果是蔷薇科植物，其树
为落叶乔木。</div>
            <div>2．苹果营养价值很高，富含
矿物质和维生素，含钙量丰富，有助于代谢掉体内多
余盐分。</div>
            <div>3．苹果酸可代谢热量，防止
肥胖。</div>
        </div>
    </div><hr/>
    </body>
</html>
```

程序运行结果如图 8-13 所示。

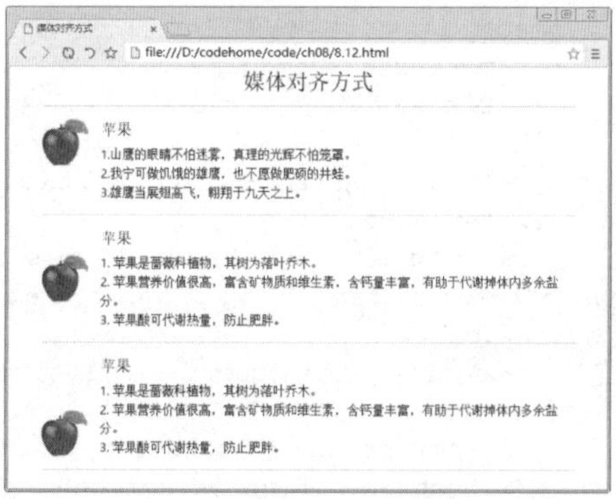

图 8-13　对齐效果

8.3.4　排列顺序

可以通过修改 HTML 本身更改媒体对象中内容的顺序，也可以使用 Flexbox 样式类来设置 order 属性来实现。

实例 13：改变排列顺序（案例文件：ch08\8.13.html）

```
<!DOCTYPE html>
<html>
<head>
    <meta charset="UTF-8">
    <title>改变媒体排列顺序</title>
        <meta name="viewport"
content="width=device-width,initial-
scale=1, shrink-to-fit=no">
        <link rel="stylesheet" href=
"bootstrap-4.5.3-dist/css/bootstrap.css">
        <script src="jquery-3.5.1.slim.
js"></script>
        <script src="bootstrap-4.5.3-
```

```
dist/js/bootstrap.min.js"></script>
    </head>
    <body class="container">
    <h3 align="center">改变媒体排列顺序</h3>
    <div class="media">
        <div class="media-body mr-3">
    <h3 class="mt-0"> HTML5+
CSS3+JavaScript网页设计案例课堂（第2版）</h3>
            <div class="my-1">类型：经典
图书</div>
            <div class="my-1">出版社：清
华大学出版社</div>
            <div class="my-1">作者：刘春
茂</div>
            <div class="my-1">价格：75元
</div>
            <div class="my-1">
```

```
            <a href="#">内容简介、</a>
            <a href="#">前言/序言、</a>
            <a href="#">资源下载、</a>
            <a href="#">更多>></a>
            </div>
        </div>
    <img src="1.jpg" class="w-25"
alt="">
</div>
</body>
</html>
```

程序运行结果如图 8-14 所示。

图 8-14　改变排列顺序效果

8.3.5　媒体列表

媒体对象的结构要求很少，可以在 <ul> 或 <ol> 上添加 .list-unstyled 类，删除浏览器默认列表样式，然后在 li 中添加 media 类，最后根据需要调整边距即可。

实例 14：设计媒体列表（案例文件：ch08\8.14.html）

```
<!DOCTYPE html>
<html>
<head>
    <meta charset="UTF-8">
    <title>媒体列表</title>
    <meta name="viewport"
content="width=device-width,initial-
scale=1, shrink-to-fit=no">
    <link rel="stylesheet"
href="bootstrap-4.5.3-dist/css/
bootstrap.css">
    <script src="jquery-3.5.1.slim.
js"></script>
    <script src="bootstrap-4.5.3-
dist/js/bootstrap.min.js"></script>
</head>
<body class="container">
<h3 align="center">媒体列表</h3>
<ul class="list-unstyled">
    <li class="media">
            <img src="6.jpg"
class="mr-3" alt="">
        <div class="media-body">
            <h5 class="mt-0 mb-2">
精品图书：HTML 5+CSS 3+JavaScript网页设计案例
课堂(第2版)</h5>
            本书采取【HTML 5网页设计→
CSS 3美化网页→JavaScript动态特效→综合案例
实战】的讲解模式，深入浅出地讲解CSS+DIV的各
项技术及实战技能。
        </div>
    </li>
    <li class="media my-4">
            <img src="4.jpg"
class="mr-3" alt="">
        <div class="media-body">
            <h5 class="mt-0 mb-2">
精品图书：HTML5+CSS3网页设计与制作案例课堂
（第2版）</h5>
            本书采取"HTML 5网页设计→
CSS 3美化网页→高级提升技能→综合案例实战"的讲
解模式，深入浅出地讲解HTML5+CSS3的各项技术及
实战技能。
        </div>
    </li>
    <li class="media">
            <img src="5.jpg"
class="mr-3" alt="">
        <div class="media-body">
            <h5 class="mt-0 mb-2">
精品图书：JavaScript+jQuery动态网页设计案例
课堂（第2版）</h5>
            本书采取"JavaScript基
础入门→JavaScript核心技术→jQuery高级应
用→综合案例实战"的讲解模式，深入浅出地讲解
JavaScript的各项技术及实战技能。
        </div>
    </li>
</ul>
</body>
</html>
```

程序运行结果如图 8-15 所示。

图 8-15　媒体列表效果

8.4 进度条

Bootstrap 提供了简单、漂亮、多色的进度条。其中条纹和动画效果的进度条，使用 CSS3 的渐变（Gradients）、透明度（Transitions）和动画效果（animations）来实现。

8.4.1 定义进度条

在 Bootstrap 中，进度条一般由嵌套的两层结构标签构成，外层标签引入 progress 类，用来设计进度槽；内层标签引入 progress-bar 类，用来设计进度条。基本结构如下：

```
<div class="progress">
    <div class="progress-bar"></div>
</div>
```

在进度条中使用 width 样式属性设置进度条的进度，也可以使用 Bootstrap 4 中提供的设置宽度的通用样式，例如 w-25、w-50、w-75 等。

实例 15：设计进度条效果（案例文件：ch08\8.15.html）

```
<!DOCTYPE html>
<html>
<head>
    <meta charset="UTF-8">
    <title>进度条</title>
    <meta name="viewport"
content="width=device-width,initial-
scale=1, shrink-to-fit=no">
    <link rel="stylesheet"
href="bootstrap-4.5.3-dist/css/
bootstrap.css">
    <script src="jquery-3.5.1.slim.
js"></script>
    <script src="bootstrap-4.5.3-
dist/js/bootstrap.min.js"></script>
</head>
<body class="container">
<h3 align="center">进度条</h3>
<div class="progress">
    <div class="progress-bar
```

```
w-25"></div>
    </div><br/>
    <div class="progress">
        <div class="progress-bar
w-50"></div>
    </div><br/>
    <div class="progress">
        <div class="progress-bar
w-75"></div>
    </div>
    </body>
    </html>
```

程序运行结果如图 8-16 所示。

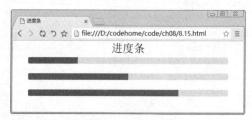

图 8-16　进度条效果

8.4.2 设计进度条样式

下面使用 Bootstrap 4 中的通用样式来设计进度条。

1. 添加标签

将文本内容放在 progress-bar 类容器中，可实现标签效果，可以设置进度条的具体进度，一般以百分比表示。

实例 16：添加进度条的标签（案例文件：ch08\8.16.html）

```
<!DOCTYPE html>
<html>
```

```
<head>
    <meta charset="UTF-8">
    <title>添加进度条的标签</title>
    <meta name="viewport"
content="width=device-width,initial-
```

```
scale=1, shrink-to-fit=no">
        <link rel="stylesheet"
href="bootstrap-4.5.3-dist/css/
bootstrap.css">
        <script src="jquery-3.5.1.slim.
js"></script>
        <script src="bootstrap-4.5.3-
dist/js/bootstrap.min.js"></script>
    </head>
    <body class="container">
    <h3 align="center">添加进度条的标签</
h3>
    <div class="progress">
        <div class="progress-bar
w-25">25%</div>
    </div><br/>
    <div class="progress">
        <div class="progress-bar
w-50">50%</div>
    </div><br/>
    <div class="progress">
        <div class="progress-bar
w-75">75%</div>
    </div>
    </body>
</html>
```

程序运行结果如图 8-17 所示。

图 8-17 添加标签效果

2. 设置高度

通过设置 height 的值，进度条会自动调整高度。

实例 17：设置进度条的高度（案例文件：ch08\8.17.html）

```
<!DOCTYPE html>
<html>
<head>
    <meta charset="UTF-8">
    <title>设置进度条的高度</title>
        <meta name="viewport"
content="width=device-width,initial-
scale=1, shrink-to-fit=no">
        <link rel="stylesheet"
href="bootstrap-4.5.3-dist/css/
bootstrap.css">
        <script src="jquery-3.5.1.slim.
```

```
js"></script>
        <script src="bootstrap-4.5.3-
dist/js/bootstrap.min.js"></script>
    </head>
    <body class="container">
    <h3 align="center">设置进度条的高度</
h3>
    <!--默认高度-->
    <div class="progress">
        <div class="progress-bar
w-50">75%</div>
    </div><br/>
    <!--设置进度条的高度为40px-->
    <div class="progress"
style="height:40px">
        <div class="progress-bar
w-50">50%</div>
    </div>
    </body>
</html>
```

程序运行结果如图 8-18 所示。

图 8-18 设置高度效果

3. 设置背景色

进度条的背景色可以使用 Bootstrap 通用的样式 bg-* 类来设置。* 代表 primary、secondary、success、danger、warning、info、light 和 dark。

实例 18：设置进度条的背景色（案例文件：ch08\8.18.html）

```
<!DOCTYPE html>
<html>
<head>
    <meta charset="UTF-8">
    <title>设置进度条的背景色</title>
        <meta name="viewport"
content="width=device-width,initial-
scale=1, shrink-to-fit=no">
        <link rel="stylesheet"
href="bootstrap-4.5.3-dist/css/
bootstrap.css">
        <script src="jquery-3.5.1.slim.
js"></script>
        <script src="bootstrap-4.5.3-
dist/js/bootstrap.min.js"></script>
```

```
   </head>
   <body class="container">
   <h3 align="center">设置进度条的背景色
</h3>
   <div class="progress">
           <div class="progress-bar bg-
success" style="width: 25%"></div>
   </div><br/>
   <div class="progress">
           <div class="progress-bar bg-
info" style="width: 50%"></div>
   </div><br/>
   <div class="progress">
           <div class="progress-bar bg-
warning" style="width: 75%"></div>
   </div><br/>
   <div class="progress">
           <div class="progress-bar bg-
```

```
danger" style="width: 100%"></div>
   </div>
   </body>
   </html>
```

程序运行结果如图 8-19 所示。

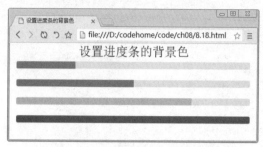

图 8-19　进度条不同的背景颜色

8.4.3　设计进度条风格

进度条的风格包括多进度条进度、条纹进度和动画条纹进度三种。

1. 多进度条进度

如果有需要，可在进度槽中包含多个进度条。

实例 19：多进度条进度（案例文件：ch08\8.19.html）

```
<!DOCTYPE html>
<html>
<head>
    <meta charset="UTF-8">
    <title>多进度条进度</title>
        <meta name="viewport"
content="width=device-width,initial-
scale=1, shrink-to-fit=no">
        <link rel="stylesheet"
href="bootstrap-4.5.3-dist/css/
bootstrap.css">
        <script src="jquery-3.5.1.slim.
js"></script>
        <script src="bootstrap-4.5.3-
dist/js/bootstrap.min.js"></script>
   </head>
   <body class="container">
   <h4 align="center">多进度条进度</h4>
   <div class="progress">
           <div class="progress-bar"
style="width:20%;">20%</div>
           <div class="progress-bar bg-
warning" style="width: 40%;">40%</div>
           <div class="progress-bar bg-
info" style="width: 20%;">20%</div>
           <div class="progress-bar bg-
danger " style="width: 20%;">20%</div>
   </div>
   </body>
```

```
</html>
```

程序运行结果如图 8-20 所示。

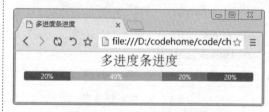

图 8-20　多进度条进度效果

2. 条纹进度

将 progress-bar-striped 类添加到 .progress-bar 容器上，可以使用 CSS 渐变对背景颜色加上条纹效果。

实例 20：设计条纹进度条（案例文件：ch08\8.20.html）

```
<!DOCTYPE html>
<html>
<head>
    <meta charset="UTF-8">
    <title>条纹进度条</title>
        <meta name="viewport"
content="width=device-width,initial-
scale=1, shrink-to-fit=no">
        <link rel="stylesheet"
```

```
href="bootstrap-4.5.3-dist/css/
bootstrap.css">
        <script src="jquery-3.5.1.slim.
js"></script>
        <script src="bootstrap-4.5.3-
dist/js/bootstrap.min.js"></script>
    </head>
    <body class="container">
    <h3 align="center">条纹进度条</h3>
    <div class="progress">
        <div class="progress-bar w-25
progress-bar-striped">25%</div>
    </div><br/>
    <div class="progress">
        <div class="progress-bar w-50
progress-bar-striped">50%</div>
    </div><br/>
    <div class="progress">
        <div class="progress-bar w-75
progress-bar-striped">75%</div>
    </div>
    </body>
    </html>
```

程序运行结果如图 8-21 所示。

图 8-21　条纹进度条效果

3. 动画条纹进度

条纹渐变也可以做成动画效果，将 progress-bar-animated 类加到 .progress-bar 容器上，即可实现 CSS3 绘制的从右到左的动画效果。

实例21：设计动画条纹进度条（案例文件: ch08\8.21.html）

```
<!DOCTYPE html>
<html>
<head>
    <meta charset="UTF-8">
    <title>动画条纹进度条</title>
```

```
    <meta name="viewport"
content="width=device-width,initial-
scale=1, shrink-to-fit=no">
        <link rel="stylesheet"
href="bootstrap-4.5.3-dist/css/
bootstrap.css">
        <script src="jquery-3.5.1.slim.
js"></script>
        <script src="bootstrap-4.5.3-
dist/js/bootstrap.min.js"></script>
    </head>
    <body class="container">
    <h3 align="center">动画条纹进度条</
h3>
    <div class="progress">
        <div class="progress-bar
w-25 bg-success progress-bar-striped
progress-bar-animated"></div>
    </div><br/>
    <div class="progress">
        <div class="progress-bar w-50
bg-info progress-bar-striped progress-
bar-animated"></div>
    </div><br/>
    <div class="progress">
        <div class="progress-bar
w-75 bg-warning progress-bar-striped
progress-bar-animated"></div>
    </div><br/>
    <div class="progress">
        <div class="progress-bar
w-100 bg-danger progress-bar-striped
progress-bar-animated"></div>
    </div>
    </body>
    </html>
```

程序运行结果如图 8-22 所示。

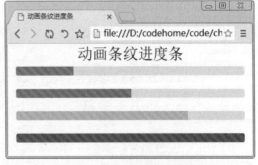

图 8-22　动画条纹进度条效果

8.5　导航栏

导航栏是将商标、导航以及别的元素组合一起形成的，它很容易扩展，而且在折叠插件的协助下，可以轻松与其他内容整合。导航栏是网页设计中不可缺少的部分，它是整个网站的控制中枢，在每个页面中都会看到它，利用它可以方便地访问到所需要的内容。

8.5.1 定义导航栏

在使用导航栏之前，先了解以下几点内容。

（1）导航栏使用 navbar 类来定义，并使用 .navbar-expand{-sm|-md|-lg|-xl} 定义响应式布局。在导航栏内，当屏幕宽度低于 .navbar-expand{-sm|-md|-lg|-xl} 类指定的断点处时，隐藏导航部分内容，这样避免了在较窄的视图端口上内容堆叠显示。可以通过激活折叠组件来显示隐藏的内容。

（2）导航栏默认内容是流式的，可以使用 container 容器来限制水平宽度。

（3）可以使用 Bootstrap 提供的边距和 Flex 布局样式来定义导航栏中元素的间距和对齐方式。

（4）导航栏默认支持响应式，在修改上也很容易，可以轻松地来定义它们。

Bootstrap 中，导航栏组件是由许多子组件组成的，可以根据需要从中选择。导航栏组件包含的子组件如下。

（1）.navbar-brand：用于设置 Logo 或项目名称。

（2）.navbar-nav：提供轻便的导航，包括对下拉菜单的支持。

（3）.navbar-toggler：用于折叠插件和导航切换行为。

（4）.form-inline：用于控制操作表单。

（5）.navbar-text：对文本字符串的垂直对齐、水平间距作了处理优化。

（6）.collapse .navbar-collapse：用于通过父断点进行分组和隐藏导航列内容。

下面分步来介绍导航栏的组成部分。

1. Logo 和项目名称

navbar-brand 类多用于设置 Logo 或项目名称。navbar-brand 类可以用于大多数元素，但对于链接最有效，因为某些元素可能需要通用样式或自定义样式。

实例 22：设置 Logo 和项目名称（案例文件：ch08\8.22.html）

```
<!DOCTYPE html>
<html>
<head>
    <meta charset="UTF-8">
    <title>设置Logo和项目名称</title>
    <meta name="viewport"
content="width=device-width,initial-
scale=1, shrink-to-fit=no">
    <link rel="stylesheet"
href="bootstrap-4.5.3-dist/css/
bootstrap.css">
    <script src="jquery-3.5.1.slim.
js"></script>
    <script src="bootstrap-4.5.3-
dist/js/bootstrap.min.js"></script>
</head>
<nav class="navbar navbar-light bg-
light my-4">
        <a class="navbar-brand"
```

```
href="#">老码识途课堂</a>
    </nav>
    <nav class="navbar navbar-light bg-
light">
        <a class="navbar-brand"
href="#">
            <img src="7.jpg" width="30"
alt="" >
    </a>
    </nav>
    <nav class="navbar navbar-light bg-
light my-4">
        <a class="navbar-brand"
href="#">
            <img src="7.jpg" width="30"
alt="" >
            老码识途课堂
    </a>
    </nav>
</html>
```

程序运行结果如图 8-23 所示。

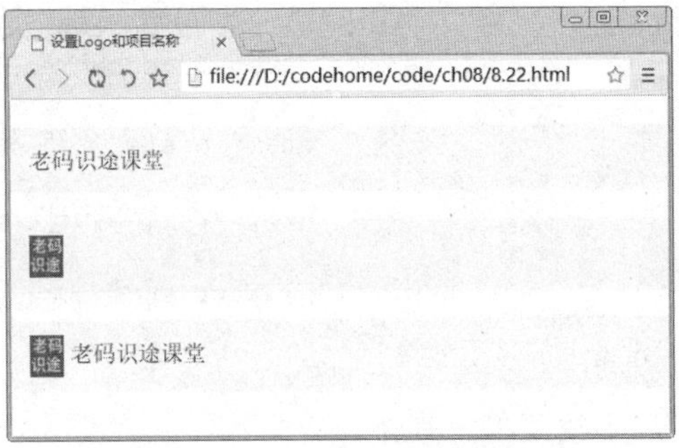

图 8-23　Logo 和项目名称效果

> 提示：将图像添加到 navbar-brand 类容器中，需要自定义样式或 Bootstrap 通用样式来适当调整大小。

2. nav 导航

导航栏链接建立在导航组件（nav）上，可以使用导航专属的 Class 样式，并可以使用 navbar-toggler 类来进行响应式切换。在导航栏中可在 .nav-link 或 .nav-item 上添加 active 和 disabled 类，实现激活和禁用状态。

实例 23：设计响应式 nav 导航（案例文件：ch08\8.23.html）

```html
<!DOCTYPE html>
<html>
<head>
    <meta charset="UTF-8">
    <title>设计响应式nav导航</title>
    <meta name="viewport"
content="width=device-width,initial-
scale=1, shrink-to-fit=no">
    <link rel="stylesheet"
href="bootstrap-4.5.3-dist/css/
bootstrap.css">
    <script src="jquery-3.5.1.slim.
js"></script>
    <script src="bootstrap-4.5.3-
dist/js/bootstrap.min.js"></script>
</head>
<nav class="navbar navbar-expand-md
navbar-light bg-light">
    <a class="navbar-brand"
href="#">老码识途课堂</a>
    <button class="navbar-toggler"
type="button" data-toggle="collapse"
data-target="#collapse">
        <span class="navbar-
toggler-icon"></span>
    </button>
    <div class="collapse navbar-
collapse" id="collapse">
        <ul class="navbar-nav">
            <li class="nav-item
active">
                <a class="nav-link
" href="#">热门课程</a>
            </li>
            <li class="nav-item">
                <a class="nav-link"
href="#">经典教材</a>
            </li>
            <li class="nav-item">
                <a class="nav-link"
href="#">技术支持</a>
            </li>
            <li class="nav-item">
                <a class="nav-link
disabled" href="#">联系我们</a>
            </li>
        </ul>
    </div>
</nav>
</html>
```

程序运行在中屏（>768px）设备上的显示效果如图 8-24 所示。程序运行在小屏（<768px）设备上的显示效果如图 8-25 所示。

图 8-24　中屏（>768px）设备上的显示效果

图 8-25　小屏（<768px）设备上的显示效果

还可以在导航栏中添加下拉菜单，具体看下面的代码。

实例 24：添加下拉菜单（案例文件：ch08\8.24.html）

```html
<!DOCTYPE html>
<html>
<head>
    <meta charset="UTF-8">
    <title>添加下拉菜单</title>
    <meta name="viewport"
content="width=device-width,initial-
scale=1, shrink-to-fit=no">
    <link rel="stylesheet" href=
"bootstrap-4.5.3-dist/css/bootstrap.css">
    <script src="jquery-3.5.1.slim.
js"></script>
    <script src="bootstrap-4.5.3-
dist/js/bootstrap.min.js"></script>
</head>
<body>
<nav class="navbar navbar-expand-md
navbar-light bg-light">
    <a class="navbar-brand"
href="#">老码识途课堂</a>
    <button class="navbar-toggler"
type="button" data-toggle="collapse"
data-target="#collapse">
        <span class="navbar-
toggler-icon"></span>
    </button>
    <div class="collapse navbar-
collapse" id="collapse">
        <ul class="navbar-nav">
        <li class="nav-item active">
            <a class="nav-link
" href="#">经典教材</a>
            </li>
        <li class="nav-item dropdown">
            <a class="nav-
link dropdown-toggle" href="#"
id="navbarDropdownMenuLink" data-
toggle="dropdown" aria-haspopup="true"
aria-expanded="false">
                热门课程
            </a>
                <div
```

```html
class="dropdown-menu" aria-labelledby="
navbarDropdownMenuLink">
                <a class="dropdown-
item" href="#">联系电话</a>
                <a class="dropdown-item"
href="#">联系地址</a>
                <a class="dropdown-item"
href="#">联系微信</a>
                </div>
            </li>
            <li class="nav-item">
                <a class="nav-link"
href="#">技术支持</a>
            </li>
            <li class="nav-item">
                <a class="nav-link"
href="#">联系我们</a>
            </li>
        </ul>
    </div>
</nav>
</body>
</html>
```

程序运行在中屏（>768px）设备上的显示效果如图 8-26 所示。程序运行在小屏（<768px）设备上的显示效果如图 8-27 所示。

图 8-26　中屏（>768px）设备上的显示效果

图 8-27　小屏（<768px）设备上的显示效果

3. 表单

在导航栏中，定义一个 .form-inline 类容器，把各种表单控件元件和组件放置到其中。然后使用 Flex 布局样式设置对齐方式。

实例 25：在导航栏中添加表单元素（案例文件：ch08\8.25.html）

```
<!DOCTYPE html>
<html>
<head>
    <meta charset="UTF-8">
        <title>在导航栏中添加表单元素</title>
        <meta name="viewport"
content="width=device-width,initial-
scale=1, shrink-to-fit=no">
        <link rel="stylesheet" href=
"bootstrap-4.5.3-dist/css/bootstrap.css">
        <script src="jquery-3.5.1.slim.
js"></script>
        <script src="bootstrap-4.5.3-
dist/js/bootstrap.min.js"></script>
    </head>
    </body>
    <nav class="navbar navbar-light bg-
light justify-content-between">
        <a class="navbar-brand">老码识途
课堂</a>
    <form class="form-inline">
        <form class="form-inline">
            <input class="form-
control mr-sm-2" type="search"
placeholder="搜索热门课程">
            <button class="btn
btn-outline-success my-2 my-sm-0"
type="submit">搜索</button>
        </form>
    </form>
</nav>
</body>
</html>
```

程序运行结果如图 8-28 所示。

图 8-28　添加表单效果

4. 处理 text 文本

使用 .navbar-text 类容器来包裹文本，对文本字符串的垂直对齐、水平间距进行优化处理。

实例 26：处理 text 文本（案例文件：ch08\8.26.html）

```
<!DOCTYPE html>
<html>
<head>
    <meta charset="UTF-8">
    <title>处理text文本</title>
        <meta name="viewport"
content="width=device-width,initial-
scale=1, shrink-to-fit=no">
        <link rel="stylesheet"
href="bootstrap-4.5.3-dist/css/
bootstrap.css">
        <script src="jquery-3.5.1.slim.
js"></script>
        <script src="bootstrap-4.5.3-
dist/js/bootstrap.min.js"></script>
    </head>
    <body>
    <nav class="navbar navbar-light bg-
light">
        <span class="navbar-text">
        带有内联元素的导航栏文本
        </span>
    </nav>
    </body>
</html>
```

程序运行结果如图 8-29 所示。

图 8-29　text 文本处理效果

8.5.2　定位导航栏

使用 Bootstrap 4 提供的固定定位样式类，可以轻松实现导航栏的固定定位。

（1）.fixed-top：导航栏定位到顶部。

（2）.fixed-bottom：导航栏定位到底部。

下面以 fixed-top 和 fixed-bottom 类为例，来看一下导航栏定位到顶部和底部的效果。

实例27：定位导航栏（案例文件：ch08\8.27.html）

```html
<!DOCTYPE html>
<html>
<head>
    <meta charset="UTF-8">
    <title>定位导航栏</title>
    <meta name="viewport"
content="width=device-width,initial-
scale=1, shrink-to-fit=no">
    <link rel="stylesheet"
href="bootstrap-4.5.3-dist/css/
bootstrap.css">
    <script src="jquery-3.5.1.slim.
js"></script>
    <script src="bootstrap-4.5.3-
dist/js/bootstrap.min.js"></script>
</head>
<body>
    <nav class="navbar navbar-light bg-
light justify-content-between fixed-up">
    <a class="navbar-brand">老码识途
课程</a>
    <form class="form-inline">
        <form class="form-inline">
            <input class="form-
control mr-sm-2" type="search"
placeholder="搜索热门课程">
            <button class="btn
btn-outline-success my-2 my-sm-0"
type="submit">搜索</button>
        </form>
    </form>
    </nav>
    <nav class="navbar navbar-light bg-
light justify-content-between fixed-
bottom">
    <a class="navbar-brand">老码识途
课程</a>
    <form class="form-inline">
        <form class="form-inline">
            <input class="form-
```

```html
control mr-sm-2" type="search"
placeholder="搜索热门课程">
            <button class="btn
btn-outline-success my-2 my-sm-0"
type="submit">搜索</button>
        </form>
    </form>
    </nav>
    <nav class="navbar navbar-light bg-
light justify-content-between fixed-
bottom">
    <a class="navbar-brand">技术支持
</a>
    <a class="navbar-brand">联系我们
</a>
    <form class="form-inline">
        <form class="form-inline">
            <input class="form-
control mr-sm-2" type="search"
placeholder="搜索经典教材">
            <button class="btn
btn-outline-success my-2 my-sm-0"
type="submit">搜索</button>
        </form>
    </form>
    </nav>
    <img src="8.jpg" alt="" class="img-
fluid">
</body>
</html>
```

程序运行结果如图8-30所示。

图8-30 定位底部导航栏效果

8.5.3 设计导航栏的颜色

导航栏的配色方案和主题选择基于主题类和背景通用样式类定义，选择navbar-light类来定义导航颜色反转（黑色背景，白色文字），也可以使用.navbar-dark用于深色背景定义，然后再使用背景bg-*类进行定义。

实例28：设计导航栏的颜色（案例文件：ch08\8.28.html）

```html
<!DOCTYPE html>
<html>
<head>
```

```html
    <meta charset="UTF-8">
    <title>设计导航栏的颜色</title>
    <meta name="viewport"
content="width=device-width,initial-
scale=1, shrink-to-fit=no">
    <link rel="stylesheet"
href="bootstrap-4.5.3-dist/css/
```

```
bootstrap.css">
        <script src="jquery-3.5.1.slim.
js"></script>
        <script src="bootstrap-4.5.3-
dist/js/bootstrap.min.js"></script>
    </head>
    <body class="container">
    <h3 align="center">设计导航栏的颜色</
h3>
    <nav class="navbar navbar-expand-md
navbar-dark bg-dark">
        <a class="navbar-brand mr-auto"
href="#">老码识途课堂</a>
        <form class="form-inline">
            <form class="form-inline">
                <input class="form-
control mr-sm-2" type="search"
placeholder="搜索经典教材">
                <button class="btn
btn-outline-light my-2 my-sm-0"
type="submit">搜索</button>
            </form>
        </form>
    </nav>
    <nav class="navbar navbar-expand-md
navbar-dark bg-info my-2">
        <a class="navbar-brand mr-auto"
href="#">老码识途课堂</a>
        <form class="form-inline">
            <form class="form-inline">
                <input class="form-
control mr-sm-2" type="search"
placeholder="搜索热门课程">
                <button class="btn
```

```
btn-outline-light my-2 my-sm-0"
type="submit">搜索</button>
            </form>
        </form>
    </nav>
    <nav class="navbar navbar-expand-md
navbar-light" style="background-color:
#e3f3fd;">
        <a class="navbar-brand mr-auto"
href="#">老码识途课堂</a>
        <form class="form-inline">
            <form class="form-inline">
                <input class="form-
control mr-sm-2" type="search"
placeholder="搜索技术文章">
                <button class="btn
btn-outline-success my-2 my-sm-0"
type="submit">搜索</button>
            </form>
        </form>
    </nav>
    </body>
</html>
```

程序运行结果如图 8-31 所示。

图 8-31　导航栏配色效果

8.6　新手常见疑难问题

▌ 疑问 1：构建媒体对象需要几个类样式？

构建媒体对象需要 3 个类样式，具体含义如下。

（1）media：创建媒体对象包含框。

（2）media-object：定义媒体对象，例如图片、视频、音频和 Flash 动画。

（3）media-body：定义媒体对象的正文区域。

▌ 疑问 2：如何设计标签的样式？

Bootstrap 4 提供了一套可选样式方案，具体含义如下。

（1）label-default：默认，设置为灰色。

（2）label-primary：重要，设置为深蓝色。

（3）label-info：信息，设置为浅蓝色。

（4）label-success：成功，通过亮绿色，表示成功。

（5）label-warning：警告，通过黄色提醒谨慎操作。

（6）label-danger：危险，通过红色提醒危险操作。

8.7　实战技能训练营

▌实战 1：设计自动增长的动态进度条

综合使用本章所学知识，在 Bootstrap 进度条组件的基础上进行设计，主要样式都是使用 Bootstrap 默认效果。主要设计进度条的百分比提醒，它会随着进度条的改变而改变。使用 CSS3 的动画设计进度条的自动增长。最终效果如图 8-32 所示，随着时间的不断增加，进度条将自动增长，效果如图 8-33 所示。

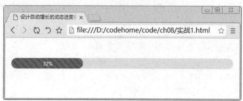

图 8-32　进度条效果

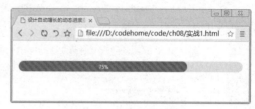

图 8-33　增长后效果

▌实战 2：设计导航栏的扩展内容

通过本章学习的 navbar-expand{-sm|-md|-lg|-xl} 类来设计响应式的导航栏内容显示和隐藏，在此基础之上再加上折叠组件进行设计，通过单击右侧的图标来激活折叠的内容。在折叠内容中，可以使用网格系统或其他组件设计所要展示的内容。程序运行效果如图 8-34 所示。

图 8-34　扩展导航栏效果

第9章　高级的CSS组件

本章导读

　　除了前面讲述的 CSS 组件以外，Bootstrap 还提供了更多的常用高级 CSS 组件，使用它能够轻松搭建出清爽、简洁的界面，以及实现良好的交互效果。本章重点介绍表单、列表组、面包屑、分页等组件的结构和使用。

知识导图

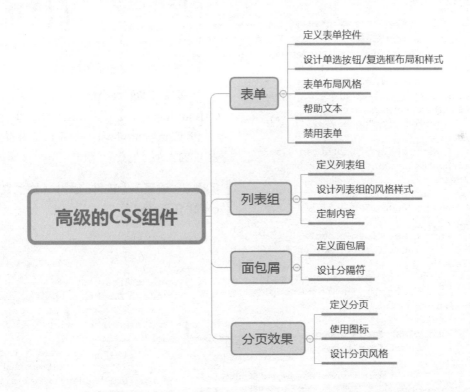

9.1 表单

表单包括表单域、输入框、下拉框、单选按钮、复选框和按钮等控件，每个表单控件在交互中所起的作用也是各不相同的。本节将详细讲述如何使用这些表单控件。

9.1.1 定义表单控件

表单控件（例如 <input>、<select>、<textarea>）统一采用 .form-control 类样式进行处理优化，包括常规外观、focus 选中状态、尺寸大小等。并且表单一般都放在表单组（form-group）中，表单组也是 Bootstrap 4 为表单控件设置的类，默认设置 1rem 的底外边距。

实例 1：使用表单控件（案例文件：ch09\9.1.html）

```
<!DOCTYPE html>
<html>
<head>
    <meta charset="UTF-8">
    <title>使用表单控件</title>
        <meta name="viewport"
content="width=device-width,initial-
scale=1, shrink-to-fit=no">
    <link rel="stylesheet"href="bootstrap-
4.5.3-dist/css/bootstrap.css">
        <script src="jquery-3.5.1.slim.
js"></script>
        <script src="bootstrap-4.5.3-
dist/js/bootstrap.min.js"></script>
</head>
<body class="container">
<h2 align="center">使用表单控件</h2>
<form>
    <div class="form-group">
        <label for="formGroup1">账户
名称</label>
            <input type="text"
class="form-control" id="formGroup1"
placeholder="Name">
    </div>
    <div class="form-group">
        <label for="formGroup2">账户
密码</label>
            <input type="password"
class="form-control" id="formGroup2"
placeholder="Password">
    </div>
</form>
</body>
</html>
```

程序运行结果如图 9-1 所示。

图 9-1　表单控件效果

1. 表单控件的大小

Bootstrap 4 中定义了 .form-control-lg（大号）和 .form-control-sm（小号）类来设置表单控件的大小。

实例 2：设置表单控件的大小（案例文件：ch09\9.2.html）

```
<!DOCTYPE html>
<html>
<head>
    <meta charset="UTF-8">
    <title>设置表单控件的大小</title>
        <meta name="viewport"
content="width=device-width,initial-
scale=1, shrink-to-fit=no">
        <link rel="stylesheet" href=
"bootstrap-4.5.3-dist/css/bootstrap.css">
        <script src="jquery-3.5.1.slim.
js"></script>
        <script src="bootstrap-4.5.3-
dist/js/bootstrap.min.js"></script>
    </head>
    <body class="container">
    <h2 align="center">设置表单控件的大小
</h2>
    <form>
```

```
<input class="form-control form-
control-lg" type="text" placeholder="大
尺寸（form-control-lg）"><br/>
    <input class="form-control"type="text"
placeholder="默认大小"><br/>
    <input class="form-control form-
control-sm" type="text" placeholder="小
尺寸（form-control-sm）">
    </form>
    </body>
    </html>
```

程序运行结果如图 9-2 所示。

图 9-2　表单控件的大小效果

2. 设置表单控件只读

在表单控件上添加 readonly 属性，使表单只能阅读，无法修改表单的值，但保留了鼠标效果。

实例 3：设置表单控件只读（案例文件：ch09\9.3.html）

```
<!DOCTYPE html>
<html>
<head>
    <meta charset="UTF-8">
    <title>设置表单控件只读</title>
        <meta name="viewport"
content="width=device-width,initial-
scale=1, shrink-to-fit=no">
    <link rel="stylesheet"href="bootstrap-
4.5.3-dist/css/bootstrap.css">
        <script src="jquery-3.5.1.slim.
js"></script>
        <script src="bootstrap-4.5.3-
dist/js/bootstrap.min.js"></script>
    </head>
    <body class="container">
    <h2 align="center">设置表单控件只读</h2>
    <form>
    <input class="form-control"type="text"
placeholder="只读表单" readonly>
    </form>
    </body>
    </html>
```

程序运行结果如图 9-3 所示。

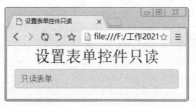

图 9-3　表单控件只读效果

3. 设置只读纯文本

如果希望将表单中的 <input readonly> 元素样式化为纯文本，可以使用 .form-control-plain-text 类删除默认的表单字段样式。

实例 4：设置只读纯文本（案例文件：ch09\9.4.html）

```
<!DOCTYPE html>
<html>
<head>
    <meta charset="UTF-8">
    <title>设置只读纯文本</title>
        <meta name="viewport"
content="width=device-width,initial-
scale=1, shrink-to-fit=no">
    <link rel="stylesheet"href="bootstrap-
4.5.3-dist/css/bootstrap.css">
        <script src="jquery-3.5.1.slim.
js"></script>
        <script src="bootstrap-4.5.3-
dist/js/bootstrap.min.js"></script>
    </head>
    <body class="container">
    <h2 align="center">设置只读纯文本</h2>
    <form>
        <div class="form-group row">
            <label for="formGroup1">账户
名称</label>
            <div class="col-sm-10">
    <input type="text" readonly
class="form-control-plaintext"value="老
码识途课堂">
            </div>
        </div>
        <div class="form-group row">
    <label for="password" class="col-
sm-2 col-form-label">密码</label>
            <div class="col-sm-10">
                <input type="password"
class="form-control" id="password"
placeholder="Password">
            </div>
        </div>
    </form>
    </body>
    </html>
```

程序运行结果如图 9-4 所示。

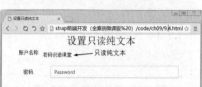

图 9-4　只读纯文本效果

4. 范围输入

使用 .form-control-range 类设置水平滚动范围输入。

实例 5：范围输入（案例文件：ch09\9.5.html）

```
<!DOCTYPE html>
<html>
<head>
    <meta charset="UTF-8">
    <title>范围输入</title>
        <meta name="viewport"
content="width=device-width,initial-
```

```
scale=1, shrink-to-fit=no">
    <link rel="stylesheet"href="bootstrap-
4.5.3-dist/css/bootstrap.css">
        <script src="jquery-3.5.1.slim.
js"></script>
        <script src="bootstrap-4.5.3-
dist/js/bootstrap.min.js"></script>
    </head>
    <body class="container">
    <h3 align="center">范围输入</h3>
    <form>
        <input type="range"
class="form-control-range">
    </form>
    </body>
</html>
```

程序运行结果如图 9-5 所示。

图 9-5　范围输入效果

> **注意**：在不同的浏览器中显示的效果是不一样的。例如，在火狐浏览器中效果如图 9-6 所示。

图 9-6　火狐浏览器中显示效果

9.1.2　设计单选按钮 / 复选框布局和样式

使用 .form-check 类可以格式化复选框和单选按钮，用以改进它们的默认布局和动作呈现，复选框用于在列表中选择一个或多个选项，单选按钮用于在列表中选择一个选项。复选框和单选按钮也可以使用 disabled 类设置禁用状态。

1. 默认堆叠方式

实例 6：默认堆叠方式（案例文件：ch09\9.6.html）

```
<!DOCTYPE html>
<html>
<head>
    <meta charset="UTF-8">
    <title>默认堆叠方式</title>
        <meta name="viewport"
```

```
content="width=device-width,initial-
scale=1, shrink-to-fit=no">
    <link rel="stylesheet"href="bootstrap-
4.5.3-dist/css/bootstrap.css">
    <script src="jquery-3.5.1.slim.
js"></script>
        <script src="bootstrap-4.5.3-
dist/js/bootstrap.min.js"></script>
    </head>
    <body class="container">
    <h2 align="center">复选框和单选按
钮——默认堆叠方式</h2>
```

```
<h5>请选择您要学习的技术: </h5>
<form>
        <p>只能选择一种的技术: </p>
        <div class="form-check">
<input class="form-check-input"
type="radio" name="it" id="it1" >
            <label class="form-check-
label" for="fruit1">
                网站开发技术
            </label>
        </div>
        <div class="form-check">
<input class="form-check-input"
type="radio" name="it" id="it2">
            <label class="form-check-
label" for="fruit2">
                人工智能技术
            </label>
        </div>
        <div class="form-check">
<input class="form-check-input"
type="radio" name="it" id="it3" disabled>
            <label class="form-check-
label" for="fruit3">
                网络安全技术（禁选）
            </label>
        </div>
</form>
<form>
<p class="mt-4">可以多选的技术: </p>
        <div class="form-check">
            <input class="form-check-
input" type="checkbox" id="fruit4">
            <label class="form-check-
label" for="fruit4">
                网站开发技术
            </label>
        </div>
        <div class="form-check">
<input class="form-check-input"
type="checkbox" value=""id="fruit5">
            <label class="form-check-
label" for="fruit5">
                人工智能技术
            </label>
        </div>
        <div class="form-check">
    <input class="form-check-input"
type="checkbox" id="fruit6" disabled>
            <label class="form-check-
label" for="fruit6">
                网络安全技术（禁选）
            </label>
        </div>
</form>
</body>
</html>
```

程序运行结果如图 9-7 所示。

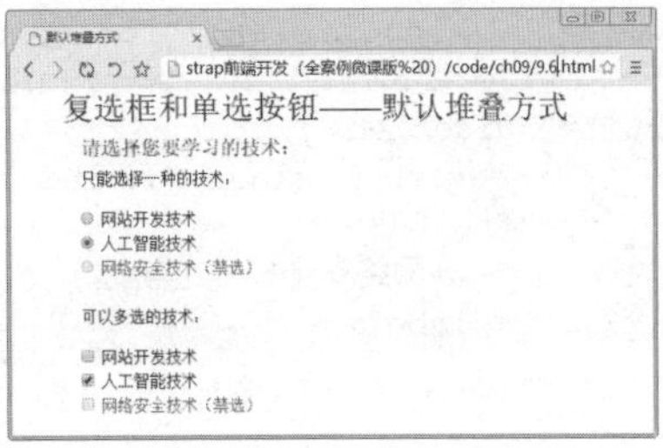

图 9-7　默认堆叠效果

2. 水平排列方式

为 每 一 个 form-check 类 容 器 都 添 加 form-check-inline 类，可以设置其水平排列。

实例 7：水平排列方式（案例文件：ch09\9.7.html）

```
<!DOCTYPE html>
<html>
<head>
    <meta charset="UTF-8">
    <title>水平排列方式</title>
        <meta name="viewport"
content="width=device-width,initial-
scale=1, shrink-to-fit=no">
        <link rel="stylesheet"href="bootstrap-
4.5.3-dist/css/bootstrap.css">
        <script src="jquery-3.5.1.slim.
js"></script>
        <script src="bootstrap-4.5.3-
dist/js/bootstrap.min.js"></script>
</head>
<body class="container">
<h3 align="center">水平排列方式</h3>
<h5>请选择您要学习的技术: </h5>
<form>
        <p>只能选择一种的技术: </p>
        <div class="form-check form-
check-inline">
<input class="form-check-input"
type="radio" name="fruits"id="fruit1" >
        <label class="form-check-
label" for="fruit1">
                网站开发技术
        </label>
        </div>
        <div class="form-check form-
check-inline">
    <input class="form-check-input"
type="radio" name="fruits"id="fruit2">
        <label class="form-check-
label" for="fruit2">
                人工智能技术
        </label>
        </div>
        <div class="form-check form-
check-inline">
```

```
        <input class="form-check-
input" type="radio" name="fruits"
id="fruit3" disabled>
            <label class="form-check-
label" for="fruit3">
            网络安全技术（禁选）
            </label>
        </div>
    </form>
    <form>
    <p class="mt-4">可以多选的技术：</p>
        <div class="form-check form-
check-inline">
            <input class="form-check-
input" type="checkbox" id="fruit4">
            <label class="form-check-
label" for="fruit4">
            网站开发技术
            </label>
        </div>
        <div class="form-check form-
check-inline">
    <input class="form-check-input"
type="checkbox" value="" id="fruit5">
            <label class="form-check-
label" for="fruit5">
            人工智能技术
            </label>
        </div>
        <div class="form-check form-
check-inline">
    <input class="form-check-input"
type="checkbox" id="fruit6" disabled>
            <label class="form-check-
label" for="fruit6">
            网络安全技术（禁选）
            </label>
        </div>
    </form>
    </body>
    </html>
```

程序运行结果如图 9-8 所示。

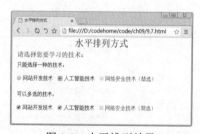

图 9-8　水平排列效果

3. 无文本格式

添加 position-static 类到 form-check 选择器上，可以实现没有文本的形式。

实例 8：无文本形式（案例文件：ch09\9.8.html）

```
<!DOCTYPE html>
<html>
<head>
    <meta charset="UTF-8">
    <title>无文本形式</title>
        <meta name="viewport"
content="width=device-width,initial-
scale=1, shrink-to-fit=no">
        <link rel="stylesheet"
href="bootstrap-4.5.3-dist/css/
bootstrap.css">
        <script src="jquery-3.5.1.slim.
js"></script>
        <script src="bootstrap-4.5.3-
dist/js/bootstrap.min.js"></script>
    </head>
    <body class="container">
    <h3 align="center">无文本形式</h3>
    <form>
        <div class="form-check">
            <input class="form-check-
input position-static" type="checkbox"
value="option1">
        </div>
        <div class="form-check">
            <input class="form-check-
input position-static" type="radio"
value="option1">
        </div>
    </form>
    </body>
    </html>
```

程序运行结果如图 9-9 所示。

图 9-9　无文本格式效果

9.1.3　表单布局风格

自从 Bootstrap 使用 display: block 和 width: 100% 在 input 控件上后，表单默认都是基于垂直堆叠排列的，可以使用 Bootstrap 中其他样式类来改变表单的布局。

1. 表单网格

可以使用网格系统来设置表单的布局。对于需要多个列、不同宽度和附加对齐选项的表单布局，可以使用这些网格系统。

实例9：用网格系统来设置表单的布局（案例文件：ch09\9.9.html）

```
<!DOCTYPE html>
<html>
<head>
    <meta charset="UTF-8">
    <title>用网格系统来设置表单的布局</title>
    <meta name="viewport" content="width=device-width,initial-scale=1, shrink-to-fit=no">
    <link rel="stylesheet" href="bootstrap-4.5.3-dist/css/bootstrap.css">
    <script src="jquery-3.5.1.slim.js"></script>
    <script src="bootstrap-4.5.3-dist/js/bootstrap.min.js"></script>
</head>
<body class="container">
<h2 align="center">表单网格</h2>
<form>
    <div class="row">
        <div class="col">
            <input type="text" class="form-control" placeholder="Name">
        </div>
        <div class="col">
            <input type="password" class="form-control" placeholder="Password">
        </div>
    </div>
</form>
</body>
</html>
```

程序运行结果如图 9-10 所示。

图 9-10　表单网格效果

可以使用网格系统建立更复杂的网页布局。

实例10：建立更复杂的网页布局（案例文件：ch09\9.10.html）

```
<!DOCTYPE html>
<html>
<head>
    <meta charset="UTF-8">
    <title>复杂的表单网格布局</title>
    <meta name="viewport" content="width=device-width,initial-scale=1, shrink-to-fit=no">
    <link rel="stylesheet" href="bootstrap-4.5.3-dist/css/bootstrap.css">
    <script src="jquery-3.5.1.slim.js"></script>
    <script src="bootstrap-4.5.3-dist/js/bootstrap.min.js"></script>
</head>
<body class="container">
<h2 align="center">员工注册表</h2>
<form>
    <div class="form-row">
    <div class="form-group col-md-6">
    <label for="name">账户名称</label>
            <input type="text" class="form-control" id="name" placeholder="Name">
        </div>
    <div class="form-group col-md-6">
            <label for="password">账户密码</label>
            <input type="password" class="form-control" id="password" placeholder="Password">
        </div>
    </div>
    <div class="form-group">
    <label for="email">电子邮箱</label>
            <input type="email" class="form-control" id="email" placeholder="example@qq.com">
        </div>
    <div class="form-group">
    <label for="address">学籍</label>
            <input type="text" class="form-control" id="address" placeholder="大学名称和专业">
        </div>
    <div class="form-row">
    <div class="form-group col-md-4">
    <label for="inputCity">目前上班情况</label>
            <input type="text" class="form-control" id="inputCity" placeholder="现在所在的部门">
        </div>
    <div class="form-group col-md-4">
    <label for="inputState">职位</label>
```

157

```
            <select id="inputState"
class="form-control">
            <option selected>经理</option>
            <option>业务员</option>
            </select>
            </div>
    <div class="form-group col-md-4">
    <label for="inputZip">待遇</label>
                    <input type="text"
class="form-control" id="inputZip"
placeholder="例如：2800元">
            </div>
        </div>
        <div class="form-group">
            <div class="form-check">
    <input class="form-check-input"
type="checkbox" id="gridCheck">
                <label class="form-
check-label" for="gridCheck">
                记住信息
            </label>
            </div>
        </div>
            <button type="submit"
class="btn btn-primary">注册</button>
    </form>
    </body>
    </html>
```

程序运行结果如图 9-11 所示。

图 9-11　更复杂的布局效果

2. 设置列的宽度

如前面的案例所示，网格系统允许在 .row 或 .form-row 中放置任意数量的 col-* 类。可以选择一个特定的列类，例如 col-7 类，来占用或多或少的空间，而其余的 col-* 类平分其余的空间。

9.1.4　帮助文本

可以使用 form-text 类创建表单中的帮助文本，也可以使用任何内联 HTML 元素和通用样式（如 .text-muted）来设计帮助提示文本。

实例 11：设置列的宽度（案例文件：ch09\9.11.html）

```
<!DOCTYPE html>
<html>
<head>
    <meta charset="UTF-8">
    <title>设置列的宽度</title>
        <meta name="viewport"
content="width=device-width,initial-
scale=1, shrink-to-fit=no">
    <link rel="stylesheet"href="bootstrap-
4.5.3-dist/css/bootstrap.css">
        <script src="jquery-3.5.1.slim.
js"></script>
        <script src="bootstrap-4.5.3-
dist/js/bootstrap.min.js"></script>
    </head>
    <body class="container">
    <h3 align="center">设置列的宽度</h3>
    <form>
        <div class="form-row">
            <div class="col-4">
            <input type="text"class="form-
control" placeholder="姓名">
            </div>
            <div class="col">
    <input type="text" class="form-
control" placeholder="部门">
            </div>
            <div class="col">
    <input type="text" class="form-
control" placeholder="职位">
            </div>
            <div class="col">
    <input type="text" class="form-
control" placeholder="薪资">
            </div>
        </div>
    </form>
    </body>
    </html>
```

程序运行结果如图 9-12 所示。

图 9-12　设置列的宽度效果

实例12：创建表单中的帮助文本（案例文件：ch09\9.12.html）

```
<!DOCTYPE html>
<html>
<head>
    <meta charset="UTF-8">
    <title>帮助文本</title>
    <meta name="viewport"
content="width=device-width,initial-
scale=1, shrink-to-fit=no">
    <link rel="stylesheet"href="bootstrap-
4.5.3-dist/css/bootstrap.css">
    <script src="jquery-3.5.1.slim.js"></script>
    <script src="bootstrap-4.5.3-
dist/js/bootstrap.min.js"></script>
</head>
<body class="container">
<h3 align="center">帮助文本</h3>
<form>
```

```
    <div class="form-group row">
    <label for="password">密码</label>
        <input type="password"
id="password" class="form-control">
    <small class="form-text text-muted">
            密码必须有8-18个字符，包含字母
和数字，并且不能包含空格、特殊字符或表情符号。
        </small>
    </div>
</form>
</body>
</html>
```

程序运行结果如图 9-13 所示。

图 9-13　帮助文本效果

9.1.5　禁用表单

通过在 input 中添加 disabled 属性，就能防止用户操作表单，此时表单呈现灰色背景颜色。

实例13：禁用表单控件（案例文件：ch09\9.13.html）

```
<!DOCTYPE html>
<html>
<head>
    <meta charset="UTF-8">
    <title>禁用表单控件</title>
    <meta name="viewport"
content="width=device-width,initial-
scale=1, shrink-to-fit=no">
    <link rel="stylesheet"href="bootstrap-
4.5.3-dist/css/bootstrap.css">
    <script src="jquery-3.5.1.slim.
js"></script>
    <script src="bootstrap-4.5.3-
dist/js/bootstrap.min.js"></script>
</head>
<body class="container">
<h3 align="center">禁用表单控件</h3>
<form>
    <fieldset disabled>
        <div class="form-group">
<label for="testInput">禁用表单</label>
                <input type="text"
id="testInput" class="form-control"
placeholder="Disabled input">
        </div>
        <div class="form-group">
    <label for="testSelect">禁用选择菜单
</label>
            <select id="testSelect"
```

```
class="form-control">
    <option>Disabled select</option>
            </select>
        </div>
        <div class="form-group">
            <div class="form-check">
    <input class="form-check-input" typ
e="checkbox"id="testCheck"disabled>
                <label class="form-
check-label" for="testCheck">
                    禁用复选框
                </label>
            </div>
        </div>
            <button type="submit"
class="btn btn-primary">提交</button>
    </fieldset>
</form>
</body>
</html>
```

程序运行结果如图 9-14 所示。

图 9-14　禁用表单控件效果

9.2 列表组

列表组是一个灵活而且强大的组件，不仅仅可以用来显示简单的元素列表，还可以通过定义来显示复杂的内容。

9.2.1 定义列表组

最基本的列表组就是在 <ul> 元素上添加 list-group 类，在 <li> 元素上添加 list-group-item 类和 list-group-item-action 类。list-group-item 类设计列表项的字体颜色、宽度和对齐方式，list-group-item-action 类设计列表项在悬浮时的浅灰色背景。

实例14：定义列表组（案例文件：ch09\9.14.html）

```
<!DOCTYPE html>
<html>
<head>
    <meta charset="UTF-8">
    <title>列表组</title>
    <meta name="viewport"
content="width=device-width,initial-
scale=1, shrink-to-fit=no">
    <link rel="stylesheet"
href="bootstrap-4.5.3-dist/css/
bootstrap.css">
    <script src="jquery-3.5.1.slim.
js"></script>
    <script src="bootstrap-4.5.3-
dist/js/bootstrap.min.js"></script>
</head>
<body class="container">
<h3 align="center">列表组</h3>
<ul class="list-group">
    <li class="list-group-item
list-group-item-action">江南行　张潮〔唐
代〕</li>
    <li class="list-group-item
list-group-item-action">1. 茨菰叶烂别西湾
```

```
</li>
    <li class="list-group-item
list-group-item-action">2. 莲子花开犹未还
</li>
    <li class="list-group-item
list-group-item-action">3. 妾梦不离江水上
</li>
    <li class="list-group-item
list-group-item-action">4. 人传郎在凤凰山
</li>
</ul>
</body>
</html>
```

程序运行结果如图 9-15 所示。

图 9-15　列表组效果

9.2.2 设计列表组的风格样式

Bootstrap 中为列表组设置了不同的风格样式，可以根据场景选择使用。

1. 激活和禁用状态

添加 active 类或 disabled 类到 .list-group 下的其中一行或多行，以指示当前为激活或禁用状态。

实例15：激活和禁用列表组（案例文件：ch09\9.15.html）

```
<!DOCTYPE html>
<html>
<head>
    <meta charset="UTF-8">
    <title>激活和禁用状态</title>
```

```
    <meta name="viewport"
content="width=device-width,initial-
scale=1, shrink-to-fit=no">
    <link rel="stylesheet"href="bootstrap-
4.5.3-dist/css/bootstrap.css">
    <script src="jquery-3.5.1.slim.
js"></script>
    <script src="bootstrap-4.5.3-
dist/js/bootstrap.min.js"></script>
```

```
</head>
<body class="container">
<h3 align="center">激活和禁用状态</h3>
<ul class="list-group">
    <li class="list-group-item">江南
行 张潮〔唐代〕</li>
        <li class="list-group-item
active">1．茨菰叶烂别西湾（激活状态）</li>
        <li class="list-group-item
active">2．莲子花开犹未还（激活状态）</li>
    <li class="list-group-item
disabled">3．妾梦不离江水上（禁用状态）</li>
    <li class="list-group-item
disabled">4．人传郎在凤凰山（禁用状态）</li>
</ul>
</body>
</html>
```

程序运行结果如图 9-16 所示。

图 9-16　激活和禁用效果

2. 去除边框和圆角

在列表组中加入 list-group-flush 类，可以移除部分边框和圆角，从而产生边缘贴齐的列表组，这在与卡片组件结合使用时很实用，会有更好的呈现效果。

实例 16：去除边框和圆角（案例文件：ch09\9.16.html）

```
<!DOCTYPE html>
<html>
<head>
    <meta charset="UTF-8">
    <title>去除边框和圆角</title>
        <meta name="viewport"
content="width=device-width,initial-
scale=1, shrink-to-fit=no">
    <link rel="stylesheet"href="bootstrap-
4.5.3-dist/css/bootstrap.css">
        <script src="jquery-3.5.1.slim.
js"></script>
        <script src="bootstrap-4.5.3-
dist/js/bootstrap.min.js"></script>
    </head>
    <body class="container">
    <h3 align="center">去除边框和圆角</h3>
    <ul class="list-group list-group-flush">
```

```
    <li class="list-group-item list-
group-item-action">江南行 张潮〔唐代〕</li>
        <li class="list-group-item list-
group-item-action">1．茨菰叶烂别西湾</li>
        <li class="list-group-item list-
group-item-action">2．莲子花开犹未还</li>
        <li class="list-group-item list-
group-item-action">3．妾梦不离江水上</li>
        <li class="list-group-item
list-group-item-action">4．人传郎在凤凰山
</li></ul>
    </body>
    </html>
```

程序运行结果如图 9-17 所示。

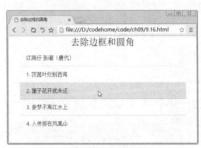

图 9-17　去除边框和圆角效果

3. 设计列表项的颜色

列表项的颜色类：.list-group-item-success、list-group-item-secondary、.list-group-item-info、list-group-item-warning、.list-group-item-danger、.list-group-item-dark 和 list-group-item-light。这些颜色类包括背景色和文字颜色，可以选择合适的类来设置列表项的背景色和文字颜色。

实例 17：设置列表项的颜色（案例文件：ch09\9.17.html）

```
<!DOCTYPE html>
<html>
<head>
    <meta charset="UTF-8">
    <title>设置列表项的颜色</title>
        <meta name="viewport"
content="width=device-width,initial-
scale=1, shrink-to-fit=no">
    <link rel="stylesheet"href="bootstrap-
4.5.3-dist/css/bootstrap.css">
        <script src="jquery-3.5.1.slim.
js"></script>
        <script src="bootstrap-4.5.3-
dist/js/bootstrap.min.js"></script>
    </head>
    <body class="container">
    <h3 align="center">列表项的背景和文字
```

颜色</h3>
```
    <ul class="list-group">
        <li class="list-group-item list-group-item-primary">西湖南北烟波阔</li>
        <li class="list-group-item list-group-item-secondary">风里丝簧声韵咽</li>
        <li class="list-group-item list-group-item-success">舞余裙带绿双垂</li>
        <li class="list-group-item list-group-item-danger">酒入香腮红一抹</li>
        <li class="list-group-item list-group-item-warning">杯深不觉琉璃滑</li>
        <li class="list-group-item list-group-item-info">贪看六幺花十八</li>
        <li class="list-group-item list-group-item-light">明朝车马各西东</li>
        <li class="list-group-item list-group-item-dark">惆怅画桥风与月</li>
    </ul>
    </body>
    </html>
```

程序运行结果如图 9-18 所示。

图 9-18　列表项的颜色效果

4. 添加徽章

可以在列表项中添加 .badge 类（徽章类）来设计徽章效果。

实例 18：在列表项中添加徽章（案例文件：ch09\9.18.html）

```
<!DOCTYPE html>
<html>
<head>
    <meta charset="UTF-8">
    <title>添加徽章</title>
    <meta name="viewport"
content="width=device-width,initial-scale=1, shrink-to-fit=no">
        <link rel="stylesheet" href="bootstrap-4.5.3-dist/css/bootstrap.css">
        <script src="jquery-3.5.1.slim.js"></script>
        <script src="bootstrap-4.5.3-dist/js/bootstrap.min.js"></script>
    </head>
    <body class="container">
    <h3 align="center">添加徽章</h3>
    <h5>各个训练营报名的人数：</h5>
    <ul class="list-group">
        <li class="list-group-item d-flex justify-content-between align-items-center">
        网络安全训练营
            <span class="badge badge-primary badge-pill">260</span>
        </li>
        <li class="list-group-item d-flex justify-content-between align-items-center">
        网站开发训练营
            <span class="badge badge-primary badge-pill">160</span>
        </li>
        <li class="list-group-item d-flex justify-content-between align-items-center">
        人工智能开发训练营
            <span class="badge badge-primary badge-pill">220</span>
        </li>
    </ul>
    </body>
    </html>
```

程序运行结果如图 9-19 所示。

图 9-19　添加徽章效果

9.2.3　定制内容

在 Flexbox 通用样式定义的支持下，列表组中几乎可以添加任意的 HTML 内容，包括标签、内容和链接等。

实例19: 定制一个商品入库信息的列表(案例文件: ch09\9.19.html)

```html
<!DOCTYPE html>
<html>
<head>
    <meta charset="UTF-8">
    <title>商品入库信息表</title>
    <meta name="viewport"
content="width=device-width,initial-
scale=1, shrink-to-fit=no">
    <link rel="stylesheet" href=
"bootstrap-4.5.3-dist/css/bootstrap.css">
    <script src="jquery-3.5.1.slim.
js"></script>
    <script src="bootstrap-4.5.3-
dist/js/bootstrap.min.js"></script>
</head>
<body class="container">
<h3 align="center">商品入库信息表</
h3>
<div class="list-group">
<a href="#" class="list-group-item
list-group-item-action active">
            <div class="d-flex w-100
justify-content-between">
    <h5 class="mb-1">商品名称</h5>
            <small>入库时间</small>
        </div>
        <p class="mb-1">入库数量</p>
        <p>库存总量</p>
    </a>
    <a href="#" class="list-group-
item list-group-item-action">
            <div class="d-flex w-100
justify-content-between">
```

```html
    <h5 class="mb-1">洗衣机</h5>
            <small class="text-
muted">2月16号</small>
        </div>
        <p class="mb-1">350台</p>
        <p>1650台</p>
    </a>
    <a href="#" class="list-group-
item list-group-item-action">
            <div class="d-flex w-100
justify-content-between">
        <h5 class="mb-1">冰箱</h5>
            <small class="text-
muted">3月1号</small>
        </div>
        <p class="mb-1">1000台</p>
        <p>2000</p>
    </a>
</div>
</body>
</html>
```

程序运行结果如图 9-20 所示。

图 9-20　定制内容效果

9.3　面包屑

通过 Bootstrap 的内置 CSS 样式，自动添加分隔符并呈现导航层次和网页结构，从而指示当前页面的位置为访客打造优秀的用户体验。

9.3.1　定义面包屑

面包屑（Breadcrumbs）是一种基于网站层次信息的显示方式。

Bootstrap 中的面包屑是一个带有 breadcrumb 类的列表，分隔符会通过 CSS 中的 ::before 和 content 来添加，代码如下：

```css
.breadcrumb-item + .breadcrumb-item::before {
    display: inline-block;
    padding-right: 0.5rem;
    color: #6c757d;
    content: "/";
}
```

实例 20：设计面包屑效果（案例文件：ch09\9.20.html）

```html
<!DOCTYPE html>
<html>
<head>
    <meta charset="UTF-8">
    <title>面包屑效果</title>
    <meta name="viewport"
content="width=device-width,initial-
scale=1, shrink-to-fit=no">
    <link rel="stylesheet"href="bootstrap-
4.5.3-dist/css/bootstrap.css">
    <script src="jquery-3.5.1.slim.
js"></script>
    <script src="bootstrap-4.5.3-
dist/js/bootstrap.min.js"></script>
</head>
<body class="container">
<h2 align="center">面包屑效果</h2>
<nav aria-label="breadcrumb">
    <ol class="breadcrumb">
        <li class="breadcrumb-item
active">首页</li>
    </ol>
</nav>
<nav aria-label="breadcrumb">
    <ol class="breadcrumb">
```

```html
        <li class="breadcrumb-
item"><a href="#">首页</a></li>
        <li class="breadcrumb-item
active">热门课程</li>
    </ol>
</nav>
<nav aria-label="breadcrumb">
    <ol class="breadcrumb">
        <li class="breadcrumb-
item"><a href="#">首页</a></li>
        <li class="breadcrumb-
item"><a href="#">热门课程</a></li>
        <li class="breadcrumb-item
active">网络安全训练营</li>
    </ol>
</nav>
</body>
</html>
```

程序运行结果如图 9-21 所示。

图 9-21　面包屑效果

9.3.2　设计分隔符

分隔符通过 ::before 和 CSS 中 content 自动添加，如果想设置不同的分隔符，可以在 CSS 文件中添加以下代码覆盖 Bootstrap 中的样式：

```css
.breadcrumb-item + .breadcrumb-item::before {
    display: inline-block;
    padding-right: 0.5rem;
    color: #6c757d;
    content: ">";
}
```

通过修改其中的 content:" "; 来设计不同的分隔符，这里更改为 ">" 符号。

实例 21：设计分隔符（案例文件：ch09\9.21.html）

```html
<!DOCTYPE html>
<html>
<head>
    <meta charset="UTF-8">
    <title>设计分隔符</title>
    <meta name="viewport"
content="width=device-width,initial-
scale=1, shrink-to-fit=no">
    <link rel="stylesheet"href="bootstrap-
4.5.3-dist/css/bootstrap.css">
```

```html
    <script src="jquery-3.5.1.slim.
js"></script>
    <script src="bootstrap-4.5.3-
dist/js/bootstrap.min.js"></script>
    <style>
    .breadcrumb-item + .breadcrumb-
item::before {
        display: inline-block;
        padding-right: 0.5rem;
        color: #6c757d;
        content: ">";
    }
    </style>
</head>
```

```
<body class="container">
<h2 align="center">设计面包屑的分隔符</h2>
<nav aria-label="breadcrumb">
    <ol class="breadcrumb">
        <li class="breadcrumb-item
active">首页</li>
    </ol>
</nav>
<nav aria-label="breadcrumb">
    <ol class="breadcrumb">
        <li class="breadcrumb-
item"><a href="#">首页</a></li>
        <li class="breadcrumb-item
active">热门课程</li>
    </ol>
</nav>
<nav aria-label="breadcrumb">
    <ol class="breadcrumb">
        <li class="breadcrumb-
item"><a href="#">首页</a></li>
```

```
        <li class="breadcrumb-
item"><a href="#">热门课程</a></li>
        <li class="breadcrumb-item
active">网络安全训练营</li>
    </ol>
</nav>
</body>
</html>
```

程序运行结果如图 9-22 所示。

图 9-22　设计面包屑分隔符效果

9.4　分页效果

在网页开发过程中，如果碰到内容过多的情况，一般都会使用分页处理。

9.4.1　定义分页

在 Bootstrap 4 中可以很简单地实现分页效果，在 <ul> 元素上添加 pagination 类，然后在 <li> 元素上添加 page-item 类，在超链接中添加 page-link 类，即可实现一个简单的分页。

基本结构如下：

```
<ul class="pagination">
<li class="page-item"><a class="page-
link"href="#">Previous</a></li>
    <li class="page-item"><a
class="page-link" href="#">1</a></li>
        <li class="page-item"><a
class="page-link" href="#">2</a></li>
        <li class="page-item"><a
class="page-link" href="#">3</a></li>
        <li class="page-item"><a
class="page-link" href="#">Next</a></li>
    </ul>
```

在 Bootstrap 4 中，一般情况下都是使用 <ul> 来设计分页，也可以使用其他元素。

实例 22：定义分页效果（案例文件：ch09\9.22.html）

```
<!DOCTYPE html>
<html>
<head>
    <meta charset="UTF-8">
    <title>定义分页</title>
```

```
    <meta name="viewport"
content="width=device-width,initial-
scale=1, shrink-to-fit=no">
        <link rel="stylesheet"
href="bootstrap-4.5.3-dist/css/
bootstrap.css">
        <script src="jquery-3.5.1.slim.
js"></script>
        <script src="bootstrap-4.5.3-
dist/js/bootstrap.min.js"></script>
    </head>
    <body class="container">
    <h3 align="center">定义分页</h3>
    <ul class="pagination">
        <li class="page-item"><a
class="page-link" href="#">首页</a></li>
        <li class="page-item"><a
class="page-link" href="#">上一页</a></li>
    <li class="page-item"><a
class="page-link" href="#">1</a></li>
        <li class="page-item"><a
class="page-link" href="#">2</a></li>
        <li class="page-item"><a
class="page-link" href="#">3</a></li>
        <li class="page-item"><a
```

```
class="page-link" href="#">4</a></li>
    <li class="page-item"><a
class="page-link" href="#">5</a></li>
    <li class="page-item"><a class="page-
link" href="#">下一页</a></li>
    <li class="page-item"><a
class="page-link" href="#">尾页</a></li>
    </ul>
    </body>
    </html>
```

程序运行结果如图 9-23 所示。

图 9-23　分页效果

9.4.2　使用图标

在分页中，可以使用图标来代替"上一页"或"下一页"。上一页使用"«"图标来设计，下一页使用"»"图标来设计。当然，还可以使用字体图标库中的图标来设计，例如 Font Awesome 图标库。

实例 23：在分页中使用图标（案例文件：ch09\9.23.html）

```
<!DOCTYPE html>
<html>
<head>
    <meta charset="UTF-8">
    <title>使用图标</title>
    <meta name="viewport"
content="width=device-width,initial-
scale=1, shrink-to-fit=no">
    <link rel="stylesheet"
href="bootstrap-4.5.3-dist/css/
bootstrap.css">
<script src="jquery-3.5.1.slim.
js"></script>
    <script src="bootstrap-4.5.3-
dist/js/bootstrap.min.js"></script>
</head>
<body class="container">
<h3 align="center">在分页中使用图标
</h3>
<ul class="pagination">
    <li class="page-item"><a
class="page-link" href="#">首页</a></li>
    <li class="page-item">
        <a class="page-link"
href="#"><span>&laquo;</span></a>
    </li>
    <li class="page-item"><a
class="page-link" href="#">1</a></li>
```

```
    <li class="page-item"><a
class="page-link" href="#">2</a></li>
        <li class="page-item"><a
class="page-link" href="#">3</a></li>
        <li class="page-item"><a
class="page-link" href="#">4</a></li>
        <li class="page-item"><a
class="page-link" href="#">5</a></li>
    <li class="page-item">
        <a class="page-link"
href="#"><span >&raquo;</span></a>
    </li>
        <li class="page-item"><a
class="page-link" href="#">尾页</a></li>
    </ul>
    </body>
    </html>
```

程序运行结果如图 9-24 所示。

图 9-24　使用图标效果

9.4.3　设计分页风格

1. 设置大小

Bootstrap 中提供了下面两个类来设置分页的大小。

（1）pagination-lg：大号分页样式。

（2）pagination-sm：小号分页样式。

实例 24：设置分页的大小（案例文件：ch09\9.24.html）

```html
<!DOCTYPE html>
<html>
<head>
    <meta charset="UTF-8">
    <title>设置分页的大小</title>
    <meta name="viewport"
content="width=device-width,initial-
scale=1, shrink-to-fit=no">
    <link rel="stylesheet" href=
"bootstrap-4.5.3-dist/css/bootstrap.css">
    <script src="jquery-3.5.1.slim.
js"></script>
    <script src="bootstrap-4.5.3-
dist/js/bootstrap.min.js"></script>
</head>
<body class="container">
<h3 align="center">大号分页样式</h3>
<!--大号分页样式-->
<ul class="pagination pagination-lg">
    <li class="page-item"><a
class="page-link" href="#">首页</a></li>
    <li class="page-item">
        <a class="page-link"
href="#"><span>&laquo;</span></a>
    </li>
    <li class="page-item"><a
class="page-link" href="#">1</a></li>
    <li class="page-item"><a
class="page-link" href="#">2</a></li>
    <li class="page-item"><a
class="page-link" href="#">3</a></li>
    <li class="page-item"><a
class="page-link" href="#">4</a></li>
    <li class="page-item"><a
class="page-link" href="#">5</a></li>
    <li class="page-item">
        <a class="page-link"
href="#"><span >&raquo;</span></a>
    </li>
    <li class="page-item"><a
class="page-link" href="#">尾页</a></li>
</ul>
<h3 align="center">默认分页样式</h3>
<!--默认分页效果-->
<ul class="pagination">
    <li class="page-item"><a
class="page-link" href="#">首页</a></li>
    <li class="page-item">
        <a class="page-link"
href="#"><span>&laquo;</span></a>
    </li>
    <li class="page-item"><a
class="page-link" href="#">1</a></li>
    <li class="page-item"><a
class="page-link" href="#">2</a></li>
    <li class="page-item"><a
class="page-link" href="#">3</a></li>
    <li class="page-item"><a
class="page-link" href="#">4</a></li>
    <li class="page-item"><a
class="page-link" href="#">5</a></li>
    <li class="page-item">
        <a class="page-link"
href="#"><span >&raquo;</span></a>
    </li>
    <li class="page-item"><a
class="page-link" href="#">尾页</a></li>
</ul>
<!--小号分页效果-->
<h3 align="center">小号分页样式</h3>
<ul class="pagination pagination-sm">
    <li class="page-item"><a
class="page-link" href="#">首页</a></li>
    <li class="page-item">
        <a class="page-link"
href="#"><span>&laquo;</span></a>
    </li>
    <li class="page-item"><a
class="page-link" href="#">1</a></li>
    <li class="page-item"><a
class="page-link" href="#">2</a></li>
    <li class="page-item"><a
class="page-link" href="#">3</a></li>
    <li class="page-item"><a
class="page-link" href="#">4</a></li>
    <li class="page-item"><a
class="page-link" href="#">5</a></li>
    <li class="page-item">
        <a class="page-link"
href="#"><span >&raquo;</span></a>
    </li>
    <li class="page-item"><a
class="page-link" href="#">尾页</a></li>
</ul>
</body>
</html>
```

程序运行结果如图 9-25 所示。

图 9-25　分页大小效果

2. 激活和禁用分页项

可以使用 active 类来高亮显示当前所在的分页项，使用 disabled 类设置禁用的分页项。

实例25：激活和禁用分页项（案例文件：ch09\9.25.html）

```html
<!DOCTYPE html>
<html>
<head>
    <meta charset="UTF-8">
    <title>激活和禁用分页项</title>
    <meta name="viewport"
content="width=device-width,initial-
scale=1, shrink-to-fit=no">
    <link rel="stylesheet"
href="bootstrap-4.5.3-dist/css/
bootstrap.css">
    <script src="jquery-3.5.1.slim.
js"></script>
    <script src="bootstrap-4.5.3-
dist/js/bootstrap.min.js"></script>
</head>
<body class="container">
<h3 align="center">激活和禁用分页项</h3>
<ul class="pagination">
    <li class="page-item"><a
class="page-link" href="#">首页</a></li>
    <li class="page-item">
        <a class="page-link"
href="#"><span>&laquo;</span></a>
    </li>
    <li class="page-item active"><a
class="page-link" href="#">1</a></li>
    <li class="page-item"><a
class="page-link" href="#">2</a></li>
    <li class="page-item"><a
class="page-link" href="#">3</a></li>
    <li class="page-item"><a
class="page-link" href="#">4</a></li>
    <li class="page-item disabled"><a
class="page-link"href="#">5</a></li>
    <li class="page-item">
        <a class="page-link"
href="#"><span >&raquo;</span></a>
    </li>
    <li class="page-item"><a
class="page-link" href="#">尾页</a></li>
</ul>
</body>
</html>
```

程序运行结果如图9-26所示。

图9-26　激活和禁用分页项效果

3. 设置对齐方式

默认状态下，分页是左对齐，可以使用Flexbox弹性布局通用样式，来设置分页组件的居中对齐和右对齐。justify-content-center类设置居中对齐，justify-content-end类设置右对齐。

实例26：设置分页的对齐方式（案例文件：ch09\9.26.html）

```html
<!DOCTYPE html>
<html>
<head>
    <meta charset="UTF-8">
    <title>设置分页的对齐方式</title>
    <meta name="viewport"
content="width=device-width,initial-
scale=1, shrink-to-fit=no">
    <link rel="stylesheet"
href="bootstrap-4.5.3-dist/css/
bootstrap.css">
    <script src="jquery-3.5.1.slim.
js"></script>
    <script src="bootstrap-4.5.3-
dist/js/bootstrap.min.js"></script>
</head>
<body class="container">
<h3>默认对齐（左对齐）</h3>
<ul class="pagination mb-5 ">
    <li class="page-item"><a
class="page-link" href="#">首页</a></li>
    <li class="page-item">
        <a class="page-link"
href="#"><span>&laquo;</span></a>
    </li>
    <li class="page-item"><a
class="page-link" href="#">1</a></li>
    <li class="page-item active"><a
class="page-link" href="#">2</a></li>
    <li class="page-item"><a
class="page-link" href="#">3</a></li>
    <li class="page-item"><a
class="page-link" href="#">4</a></li>
    <li class="page-item"><a
class="page-link" href="#">5</a></li>
    <li class="page-item">
        <a class="page-link"
href="#"><span >&raquo;</span></a>
    </li>
    <li class="page-item"><a
class="page-link" href="#">尾页</a></li>
</ul>
<h3 align="center">居中对齐</h3>
<ul class="pagination mb-5 justify-
content-center">
    <li class="page-item"><a
```

```
class="page-link" href="#">首页</a></li>
        <li class="page-item">
                <a class="page-link"
href="#"><span>&laquo;</span></a>
        </li>
        <li class="page-item"><a
class="page-link" href="#">1</a></li>
        <li class="page-item active"><a
class="page-link" href="#">2</a></li>
        <li class="page-item"><a
class="page-link" href="#">3</a></li>
        <li class="page-item"><a
class="page-link" href="#">4</a></li>
        <li class="page-item"><a
class="page-link" href="#">5</a></li>
        <li class="page-item">
                <a class="page-link"
href="#"><span >&raquo;</span></a>
        </li>
        <li class="page-item"><a
class="page-link" href="#">尾页</a></li>
    </ul>
    <h3 align="right">右对齐</h3>
    <ul class="pagination justify-
content-end">
        <li class="page-item"><a
class="page-link" href="#">首页</a></li>
        <li class="page-item">
                <a class="page-link"
href="#"><span>&laquo;</span></a>
        </li>
        <li class="page-item"><a
```

```
class="page-link" href="#">1</a></li>
        <li class="page-item active"><a
class="page-link" href="#">2</a></li>
        <li class="page-item"><a
class="page-link" href="#">3</a></li>
        <li class="page-item"><a
class="page-link" href="#">4</a></li>
        <li class="page-item"><a
class="page-link" href="#">5</a></li>
        <li class="page-item">
                <a class="page-link"
href="#"><span >&raquo;</span></a>
        </li>
        <li class="page-item"><a
class="page-link" href="#">尾页</a></li>
    </ul>
    </body>
    </html>
```

程序运行结果如图 9-27 所示。

图 9-27　对齐效果

9.5　新手常见疑难问题

▌ 疑问 1：如何使用 Bootstrap 设计文件选择效果？

对于 input 文件选择控件，Bootstrap 4 提供了 .form-control-file 类来定义。

```
<form>
    <div class="form-group">
        <label for="controlFile1">文件选择</label>
        <input type="file" class="form-control-file" id="controlFile1">
    </div>
</form>
```

程序运行效果如图 9-28 所示。

图 9-28　文件选择控件效果

▌ 疑问 2：如何让表单控件的距离更小？

可以使用 form-row 类来取代 row 类（它们二者很多时候可以互换使用），form-row 类提供更小的边距。

例如以下代码：

```
<body class="container">
<h3 align="center">更小边距</h3>
<form>
    <div class="form-row">
        <div class="col">
            <input type="text" class="form-control" placeholder="Name">
        </div>
        <div class="col">
            <input type="password" class="form-control"
            placeholder="Password">
        </div>
    </div>
</form>
</body>
```

程序运行结果如图 9-29 所示。

图 9-29　更小边距效果

9.6　实战技能训练营

实战 1：设计用户登录页面

综合使用本章所学知识，使用 Bootstrap 设计登录页面，最终效果如图 9-30 所示。

实战 2：设计企业招聘表页面

综合使用本章所学知识，使用 Bootstrap 设计企业招聘表页面，最终效果如图 9-31 所示。

图 9-30　用户登录页面

图 9-31　企业招聘表页面

第10章　玩转卡片和旋转器

本章导读

Bootstrap 4 中新增加了卡片组件，它是一个灵活的、可扩展的内容器，包含了可选的卡片头和卡片脚、一个大范围的内容、上下文背景色以及强大的显示选项。使用卡片可以代替 Bootstrap 3 中的 panel、well 和 thumbnail 等组件的功能。Bootstrap 4 还新增了旋转器的加载特效，用于指示控件或页面的加载状态。本章将重点学习卡片和旋转器的使用方法和技巧。

知识导图

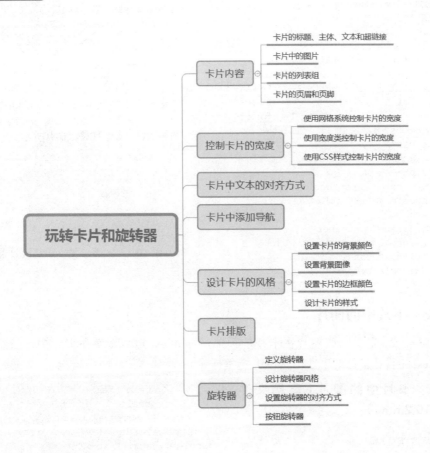

10.1 卡片内容

卡片（card）组件是 Bootstrap 4 新增的一组重要样式，通过卡片的修饰类替代了 Bootstrap 3 的 panel、well 和 thumbnail 组件的类似功能。

10.1.1 卡片的标题、主体、文本和超链接

卡片支持多种多样的内容，包括标题、主体、文本和超链接，可以混合这些内容。

（1）卡片标题：使用 .card-title（标题）和 .card-subtitle（小标题）构建卡片标题。

（2）卡片标题主体：使用 .card-body 构建卡片主体内容。

（3）卡片文本：卡片主体使用 .card-text 代表文本内容。

（4）卡片超链接：卡片主体使用 .card-link 代表超链接。

实例 1：定义卡片（案例文件：ch10\10.1.html）

```
<!DOCTYPE html>
<html>
<head>
    <meta charset="UTF-8">
    <title>卡片</title>
    <meta name="viewport"
content="width=device-width,initial-
scale=1, shrink-to-fit=no">
    <link rel="stylesheet"
href="bootstrap-4.5.3-dist/css/
bootstrap.css">
    <script src="jquery-3.5.1.slim.
js"></script>
    <script src="bootstrap-4.5.3-
dist/js/bootstrap.min.js"></script>
</head>
<body class="container">
<h3 align="center">定义卡片</h3>
<div class="container">
    <div class="card">
```

```
<h1 class="card-title">卡片标题</h1>
        <h5 class="card-subtitle
text-muted">小标题</h5>
        <div class="card-body">
<p class="card-text">卡片主体内容</p>
<a href="#" class="card-link">注册</a>
<a href="#" class="card-link">登录</a>
        </div>
    </div>
</div>
</body>
</html>
```

程序运行结果如图 10-1 所示。

图 10-1　标题、文本和链接效果

10.1.2 卡片中的图片

.card-img-top 定义一张图片在卡片的顶部，.card-text 定义文字在卡片中，当然也可以在 .card-text 中设计自己的个性化 HTML 标签样式。

实例 2：卡片中的图片（案例文件：ch10\10.2.html）

```
<!DOCTYPE html>
<html>
<head>
```

```
<meta charset="UTF-8">
<title>卡片中的图片</title>
    <meta name="viewport"
content="width=device-width,initial-
scale=1, shrink-to-fit=no">
    <link rel="stylesheet"
href="bootstrap-4.5.3-dist/css/
```

```
bootstrap.css">
        <script src="jquery-3.5.1.slim.
js"></script>
        <script src="bootstrap-4.5.3-
dist/js/bootstrap.min.js"></script>
    </head>
    <body class="container">
    <h3 align="center">卡片中的图片</h3>
    <div class="card float-left"
style="width: 25rem;">
        <img src="1.jpg" class="card-
img-top" alt="">
        <div class="card-body">
            <p class="card-text">苹果营
养价值很高，富含矿物质和维生素，含钙量丰富，有
助于代谢掉体内多余盐分，苹果酸可代谢热量，防止
肥胖。</p>
        </div>
    </div>
    </body>
```

```
</html>
```

程序运行结果如图 10-2 所示。

图 10-2　图片效果

10.1.3　卡片的列表组

Bootstrap 中使用 .list-group 构建列表组。

**实例 3：构建列表组（案例文件：
ch10\10.3.html）**

```
<!DOCTYPE html>
<html>
<head>
    <meta charset="UTF-8">
    <title>列表组效果</title>
    <meta name="viewport"
content="width=device-width,initial-
scale=1, shrink-to-fit=no">
    <link rel="stylesheet"
href="bootstrap-4.5.3-dist/css/
bootstrap.css">
    <script src="jquery-3.5.1.slim.
js"></script>
    <script src="bootstrap-4.5.3-
dist/js/bootstrap.min.js"></script>
    </head>
    <body class="container">
    <h3 align="center">列表组效果</h3>
    <div class="card">
        <div class="card-header">商品类
别</div>
        <ul class="list-group list-
group-flush">
            <li class="list-group-
item">1. 洗衣机</li>
```

```
            <li class="list-group-
item">2. 冰箱</li>
            <li class="list-group-
item">3. 空调</li>
            <li class="list-group-
item">4. 电视机</li>
        </ul>
    </div>
    </body>
</html>
```

程序运行结果如图 10-3 所示。

图 10-3　列表组效果

10.1.4　卡片的页眉和页脚

在卡片内使用 .card-header 类创建卡片的页眉，使用 .card-footer 类创建卡片的页脚。

173

实例 4：卡片的页眉和页脚（案例文件：ch10\10.4.html）

```html
<!DOCTYPE html>
<html>
<head>
    <meta charset="UTF-8">
    <title>页眉和页脚</title>
    <meta name="viewport"
content="width=device-width,initial-
scale=1, shrink-to-fit=no">
    <link rel="stylesheet"
href="bootstrap-4.5.3-dist/css/
bootstrap.css">
    <script src="jquery-3.5.1.slim.
js"></script>
    <script src="bootstrap-4.5.3-
dist/js/bootstrap.min.js"></script>
</head>
<body class="container">
<h3 align="center">卡片的页眉和页脚
</h3>
<div class="card text-center">
    <div class="card-header">热门课
程</div>
    <div class="card-body">
        <h5 class="card-title">热门
训练营</h5>
        <p class="card-text">1. 网络
安全训练营</p>
        <p class="card-text">2. 网站
```

开发训练营</p>
```html
        <p class="card-text">3. 智能
开发训练营</p>
        <p class="card-text">4.
Java开发训练营</p>
        <a href="#" class="btn btn-
primary">报名课程</a>
    </div>
    <div class="card-footer">打造经
典课程</div>
    </div>
    </body>
    </html>
```

程序运行结果如图 10-4 所示。

图 10-4　页眉和页脚效果

10.2　控制卡片的宽度

卡片没有固定宽度。默认情况下，卡片的真实宽度是100%。可以根据需要使用网格系统、宽度类或自定义 CSS 样式来设置卡片的宽度。

10.2.1　使用网格系统控制卡片的宽度

使用网格系统可以控制卡片的宽度。

实例 5：使用网格系统控制卡片的宽度（案例文件：ch10\10.5.html）

```html
<!DOCTYPE html>
<html>
<head>
    <meta charset="UTF-8">
    <title>控制卡片的宽度</title>
    <meta name="viewport"
content="width=device-width,initial-
scale=1, shrink-to-fit=no">
    <link rel="stylesheet"
href="bootstrap-4.5.3-dist/css/
bootstrap.css">
```

```html
    <script src="jquery-3.5.1.slim.
js"></script>
    <script src="bootstrap-4.5.3-
dist/js/bootstrap.min.js"></script>
</head>
<body class="container">
    <h2 align="center">使用网格系统控
制卡片的宽度</h2>
    <div class="row">
        <div class="col-sm-6">
            <div class="card">
                <div class="card-
header">热门课程</div>
                <div class="card-
body">网络安全训练营</div>
```

```
                <div class="card-
footer">打造经典课程</div>
        </div>
    </div>
    <div class="col-sm-6">
        <div class="card">
            <div class="card-
header">热门课程</div>
            <div class="card-
body">网站开发训练营</div>
            <div class="card-
footer">打造经典课程</div>
        </div>
    </div>
</div>
```

```
        </div>
    </body>
</html>
```

程序运行结果如图 10-5 所示。

图 10-5　使用网格系统控制卡片的宽度

10.2.2　使用宽度类控制卡片的宽度

可以使用 Bootstrap 的宽度类（w-*）设置卡片的宽度。可以选择的宽度类包括 w-25、w-50、w-75 和 w-100。

实例 6：使用宽度类控制卡片的宽度（案例文件：ch10\10.6.html）

```
<!DOCTYPE html>
<html>
<head>
    <meta charset="UTF-8">
    <title>使用宽度类w-50控制卡片的宽度</title>
    <meta name="viewport"
content="width=device-width,initial-
scale=1, shrink-to-fit=no">
    <link rel="stylesheet"href="bootstrap-
4.5.3-dist/css/bootstrap.css">
    <script src="jquery-3.5.1.slim.
js"></script>
    <script src="bootstrap-4.5.3-
dist/js/bootstrap.min.js"></script>
</head>
<body>
<div class="container">
 <div class="card w-50 float-left">
<div class="card-header">热门课程</div>
        <ul class="list-group list-
group-flush">
            <li class="list-group-
item">1. 网络安全训练营</li>
            <li class="list-group-
item">2. 网站开发训练营</li>
            <li class="list-group-
item">3. 人工智能开发训练营</li>
```

```
        </ul>
        <div class="card-footer">打
造经典课程</div>
    </div>
    <div class="card w-50 float-left">
    <div class="card-header">经典教材</div>
    <ul class="list-group list-group-flush">
        <li class="list-group-
item">1. 网站安全开发系列教材</li>
        <li class="list-group-
item">2. 网站开发系列教材</li>
        <li class="list-group-
item">3. 人工智能开发系列教材</li>
        </ul>
        <div class="card-footer">打
造经典教材</div>
    </div>
</div>
</body>
</html>
```

程序运行结果如图 10-6 所示。

图 10-6　使用宽度类控制卡片的宽度

10.2.3　使用 CSS 样式控制卡片的宽度

可以使用样式表中的自定义 CSS 样式设置卡片的宽度。下面分别设置宽度为 10rem、30rem 和 50rem。

实例 7：使用 CSS 样式控制卡片的宽度（案例文件：ch10\10.7.html）

```html
<!DOCTYPE html>
<html>
<head>
    <meta charset="UTF-8">
    <title>控制卡片的宽度</title>
    <meta name="viewport"
content="width=device-width,initial-
scale=1, shrink-to-fit=no">
    <link rel="stylesheet"href="bootstrap-
4.5.3-dist/css/bootstrap.css">
    <script src="jquery-3.5.1.slim.
js"></script>
    <script src="bootstrap-4.5.3-
dist/js/bootstrap.min.js"></script>
</head>
<body class="container">
    <h2 align="center">使用CSS样式来
控制卡片的宽度</h2>
    <div class="card mb-3"
style="width: 15rem">
        <div class="card-body">卡片
```

主体的宽度（15rem）</div>
```html
    </div>
    <div class="card mb-3"
style="width: 20rem">
        <div class="card-body">卡片
```
主体的宽度（20rem）</div>
```html
    </div>
    <div class="card"style="width: 40rem">
        <div class="card-body">卡片
```
主体的宽度（40rem）</div>
```html
    </div>
</body>
</html>
```

程序运行结果如图 10-7 所示。

图 10-7　使用 CSS 样式控制效果

10.3　卡片中文本的对齐方式

使用 Bootstrap 中的文本对齐类（text-center、text-left、text-right）可以设置卡片中内容的对齐方式。

实例 8：卡片中文本的对齐方式（案例文件：ch10\10.8.html）

```html
<!DOCTYPE html>
<html>
<head>
    <meta charset="UTF-8">
    <title>文本的对齐方式</title>
    <meta name="viewport"
content="width=device-width,initial-
scale=1, shrink-to-fit=no">
    <link rel="stylesheet"href="bootstrap-
4.5.3-dist/css/bootstrap.css">
    <script src="jquery-3.5.1.slim.
js"></script>
    <script src="bootstrap-4.5.3-
dist/js/bootstrap.min.js"></script>
</head>
<body class="container">
<h2 align="center">文本的对齐方式</h2>
<div>
```

```html
        <div class="card-header text-
left ">页眉(左对齐)</div>
        <div class="card-body text-
center ">卡片的主体(居中对齐)</div>
        <div class="card-footer text-
right ">页脚(右对齐)</div>
    </div>
</body>
</html>
```

程序运行结果如图 10-8 所示。

图 10-8　文本的对齐方式

10.4　卡片中添加导航

使用 Bootstrap 导航组件可以将导航元件添加到卡片的标题中。

实例9：卡片中添加导航（案例文件：ch10\10.9.html）

```html
<!DOCTYPE html>
<html>
<head>
    <meta charset="UTF-8">
    <title>添加标签导航</title>
        <meta name="viewport"
content="width=device-width,initial-
scale=1, shrink-to-fit=no">
    <link rel="stylesheet"href="bootstrap-
4.5.3-dist/css/bootstrap.css">
    <script src="jquery-3.5.1.slim.
js"></script>
        <script src="bootstrap-4.5.3-
dist/js/bootstrap.min.js"></script>
</head>
<body class="container">
<h3 align="center">添加标签导航</h3>
<div class="card ">
    <div class="card-header">
            <ul class="nav nav-tabs
card-header-tabs">
            <li class="nav-item">
    <a class="nav-link active" id="home-
tab" data-toggle="tab" href="#nav1">家用
电器</a>
            </li>
            <li class="nav-item">
    <a class="nav-link" id="profile-tab"
data-toggle="tab" href="#nav2">数码相机
</a>
            </li>
            <li class="nav-item">
    <a class="nav-link" id="contact-
tab" data-toggle="tab" href="#nav3">手机
电脑</a>
            </li>
            <li class="nav-item">
    <a class="nav-link" id="profile-tab"
data-toggle="tab" href="#nav4">办公设备</a>
            </li>
            <li class="nav-item">
    <a class="nav-link" id="contact-
tab" data-toggle="tab" href="#nav5">水果
特产</a>
            </li>
        </ul>
    </div>
    <div class="card-body tab-content">
            <div class="tab-pane fade
show active" id="nav1">
        <div class="card-body">
    <h5 class="card-title">家用电器</h5>
    <p class="card-text"><input
type="text" class="form-control"></p>
                    <a href="#"
class="btn btn-primary">搜索</a>
        </div>
    </div>
    <div class="tab-pane fade"id="nav2">
        <div class="card-body">
    <h5 class="card-title">数码相机</h5>
    <p class="card-text"><input
type="text" class="form-control"></p>
                    <a href="#"
class="btn btn-primary">搜索</a>
        </div>
    </div>
    <div class="tab-pane fade"id="nav3">
        <div class="card-body">
    <h5 class="card-title">手机电脑</h5>
    <p class="card-text"><input
type="text" class="form-control"></p>
                    <a href="#"
class="btn btn-primary">搜索</a>
        </div>
    </div>
    <div class="tab-pane fade"id="nav4">
        <div class="card-body">
    <h5 class="card-title">办公设备</h5>
    <p class="card-text"><input
type="text" class="form-control"></p>
                    <a href="#"
class="btn btn-primary">搜索</a>
        </div>
    </div>
        <div class="tab-pane fade"
id="nav5">
        <div class="card-body">
    <h5 class="card-title">水果特产</h5>
    <p class="card-text"><input
type="text" class="form-control"></p>
                    <a href="#"
class="btn btn-primary">搜索</a>
        </div>
    </div>
    </div>
</div>
</body>
</html>
```

程序运行结果如图10-9所示。

图10-9　添加导航效果

10.5 设计卡片的风格

卡片可以自定义背景、边框和各种选项的颜色。

10.5.1 设置卡片的背景颜色

卡片的背景颜色一共有 8 种，分别是 bg-primary、bg-secondary、bg-success、bg-info、bg-warning、bg-danger、light 和 dark。

> **实例 10：设置卡片的背景颜色（案例文件：ch10\10.10.html）**

```html
<!DOCTYPE html>
<html>
<head>
    <meta charset="UTF-8">
    <title>卡片的背景颜色</title>
    <meta name="viewport"
content="width=device-width,initial-
scale=1, shrink-to-fit=no">
    <link rel="stylesheet"
href="bootstrap-4.5.3-dist/css/
bootstrap.css">
    <script src="jquery-3.5.1.slim.
js"></script>
    <script src="bootstrap-4.5.3-
dist/js/bootstrap.min.js"></script>
</head>
<body class="container">
<h3 align="center">卡片的背景颜色
</h3>
<div class="card text-white bg-
primary mb-3">
    <div class="card-header">这里是
bg-primary</div>
</div>
<div class="card text-white bg-
secondary mb-3">
    <div class="card-header">这里是
bg-secondary</div>
</div>
<div class="card text-white bg-
success mb-3">
    <div class="card-header">这里是
bg-success</div>
</div>
<div class="card text-white bg-
danger mb-3">
    <div class="card-header">这里是
bg-danger</div>
```

```html
</div>
<div class="card text-white bg-
warning mb-3">
    <div class="card-header">这里是
bg-warning</div>
</div>
<div class="card text-white bg-info
mb-3">
    <div class="card-header">这里是
bg-info</div>
</div>
<div class="card text-dark bg-light
mb-3">
    <div class="card-header">这里是
bg-light</div>
</div>
<div class="card text-white bg-dark
mb-3">
    <div class="card-header">这里是
bg-dark</div>
</div>
</body>
</html>
```

程序运行结果如图 10-10 所示。

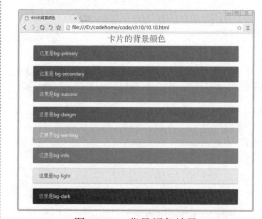

图 10-10　背景颜色效果

10.5.2 设置背景图像

将图像转换为卡片背景并覆盖卡片的文本。在图片中添加 card-img，设置包含 .card-img-overlay 类容器，用于输入文本内容。

实例 11：设置背景图像（案例文件：ch10\10.11.html）

```html
<!DOCTYPE html>
<html>
<head>
    <meta charset="UTF-8">
    <title>图像背景</title>
<meta name="viewport"content="width=device-width,initial-scale=1, shrink-to-fit=no">
<link rel="stylesheet"href="bootstrap-4.5.3-dist/css/bootstrap.css">
<script src="jquery-3.5.1.slim.js"></script>
        <script src="bootstrap-4.5.3-dist/js/bootstrap.min.js"></script>
    </head>
    <body class="container">
    <h3 align="center">图像背景</h3>
    <div class="card bg-dark text-white">
    <img src="2.jpg" class="card-img"alt="">
        <div class="card-img-overlay">
```

```html
        <h3 class="card-title">黄鹤楼送孟浩然之广陵</h3>
        <p class="card-text">故人西辞黄鹤楼，烟花三月下扬州。</p>
        <p class="card-text">孤帆远影碧空尽，唯见长江天际流。</p>
            </div>
        </div>
    </body>
</html>
```

程序运行结果如图 10-11 所示。

图 10-11　图像背景

> **注意**：内容不应大于图像的高度。如果内容大于图像，则内容将显示在图像之外。

10.5.3　设置卡片的边框颜色

使用边框（border-*）类可以设置卡片的边框颜色。

实例 12：设置卡片的边框颜色（案例文件：ch10\10.12.html）

```html
<!DOCTYPE html>
<html>
<head>
    <meta charset="UTF-8">
    <title>卡片的边框颜色</title>
        <meta name="viewport" content="width=device-width,initial-scale=1, shrink-to-fit=no">
<link rel="stylesheet"href="bootstrap-4.5.3-dist/css/bootstrap.css">
    <script src="jquery-3.5.1.slim.js"></script>
        <script src="bootstrap-4.5.3-dist/js/bootstrap.min.js"></script>
    </head>
    <body class="container">
    <h3 align="center">卡片的边框颜色</h3>
    <div class="card border-primary mb-3">
        <div class="card-header text-primary"> border-primary边框颜色</div>
    </div>
    <div class="card border-secondary mb-3">
    <div class="card-header text-secondary"> border-secondary边框颜色</div>
```

```html
    </div>
    <div class="card border-success mb-3">
        <div class="card-header text-success"> border-success边框颜色</div>
    </div>
    <div class="card border-danger mb-3">
        <div class="card-header text-danger">border-danger边框颜色</div>
    </div>
    <div class="card border-warning mb-3">
        <div class="card-header text-warning"> border-warning边框颜色</div>
    </div>
    <div class="card border-info mb-3">
        <div class="card-header text-info"> border-info边框颜色</div>
    </div>
    <div class="card border-light mb-3">
        <div class="card-header"> border-light边框颜色</div>
    </div>
    <div class="card border-dark mb-3">
        <div class="card-header text-dark"> border-dark边框颜色</div>
    </div>
    </body>
</html>
```

程序运行结果如图 10-12 所示。

图 10-12　各种边框颜色效果

10.5.4　设计卡片的样式

可以根据需要更改卡片页眉和页脚上的边框，甚至可以使用 .bg-transparent 类删除它们的背景颜色。

实例 13：设计卡片的样式（案例文件：ch10\10.13.html）

```
<!DOCTYPE html>
<html>
<head>
    <meta charset="UTF-8">
    <title>设计卡片的样式</title>
    <meta name="viewport"
content="width=device-width,initial-
scale=1, shrink-to-fit=no">
    <link rel="stylesheet"href="bootstrap-
4.5.3-dist/css/bootstrap.css">
    <script src="jquery-3.5.1.slim.
js"></script>
    <script src="bootstrap-4.5.3-
dist/js/bootstrap.min.js"></script>
</head>
<body class="container">
<h3 align="center">设计卡片的样式</h3>
<div class="card border-success mb-
3" style="max-width: 25rem;">
    <div class="card-header bg-
transparent border-success text-
center">热门课程</div>
    <div class="card-body text-success">
<h5 class="card-title">老码识途课堂</h5>
        <p class="card-text">1. 网络
安全训练营</p>
```

```
        <p class="card-text">2. 网站
开发训练营</p>
        <p class="card-text">3.
Java开发训练营</p>
        <p class="card-text">4. 人工
智能开发训练营</p>
    </div>
    <div class="card-footer bg-
transparent border-success text-
center">打造经典课程</div>
    </div>
    </body>
    </html>
```

程序运行结果如图 10-13 所示。

图 10-13　设计卡片样式效果

10.6　卡片排版

Bootstrap 除了可以对卡片内的内容进行设计排版外，还包括一系列布置选项，例如卡片组、卡片阵列和多列卡片浮动排版。目前这些布置选项还不支持响应式。

1. 卡片组

使用卡片组类（.card-group）将多个卡片结为一个群组，使用 display: flex 来实现统一的布局，使它们具有相同的宽度和高度列。

实例 14：使用卡片组排版（案例文件：ch10\10.14.html）

```
<!DOCTYPE html>
<html>
<head>
    <meta charset="UTF-8">
    <title>卡片组</title>
        <meta name="viewport"
content="width=device-width,initial-
scale=1, shrink-to-fit=no">
    <link rel="stylesheet"href="bootstrap-
4.5.3-dist/css/bootstrap.css">
        <script src="jquery-3.5.1.slim.
js"></script>
        <script src="bootstrap-4.5.3-
dist/js/bootstrap.min.js"></script>
</head>
<body class="container">
<h3 align="center">卡片组排版</h3>
<div class="card-group">
    <div class="card">
                <img src="3.jpg"
class="card-img-top" >
        <div class="card-body">
            <h5 class="card-title">
网络安全训练营</h5>
                <p class="card-text">
从零基础快速入门网络安全，一套课程带你掌握网络
安全技术。侧重实际操作。  </p>
        </div>
        <div class="card-footer">
        <small>打造经典课程</small>
        </div>
    </div>
```

```
    <div class="card">
    <img src="4.jpg" class="card-img-top">
        <div class="card-body">
            <h5 class="card-title">
网站开发训练营</h5>
                <p class="card-text">
从零基础快速入门网站开发，一套课程带你掌握网站
开发技术。侧重实际操作。</p>
        </div>
        <div class="card-footer">
        <small>打造经典课程</small>
        </div>
    </div>
    <div class="card">
    <img src="5.jpg" class="card-img-top">
        <div class="card-body">
                <h5 class="card-
title">Java开发训练营</h5>
                <p class="card-text">从
零基础快速入门Java开发，一套课程带你掌握Java
开发技术。侧重实际操作。</p>
        </div>
        <div class="card-footer">
    <small>打造经典课程</small>
        </div>
    </div>
</div>
</body>
</html>
```

程序运行结果如图 10-14 所示。

图 10-14　卡片组效果

> 提示：当使用带有页脚的卡片组时，它们的内容将自动对齐。

2. 卡片阵列

如果需要一套相互不相连，但宽度和高度相同的卡片，可以使用卡片阵列（.card-deck）来实现。

实例 15：使用卡片阵列排版（案例文件：ch10\10.15.html）

```
<!DOCTYPE html>
<html>
<head>
    <meta charset="UTF-8">
    <title>使用卡片阵列排版</title>
```

```
        <meta name="viewport"
content="width=device-width,initial-
scale=1, shrink-to-fit=no">
        <link rel="stylesheet"
href="bootstrap-4.5.3-dist/css/
bootstrap.css">
    <script src="jquery-3.5.1.slim.
js"></script>
```

```
            <script src="bootstrap-4.5.3-
dist/js/bootstrap.min.js"></script>
    </head>
    <body class="container">
    <h3 align="center">使用卡片阵列排版</h3>
    <div class="card-deck">
        <div class="card">
    <img src="3.jpg" class="card-img-top">
            <div class="card-body">
                <h5 class="card-title">
网络安全训练营</h5>
                    <p class="card-text">
从零基础快速入门网络安全,一套课程带你掌握网络
安全技术。侧重实际操作。 </p>
            </div>
            <div class="card-footer">
            <small>打造经典课程</small>
            </div>
        </div>
        <div class="card">
    <img src="4.jpg" class="card-img-top">
            <div class="card-body">
    <h5 class="card-title">网站开发训练营</h5>
                    <p class="card-text">
从零基础快速入门网站开发,一套课程带你掌握网站
开发技术。侧重实际操作。</p>
            </div>
            <div class="card-footer">
            <small>打造经典课程</small>
            </div>
        </div>
        <div class="card">
    <img src="5.jpg" class="card-img-top">
            <div class="card-body">
    <h5 class="card-title">Java开发训练营</h5>
                    <p class="card-text">从
零基础快速入门Java开发,一套课程带你掌握Java
开发技术。侧重实际操作。</p>
            </div>
            <div class="card-footer">
            <small>打造经典课程</small>
            </div>
        </div>
    </div>
    </body>
    </html>
```

程序运行结果如图 10-15 所示。

图 10-15　卡片阵列效果

3．多列卡片浮动排版

将卡片包在 .card-columns 类中，可以将卡片设计成瀑布流的布局。卡片是使用 column 属性，而不是基于 flexbox 弹性布局，从而实现浮动对齐，顺序是从上到下、从左到右。

实例16：使用多列卡片浮动排版（案例文件：ch10\10.16.html）

```
<!DOCTYPE html>
<html>
<head>
    <meta charset="UTF-8">
    <title>多列卡片</title>
        <meta name="viewport"
content="width=device-width,initial-
scale=1, shrink-to-fit=no">
        <link rel="stylesheet"
href="bootstrap-4.5.3-dist/css/
bootstrap.css">
        <script src="jquery-3.5.1.slim.
js"></script>
        <script src="bootstrap-4.5.3-
dist/js/bootstrap.min.js"></script>
    </head>
    <body class="container">
    <h2 align="center">多列卡片浮动排版</
h2>
    <div class="card-columns">
    <div class="card bg-primary p-3">
            <img src="1.png"
class="card-img-top">
    </div>
    <div class="card bg-dark p-3">
            <img src="2.png "
class="card-img-top">
    </div>
    <div class="card bg-info p-3">
            <img src="3.png "
class="card-img-top">
    </div>
    <div class="card bg-light p-3">
            <img src="4.png "
class="card-img-top" >
    </div>
    <div class="card bg-success p-3">
            <img src="5.png "
class="card-img-top" >
    </div>
    <div class="card bg-danger p-3">
            <img src="6.png "
class="card-img-top" >
    </div>
    <div class="card bg-secondary p-3">
            <img src="7.png"
```

```
class="card-img-top">
      </div>
    <div class="card bg-warning p-3">
              <img  src="8.png"
class="card-img-top">
      </div>
    </div>
    </body>
    </html>
```

程序运行结果如图 10-16 所示。

图 10-16　多列卡片浮动排版效果

10.7　旋转器

基于纯 CSS 旋转特效类（.spinner-border)，用于指示控件或页面的加载状态。它们只使用 HTML 和 CSS 构建，这意味着不需要任何 JavaScript 来创建它们。但是，需要一些定制的 JavaScript 来切换它们的可见性，它们的外观、对齐方式和大小可以很容易地使用 Bootstrap 的类进行定制。

10.7.1　定义旋转器

Bootstrap 4 中使用 spinner-border 类来定义旋转器。

```
<div class="spinner-border"></div>
```

如果不喜欢旋转特效，可以切换到"渐变缩放"效果，即从小到大的缩放冒泡特效，它使用 spinner-grow 类定义。

```
<div class="spinner-grow"></div>
```

两种不同旋转器的显示状态如图 10-17 和图 10-18 所示。可以看出旋转器的角度和大小都发生了变化。

图 10-17　旋转器状态（1）

图 10-18　旋转器状态（2）

10.7.2　设计旋转器风格

可以使用 Bootstrap 通用样式类设置旋转器的风格。

1. 设置颜色

旋转特效控件和渐变缩放基于 CSS 的 currentColor 属性继承 border-color，可以在标准旋转器上使用文本颜色类定义颜色。

实例 17：设置旋转器的颜色（案例文件：ch10\10.17.html）

```html
<!DOCTYPE html>
<html>
<head>
    <meta charset="UTF-8">
    <title>旋转器颜色</title>
    <meta name="viewport"
content="width=device-width,initial-
scale=1, shrink-to-fit=no">
    <link rel="stylesheet"
href="bootstrap-4.5.3-dist/css/
bootstrap.css">
    <script src="jquery-3.5.1.slim.
js"></script>
    <script src="bootstrap-4.5.3-
dist/js/bootstrap.min.js"></script>
</head>
<body class="container">
<h3 align="center">旋转器颜色</h3>
<div class="spinner-border text-
primary"></div>
<div class="spinner-border text-
secondary"></div>
<div class="spinner-border text-
success"></div>
<div class="spinner-border text-
danger"></div>
<div class="spinner-border text-
warning"></div>
<div class="spinner-border text-
info"></div>
<div class="spinner-border text-
light"></div>
<div class="spinner-border text-
dark"></div>
    <h3 class="my-4">渐变缩放颜色</h3>
    <div class="spinner-grow text-
primary"></div>
    <div class="spinner-grow text-
secondary"></div>
    <div class="spinner-grow text-
success"></div>
    <div class="spinner-grow text-
danger"></div>
    <div class="spinner-grow text-
warning"></div>
    <div class="spinner-grow text-
info"></div>
    <div class="spinner-grow text-
light"></div>
    <div class="spinner-grow text-
dark"></div>
</body>
</html>
```

程序运行结果如图 10-19 所示。

图 10-19　不同颜色效果

> **提示**：可以使用 Bootstrap 的外边距类设置它的边距。下面设置为 m-5：
>
> ```html
> <div class="spinner-border m-5"></div>
> ```

2. 设置旋转器的大小

可以添加 .spinner-border-sm 和 .spinner-grow-sm 类来制作一个更小的旋转器。或者根据需要自定义 CSS 样式来更改旋转器的大小。

实例 18：设置旋转器的大小（案例文件：ch10\10.18.html）

```html
<!DOCTYPE html>
<html>
<head>
    <meta charset="UTF-8">
    <title>设置旋转器的大小</title>
    <meta name="viewport"
content="width=device-width,initial-
scale=1, shrink-to-fit=no">
    <link rel="stylesheet" href=
```

```html
"bootstrap-4.5.3-dist/css/bootstrap.css">
    <script src="jquery-3.5.1.slim.
js"></script>
    <script src="bootstrap-4.5.3-
dist/js/bootstrap.min.js"></script>
</head>
<body class="container">
    <h3 align="center">小的旋转器</h3>
<div class="spinner-border spinner-
border-sm"></div>
<div class="spinner-grow spinner-
grow-sm ml-5"></div><hr/>
    <h2 align="center">大的旋转器</h2>
```

```
<div class="spinner-border"
style="width: 3rem; height: 3rem;"></
div>
    <div class="spinner-grow ml-5"
style="width: 3rem; height: 3rem;"></
div>
    </body>
    </html>
```

程序运行结果如图 10-20 所示。

图 10-20　设置旋转器的大小

10.7.3　设置旋转器的对齐方式

使用 Flexbox 实用程序、Float 实用程序或文本对齐实用程序，可以将旋转器精确地放置在需要的位置上。

1. 使用 Flex 实用程序

下面使用 Flexbox 来设置水平对齐方式。

实例 19：使用 Flexbox 设置水平对齐（案例文件：ch10\10.19.html）

```
<!DOCTYPE html>
<html>
<head>
    <meta charset="UTF-8">
    <title>设置水平对齐方式</title>
        <meta name="viewport"
content="width=device-width,initial-
scale=1, shrink-to-fit=no">
    <link rel="stylesheet"href="bootstrap-
4.5.3-dist/css/bootstrap.css">
        <script src="jquery-3.5.1.slim.
js"></script>
            <script src="bootstrap-4.5.3-
dist/js/bootstrap.min.js"></script>
    </head>
    <body class="container">
    <h3 align="center">默认对齐(左对齐)</h3>
    <div class="d-flex">
    <div class="spinner-border"></div>
    </div><hr>
    <h3 align="center">居中对齐</h3>
    <div class="d-flex justify-content-
center">
    <div class="spinner-border"></div>
    </div><hr>
    <h3 align="right">右对齐</h3>
    <div class="d-flex align-items-
center">
        <div class="spinner-border ml-
auto"></div>
    </div>
    </body>
    </html>
```

程序运行结果如图 10-21 所示。

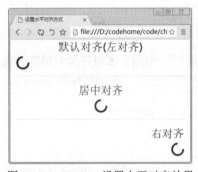

图 10-21　Flexbox 设置水平对齐效果

2. 使用 Float 实用程序

使用 .float-right 类设置右对齐，并在父元素中清除浮动，以免造成页面布局混乱。

实例 20：使用浮动设置右对齐（案例文件：ch10\10.20.html）

```
<!DOCTYPE html>
<html>
<head>
    <meta charset="UTF-8">
    <title>使用浮动</title>
        <meta name="viewport"
content="width=device-width,initial-
scale=1, shrink-to-fit=no">
    <link rel="stylesheet"href="
bootstrap-4.5.3-dist/css/bootstrap.css">
    <script src="jquery-3.5.1.slim.
js"></script>
        <script src="bootstrap-4.5.3-
dist/js/bootstrap.min.js"></script>
    </head>
    <body class="container">
    <h3 align="center">右对齐</h3>
```

```
    <div class="clearfix">
        <div class="spinner-border
float-right"></div>
    </div>
</body>
</html>
```

程序运行结果如图 10-22 所示。

图 10-22　使用浮动设置右对齐效果

3. 使用文本类

使用 text-center、text-right 文本对齐类可以设置旋转器的位置。

实例 21：使用文本对齐类设置旋转器的位置（案例文件：ch10\10.21.html）

```
<!DOCTYPE html>
<html>
<head>
    <meta charset="UTF-8">
    <title>使用文本对齐类设置旋转器的位
置</title>
        <meta name="viewport"
content="width=device-width,initial-
scale=1, shrink-to-fit=no">
        <link rel="stylesheet"href="
```

```
bootstrap-4.5.3-dist/css/bootstrap.css">
    <script src="jquery-3.5.1.slim.
js"></script>
        <script src="bootstrap-4.5.3-
dist/js/bootstrap.min.js"></script>
    </head>
    <body class="container">
    <h3>默认对齐(左对齐)</h3>
    <div>
    <div class="spinner-border"></div>
    </div><hr/>
    <h3 align="center">居中对齐</h3>
    <div class="text-center">
    <div class="spinner-border"></div>
    </div><hr/>
    <h3 align="right">居右对齐</h3>
    <div class="text-right">
    <div class="spinner-border"></div>
    </div>
    </body>
    </html>
```

程序运行结果如图 10-23 所示。

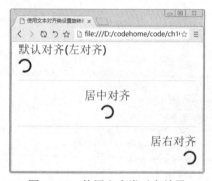

图 10-23　使用文本类对齐效果

10.7.4　按钮旋转器

在按钮中使用旋转器指示当前正在处理或正在进行的操作，还可以从 spinner 元素中交换文本，并根据需要使用按钮文本。

实例 22：按钮旋转器（案例文件：ch10\10.22.html）

```
<!DOCTYPE html>
<html>
<head>
    <meta charset="UTF-8">
    <title>按钮旋转器</title>
        <meta name="viewport"
content="width=device-width,initial-
scale=1, shrink-to-fit=no">
    <link rel="stylesheet"href="bootstrap-
4.5.3-dist/css/bootstrap.css">
    <script src="jquery-3.5.1.slim.
```

```
js"></script>
        <script src="bootstrap-4.5.3-
dist/js/bootstrap.min.js"></script>
    </head>
    <body class="container">
    <h3 align="center">按钮旋转器</h3>
    <button class="btn btn-danger"
type="button" disabled>
        <span class="spinner-border
spinner-border-sm"></span>
    </button>
    <button class="btn btn-danger"
type="button" disabled>
        <span class="spinner-border
spinner-border-sm"></span>
```

```
        Loading...
    </button><hr/>
    <button class="btn btn-success"
type="button" disabled>
        <span class="spinner-grow
spinner-grow-sm"></span>
    </button>
    <button class="btn btn-success"
type="button" disabled>
        <span class="spinner-grow
spinner-grow-sm"></span>
        Loading...
    </button>
    </body>
    </html>
```

程序运行结果如图 10-24 所示。

图 10-24　按钮旋转器效果

10.8　新手常见疑难问题

疑问 1：如何在卡片中添加胶囊导航？

使用 Bootstrap 导航组件可以将导航元件添加到卡片的标题中。只需要把导航换成胶囊导航即可。例如以下代码：

```
<body class="container">
<div class="card ">
    <div class="card-header">
            <ul class="nav nav-pills
card-header-pills">
            <li class="nav-item">
    <a class="nav-link active" id="home-
tab"data-toggle="pill"href="#nav1">家用
电器</a>
            </li>
            <li class="nav-item">
    <a class="nav-link" id="profile-tab"
data-toggle="pill"href="#nav2">数码相机
</a>
            </li>
            <li class="nav-item">
    <a class="nav-link" id="contact-
tab" data-toggle="pill"href="#nav3">手机
电脑</a>
            </li>
            <li class="nav-item">
    <a class="nav-link"
id="profile-tab" data-toggle="pill"
href="#nav4">办公设备</a>
            </li>
        </ul>
    </div>
    <div class="card-body tab-
content">
        <div class="tab-pane fade
show active" id="nav1">
        <div class="card-body">
    <h5 class="card-title">家用电器</h5>
    <p class="card-text"><input
type="text" class="form-control"></p>
                    <a href="#"
class="btn btn-primary">搜索</a>
            </div>
        </div>
        <div class="tab-pane fade"
id="nav2">
            <div class="card-body">
    <h5 class="card-title">数码相机</h5>
    <p class="card-text"><input
type="text" class="form-control"></p>
                    <a href="#"
class="btn btn-primary">搜索</a>
            </div>
        </div>
        <div class="tab-pane fade"
id="nav3">
            <div class="card-body">
    <h5 class="card-title">手机电脑</h5>
    <p class="card-text"><input
type="text" class="form-control"></p>
                    <a href="#"
class="btn btn-primary">搜索</a>
            </div>
        </div>
        <div class="tab-pane fade"
id="nav4">
            <div class="card-body">
    <h5 class="card-title">办公设备</h5>
                    <p class="card-
text"><input type="text" class="form-
control"></p>
                    <a href="#"
class="btn btn-primary">搜索</a>
            </div>
        </div>
    </div>
</div>
```

程序运行结果如图 10-25 所示。

图 10-25　胶囊导航效果

疑问 2：如何在卡片中实现图片覆盖和图片叠加覆盖？

使用 Bootstrap 卡片中包含一些选项来搭配图像，选择在卡片的任何一端附加 .cad-img-*，用卡片内容覆盖图像（如同背景），或者只是将图像置入到卡片当中。

使用 .card-img-overlay 可以实现图片作为背景，这种并不是真的作为背景，而是通过定位让文字浮动在图片上，从而实现图片叠加覆盖效果。

10.9　实战技能训练营

实战 1：使用网格系统布局卡片

本案例使用 Bootstrap 网格系统进行布局，主要内容部分采用卡片组件进行设计，最后为卡片添加阴影效果。添加伪类（hover），鼠标悬浮时，触发阴影效果，效果如图 10-26 所示。

实战 2：设计百分比数字显示的动态进度条

该案例使用旋转器组件设计加载效果，利用 CSS3 制作动态进度条以及附加的 jQuery 百分比数字显示，并且进度条上面的百分比数字显示会跟着进度条移动而移动。

程序运行效果如图 10-27 所示，随着时间的增加进度条也在不断地增长。

图 10-26　触发阴影效果

图 10-27　百分比数字显示的动态进度条

第11章 认识JavaScript插件

本章导读

前面学习的 CSS 组件仅是静态对象，如果要产生动态效果，还需要配合使用 JavaScript 插件。Bootstrap 4 自带了很多插件，这些插件扩展了功能，可以给网站添加更多的互动，为 Bootstrap 的组件赋予了"生命"。即使不是高级的 JavaScript 开发人员，也可以学习 Bootstrap 的 JavaScript 插件。

知识导图

11.1 插件概述

Bootstrap 自带了许多实用的 JavaScript 插件。利用 Bootstrap 数据 API（Bootstrap Data API），大部分的插件都可以在不编写任何代码的情况下被触发。

11.1.1 插件分类

Bootstrap 4 内置了许多插件，这些插件在 Web 应用开发中应用频率比较高，下面列出 Bootstrap 插件支持的文件以及各种插件对应的 js 文件。

（1）警告框：alert.js。

（2）按钮：button.js。

（3）轮播：carousel.js。

（4）折叠：collapse.js。

（5）下拉菜单：dropdown.js。

（6）模态框：modal.js。

（7）弹窗：popover.js。

（8）滚动监听：scrollspy.js。

（9）标签页：tab.js。

（10）工具提示：tooltip.js。

这些插件可以在 Bootstrap 源文件当中找到，如图 11-1 所示，是从 Bootstrap 4 源文件中提取的插件文件，如果只需要使用其中的某一个插件，可以从下面文件夹中选择。在使用时，要注意插件之间的依赖关系。

图 11-1 Bootstrap 4 插件

11.1.2 安装插件

Bootstrap 插件可以单个引入，方法是使用 Bootstrap 提供的单个 *.js 文件；也可以一次性全部引入，方法是引入 bootstrap.js 或者 bootstrap.min.js 文件。例如：

```
<script src="bootstrap-4.5.3-dist/js/bootstrap.js"></script>
<script src="bootstrap-4.5.3-dist/js/bootstrap.min.js"></script>
```

部分 Bootstrap 插件和 CSS 组件依赖于其他插件。如果需要单独引入某个插件时，请确保在文档中检查插件之间的依赖关系。

所有 Bootstrap 插件都依赖于 util.js，它必须在插件之前引入。如果要单独使用某一个插件，引用时必须要包含 util.js 文件。如果使用的是已编译 bootstrap.js 或者 bootstrap.min.js 文件，就没有必要再引入该文件了，因为其中已经包含了 util.js。

util.js 文件包括实用程序函数、基本事件以及 CSS 转换模拟器。util.js 文件在 Bootstrap 4 源文件中可以找到，与其他插件在一个文件夹中。

11.1.3 调用插件

Bootstrap 4 提供了两种调用插件的方法，具体说明如下。

1.date 属性调用

在页面中目标元素上定义 data 属性，可以启用插件，不用编写 JavaScript 脚本。推荐首选这种方式。

例如，激活下拉菜单，只需要定义 data-toggle 属性，设置属性值为"dropdown"即可实现：

```
<button class="btn btn-primary " data-toggle="dropdown" type="button">下拉菜单
</button>
```

data-toggle 属性是 Bootstrap 激活特定插件的专用属性，它的值为对应插件的字符串名称。

例如，在调用模态框时，除了定义 data-toggle="modal" 激活模态框插件外，还应该使用 data-target="#myModal" 属性绑定模态框，告诉 Bootstrap 插件应该显示哪个页面元素，"#myModal" 属性值匹配页面中的模态框包含框 <div id="myModal">。

```
<button type="button" class="btn" data-toggle="modal" data-target="#myModal">打
开模态框</button>
<div id="myModal" class="modal">模态框</div>
```

在某些特殊情况下，可能需要禁用 Bootstrap 的 data 属性，若要禁用 data 属性 API，可使用 data-API 取消对文档上所有事件的绑定，代码如下：

```
$(document).off('.data-api')
```

或者针对特定的插件，只需将插件的名称和数据 API 一起作为参数使用，代码如下：

```
$(document).off('.alert.data-api')
```

2.JavaScript 调用

Bootstrap 插件也可以使用 JavaScript 脚本进行调用。例如，使用脚本调用下拉菜单和模态框，代码如下：

```
<script>
    $(function(){
        $(".btn").dropdown();          //调用下拉菜单
        $(".btn").click(function(){
            $('#myModal').modal();   //调用模态框
        });
    })
</script>
```

当调用方法没有传递任何参数时，Bootstrap 将使用默认参数初始化插件。

在 Bootstrap 中，插件定义的方法都可以接受一个可选的参数对象。下面的用法可以在打开模态框时取消遮罩层和按 Esc 键关闭模态框。

```
$(function(){
    $(".btn").click(function(){
        $('#Modal-test').modal({
            backdrop:false,      //关闭背景遮罩层
            keyboard:false       //按Esc键关闭模态框
        });
    });
})
```

11.1.4　事件

Bootstrap 4 为大部分插件自定义事件。这些事件包括两种动词形式，不定式和过去式。

（1）不定式形式：例如 show，表示其在事件开始时被触发。

（2）过去式形式：例如 shown，表示在动作完成之后被触发。

所有不定式事件都提供了 preventDefault() 功能，这提供了在操作开始之前停止其执行的能力，从事件处理程序返回 false 也会自动调用 preventDefault()。

```
$('#myModal').on('show.bs.modal', function (e) {
    if (!data) return e.preventDefault()  //停止显示模态框
})
```

11.2　模态框

模态框（Modal）是覆盖在父窗体上的子窗体。通常，目的是显示一个单独的内容，可以在不离开父窗体的情况下有一些互动。子窗体可以自定义内容，可提供信息、交互等。

11.2.1　定义模态框

模态框插件需要 modal.js 插件的支持，因此在使用插件之前，应该先导入 jquery.js、util.js 和 modal.js 文件。

```
<script src="jquery-3.5.1.slim.js"></script>
<script src="util.js"></script>
<script src="modal.js"></script>
```

或者直接导入 jquery.js 和 bootstrap.js 文件：

```
<script src="jquery-3.5.1.slim.js"></script>
<script src="bootstrap-4.5.3-dist/js/bootstrap.js"></script>
```

在页面中设计模态框文档结构，并为页面特定对象绑定行为，即可打开模态框。

实例 1：定义模态框（案例文件：ch11\11.1.html）

```
<!DOCTYPE html>
<html>
```

```
<head>
    <meta charset="UTF-8">
    <title></title>
    <meta name="viewport"
content="width=device-width,initial-
scale=1, shrink-to-fit=no">
```

```
    <!--引入Bootstrap样式表文件-->
        <link rel="stylesheet"
href="bootstrap-4.5.3-dist/css/
bootstrap.css">
    <!--引入jQuery框架文件-->
        <script src="jquery-3.5.1.slim.
js"></script>
    <!--引入Bootstrap脚本文件-->
        <script src="bootstrap-4.5.3-
dist/js/bootstrap.min.js"></script>
    </head>
    <body>
    <h3 align="center" >定义模态框<h3>
    <a href="#myModal" class="btn btn-
default" data-toggle="modal">打开模态框</a>
    <div id="myModal" class="modal">
        <div class="modal-dialog">
            <div class="modal-content">
                <h3>模态框</h3>
                <p>这是弹出的模态框内容</p>
            </div>
        </div>
    </div>
    </body>
    </html>
```

程序运行结果如图 11-2 所示。

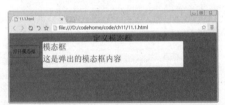

图 11-2 Bootstrap 4 插件

在模态框的 HTML 代码中，封装 div 嵌套在父模态框 div 内。这个 div 的类 modal-content 告诉 bootstrap.js 在哪里查找模态框的内容。在这个 div 内，需要放置前面提到的三个部分：头部、正文和页脚。

模态框有固定的结构，外层使用 modal 类样式定义弹出模态框的外框，内部嵌套两层结构，分别为 \<div class="modal-dialog"> 和 \<div class="modal-content">。\<div class="modal-dialog"> 定义模态对话框层，\<div class="modal-content"> 定义模态对话框显示样式。

```
    <div class="modal">
        <div class="modal-dialog">
            <div class="modal-content">
模态框内容</div>
```

```
            </div>
        </div>
```

模态框内容包括三个部分：头部、正文和页脚，分别使用 .modal-header、.modal-body 和 .modal-footer 定义。

（1）头部：用于给模态框添加标题和"×"关闭按钮等。标题使用 .modal-title 来定义，关闭按钮中需要添加 data-dismiss="modal" 属性，用来指定关闭的模态框组件。

（2）正文：可以在其中添加任何类型的数据，包括嵌入 YouTube 视频、图像或者任何其他内容。

（3）页脚：该区域默认为右对齐。在这个区域，可以放置"保存""关闭""接受"等操作按钮，这些按钮与模态框需要表现的行为相关联。"关闭"按钮中也需要添加 data-dismiss="modal" 属性，用来指定关闭的模态框组件。

```
    <!-- 模态框 -->
    <div class="modal" id="Modal-test">
        <div class="modal-dialog">
        <div class="modal-content">
            <!--头部-->
            <div class="modal-header">
                <!--标题-->
                <h5 class="modal-
title" id="modalTitle">模态框标题</h5>
                <!--关闭按钮-->
            <button type="button"
class="close" data-dismiss="modal">
                <span>&times;</span>
                </button>
            </div>
            <!--正文-->
                <div class="modal-
body">模态框正文</div>
            <!--页脚-->
            <div class="modal-footer">
                <!--关闭按钮-->
    <button type="button" class="btn
btn-secondary" data-dismiss="modal">关闭
</button>
    <button type="button" class="btn
btn-primary">保存</button>
            </div>
        </div>
        </div>
    </div>
```

以上就是模态框的完整结构。设计完成

模态框结构后，需要为特定对象（通常使用按钮）绑定触发行为，才能通过该对象触发模态框。在这个特定对象中需要添加 data-target="#Modal-test" 属性来绑定对应的模态框，添加 data-toggle="modal" 属性指定要打开的模态框。

```
<button type="button" class="btn
btn-primary" data-toggle="modal" data-
target="#Modal-test">
```

打开模态框
```
</button>
```

程序运行结果如图 11-3 所示。

图 11-3　激活模态框效果

11.2.2　模态框布局和样式

1. 垂直居中

通过给 <div class="modal-dialog"> 添加 .modal-dialog-centered 样式，来设置模态框垂直居中显示。

实例 2：设置模态框垂直居中（案例文件：ch11\11.2.html）

```
<!DOCTYPE html>
<html>
<head>
    <meta charset="UTF-8">
    <title>模态框垂直居中</title>
    <meta name="viewport"
content="width=device-width,initial-
scale=1, shrink-to-fit=no">
    <link rel="stylesheet"
href="bootstrap-4.5.3-dist/css/
bootstrap.css">
    <script src="jquery-3.5.1.slim.
js"></script>
    <script src="bootstrap-4.5.3-
dist/js/bootstrap.min.js"></script>
</head>
<body class="container">
<h3 align="center">模态框垂直居中
</h3>
<button type="button" class="btn
btn-primary" data-toggle="modal" data-
target="#Modal">
    打开模态框
</button>
    <div class="modal fade"
id="Modal">
    <div class="modal-dialog modal-
dialog-centered">
        <div class="modal-content">
        <div class="modal-header">
        <h5 class="modal-title"
id="modalTitle">早春呈水部张十八员外</h5>
        <button type="button"
```

```
class="close" data-dismiss="modal">
        <span>&times;</span>
        </button>
        </div>
    <div class="modal-body">天街小雨润
如酥，草色遥看近却无。</div>
        <div class="modal-body">最是一年春
好处，绝胜烟柳满皇都。</div>
        <div class="modal-footer">
        <button type="button" class="btn
btn-secondary" data-dismiss="modal">关闭
</button>
        <button type="button" class="btn
btn-primary">更多</button>
        </div>
    </div>
</div>
</body>
</html>
```

程序运行结果如图 11-4 所示。

图 11-4　模态框垂直居中

2. 设置模态框的大小

模态框除了默认大小以外，还有三种可选值，如表 11-1 所示。这三种可选值在响应断点处还可自动响应，以避免在较窄的视图上出现水平滚动条。通过给 <div class="modal-dialog"> 添加 .modal-sm、.modal-lg 和 .modal-xl 样式，来设置模态框的大小。

表 11-1　模态框大小

大　小	类	模态宽度
小尺寸	.modal-sm	300px
大尺寸	.modal-lg	800px
超大尺寸	.modal-xl	1140px
默认尺寸	无	500px

实例 3：设置模态框的大小（案例文件：ch11\11.3.html）

```
<!DOCTYPE html>
<html>
<head>
    <meta charset="UTF-8">
    <title>设置模态框大小</title>
    <meta name="viewport"
content="width=device-width,initial-
scale=1, shrink-to-fit=no">
    <link rel="stylesheet"href="bootstrap-
4.5.3-dist/css/bootstrap.css">
    <script src="jquery-3.5.1.slim.
js"></script>
        <script src="bootstrap-4.5.3-
dist/js/bootstrap.min.js"></script>
    </head>
<body class="container">
    <h3 align="center">设置模态框大小</h3>
    <!-- 大尺寸模态框 -->
    <button type="button" class="btn btn-
primary" data-toggle="modal" data-target=".
example-modal-lg">大尺寸模态框</button>
    <div class="modal example-modal-lg">
    <div class="modal-dialog modal-lg">
    <div class="modal-content">
        <div class="modal-header">
                <h5 class="modal-
title">大尺寸模态框</h5>
                <button type="button"
class="close" data-dismiss="modal">
                <span>&times;</span>
                </button>
            </div>
            <div class="modal-body"> 落日
无情最有情，遍催万树暮蝉鸣。</div>
            <div class="modal-body"> 听来咫
尺无寻处，寻到旁边却不声。</div>
            </div>
        </div>
    </div>
    <!-- 小尺寸模态框 -->
```

```
    <button type="button" class="btn
btn-primary" data-toggle="modal" data-
target=".example-modal-sm">小尺寸模态框
    </button>
    <div class="modal example-modal-sm">
    <div class="modal-dialog modal-sm">
        <div class="modal-content">
        <div class="modal-header">
        <h5 class="modal-title">小尺寸模态框</h5>
        <button type="button"class="close"
data-dismiss="modal">
                <span>&times;</span>
                </button>
            </div>
            <div class="modal-body">银烛秋
光冷画屏，轻罗小扇扑流萤。</div>
            <div class="modal-body">天阶夜
色凉如水，卧看牵牛织女星。</div>
            </div>
        </div>
    </div>
    </div>
    </body>
    </html>
```

运行程序，大尺寸模态框效果如图 11-5 所示，小尺寸模态框效果如图 11-6 所示。

图 11-5　大尺寸模态框效果

图 11-6　小尺寸模态框效果

3. 模态框网格

在 `<div class="modal-body">` 中嵌套一个 `<div class="container-fluid">` 容器，在该容器中便可以使用 Bootstrap 的网格系统，像在其他地方一样使用常规网格系统类。

实例 4：设置模态框网格（案例文件：ch11\11.4.html）

```html
<!DOCTYPE html>
<html>
<head>
    <meta charset="UTF-8">
    <title>模态框网格</title>
    <meta name="viewport" content="width=device-width,initial-scale=1, shrink-to-fit=no">
    <link rel="stylesheet" href="bootstrap-4.5.3-dist/css/bootstrap.css">
    <script src="jquery-3.5.1.slim.js"></script>
    <script src="bootstrap-4.5.3-dist/js/bootstrap.min.js"></script>
</head>
<body class="container">
<h2 align="center">模态框网格</h2>
<button type="button" class="btn btn-primary" data-toggle="modal" data-target="#Modal">
    打开模态框
</button>
<div class="modal" id="Modal">
    <div class="modal-dialog modal-dialog-centered">
    <div class="modal-content">
    <div class="modal-header">
            <h5 class="modal-title" id="modalTitle">模态框网格</h5>
            <button type="button" class="close" data-dismiss="modal">
            <span>&times;</span>
            </button>
        </div>
        <div class="modal-body">
            <div class="container">
                <div class="row">
    <div class="col-md-4 bg-success text-white">.col-md-4</div>
    <div class="col-md-4 ml-auto bg-success text-white">.col-md-4 .ml-auto</div>
                </div>
                <div class="row">
        <div class="col-md-4 ml-md-auto bg-danger text-white">.col-md-3 .ml-md-auto</div>
                <div class="col-md-4 ml-md-auto bg-danger text-white">.col-md-3 .ml-md-auto</div>
    <div class="row">
    <div class="col-auto mr-auto bg-warning">.col-auto .mr-auto</div>
                <div class="col-auto bg-warning">.col-auto</div>
                </div>
                </div>
                </div>
        <div class="modal-footer">
            <button type="button" class="btn btn-secondary" data-dismiss="modal">关闭</button>
            <button type="button" class="btn btn-primary">更多</button>
                </div>
            </div>
        </div>
    </div>
</div>
</body>
</html>
```

程序运行结果如图 11-7 所示。

图 11-7 模态框网格效果

4. 添加弹窗和工具提示

Tooltips 工具提示和 popovers 弹窗，可以根据需要放置在模态框中。当模态框关闭时，包含的任何工具提示和弹窗都会同步关闭。

实例 5：添加弹窗和工具提示（案例文件：ch11\11.5.html）

```html
<!DOCTYPE html>
<html>
<head>
    <meta charset="UTF-8">
    <title>弹窗和工具提示</title>
    <meta name="viewport" content="width=device-width,initial-scale=1, shrink-to-fit=no">
    <link rel="stylesheet" href="bootstrap-4.5.3-dist/css/bootstrap.css">
    <script src="jquery-3.5.1.slim.js"></script>
    <script src="popper.js"></script>
```

```
        <script src="bootstrap-4.5.3-
dist/js/bootstrap.min.js"></script>
    </head>
    <body class="container">
    <h3 align="center">弹窗和工具提示</h3>
    <button type="button" class="btn
btn-primary" data-toggle="modal" data-
target="#Modal">
        打开模态框
    </button>
    <div class="modal" id="Modal">
        <div class="modal-dialog modal-
dialog-centered">
      <div class="modal-content">
        <div class="modal-header">
                    <h5 class="modal-
title" id="modalTitle">模态框标题</h5>
                <button type="button"
class="close" data-dismiss="modal">
                    <span>&times;</span>
                </button>
            </div>
        <div class="modal-body">
        <div class="modal-body">
                    <h5>弹窗</h5>
                    <p><a href="#"
role="button"class="btn btn-secondary
popover-test" title="望岳" data-
content="荡胸生曾云，决眦入归鸟。会当凌绝
顶，一览众山小。">古诗</a></p><hr>
                    <h5>工具提示</h5>
                        <p><a href="#"
class="tooltip-test" title="古诗一">古诗
一</a>、<a href="#" class="tooltip-test"
title="古诗二">古诗二</a> 和 <a href="#"
class="tooltip-test" title="古诗三">古诗
三</a></p>
                    </div>
                    <script>
```

```
    $(document).ready(function(){
    /*找到对应的属性类别，添加弹窗和工具箱
提示
    $('.popover-test').popover();
    $('.tooltip-test').tooltip();
                    });
            </script>
        </div>
        <div class="modal-footer">
                <button type="button"
class="btn btn-secondary" data-
dismiss="modal">关闭</button>
                <button type="button"
class="btn btn-primary">提交</button>
            </div>
        </div>
    </div>
    </div>
    </body>
    </html>
```

运行程序，单击"古诗"按钮，打开弹窗，将鼠标指针悬浮在链接上，触发工具提示。最终效果如图 11-8 所示。

图 11-8　模态框添加弹窗和工具提示效果

11.2.3　调用模态框

模态框插件可以通过 data 属性或 JavaScript 脚本调用。

1. data 属性调用

启动模态框无须编写 JavaScript 脚本，只需要在控制元素上设置 data-toggle="modal" 属性，以及 data-target 或 href 属性。data-toggle="modal" 属性用来激活模态框插件，data-target 或 href 属性用来绑定目标对象。

```
<button type="button" data-toggle="modal" data-target="#myModal">modal
</button>
    <a href="#myModal" data-target="modal" class="btn"></a>
```

2. JavaScript 调用

JavaScript 调用直接使用 modal() 函数即可。下面为按钮绑定 click 事件，当单击该按钮时，为模态框调用 modal() 构造函数。

实例 6：通过 JavaScript 调用模态框（案例文件：ch11\11.6.html）

```html
<!DOCTYPE html>
<html>
<head>
    <meta charset="UTF-8">
    <title>通过JavaScript调用模态框</title>
    <meta name="viewport" content="width=device-width,initial-scale=1, shrink-to-fit=no">
    <link rel="stylesheet"href="bootstrap-4.5.3-dist/css/bootstrap.css">
    <script src="jquery-3.5.1.slim.js"></script>
    <script src="bootstrap-4.5.3-dist/js/bootstrap.min.js"></script>
</head>
<body class="container">
<button type="button" class="btn btn-primary">
        打开模态框
</button>
<div class="modal" id="Modal-test">
    <div class="modal-dialog">
    <div class="modal-content">
    <div class="modal-header">
                <h5 class="modal-title" id="modalTitle">模态框标题</h5>
        <button type="button" class="close" data-dismiss="modal">
            <span>&times;</span>
            </button>
            </div>
```

```html
            <div class="modal-body">模态框正文</div>
        <div class="modal-footer">
            <button type="button" class="btn btn-secondary" data-dismiss="modal">关闭</button>
    <button type="button" class="btn btn-primary">保存</button>
            </div>
        </div>
    </div>
</div>
</body>
<script>
$(function(){
    $(".btn").click(function(){
            $('#Modal-test').modal();
/*调用模态框*/
    });
})
</script>
</html>
```

程序运行结果如图 11-9 所示。

图 11-9　通过 JavaScript 调用模态框

modal() 构造函数可以传递一个配置对象，该对象包含的配置参数如表 11-2 所示。

表 11-2　modal() 配置参数

名　称	类　型	默认值	说　明
backdrop	boolean	true	是否显示背景遮罩层，同时设置单击模态框其他区域是否关闭模态框。默认值为 true，表示显示遮罩层
keyboard	boolean	true	是否允许 Esc 键关闭模态框，默认值为 true，表示允许使用键盘上的 Esc 键关闭模态框
focus	boolean	true	初始化时将焦点放在模态框上
show	boolean	true	初始化时是否显示模态框。默认状态表示显示模态框

提示：如果使用 data 属性调用模态框时，上面的选项也可以通过 data 属性传递给组件。对于 data 属性，将选项名称附着于 data- 之后，例如 data-keyboard=" "。

11.2.4　添加用户行为

Bootstrap 4 为模态框定义了 4 个事件，如表 11-3 所示。

表 11-3　模态框事件

事　件	说　明
show.bs.modal	当调用显示模态框的方法时会触发该事件
shown.bs.modal	当模态框显示完毕后触发该事件
hide.bs.modal	当调用隐藏模态框的方法时会触发该事件
hidden.bs.modal	当模态框隐藏完毕后触发该事件

实例 7：添加用户行为（案例文件：ch11\11.7.html）

```html
<!DOCTYPE html>
<html>
<head>
    <meta charset="UTF-8">
    <title>添加用户行为</title>
    <meta name="viewport"
content="width=device-width,initial-
scale=1, shrink-to-fit=no">
    <link rel="stylesheet"
href="bootstrap-4.5.3-dist/css/
bootstrap.css">
    <script src="jquery-3.5.1.slim.
js"></script>
    <script src="bootstrap-4.5.3-
dist/js/bootstrap.min.js"></script>
</head>
<body class="container">
<button type="button" class="btn
btn-primary" data-toggle="modal" data-
backdrop="false" data-keyboard="false"
data-target="#Modal-test">
        打开模态框
</button>
<div class="modal" id="Modal-test">
    <div class="modal-dialog">
 <div class="modal-content">
 <div class="modal-header">
                <h5 class="modal-
title" id="modalTitle">模态框标题</h5>
                <button type="button"
class="close" data-dismiss="modal">
                <span>&times;</span>
                </button>
            </div>
                <div class="modal-
body">模态框正文</div>
            <div class="modal-footer">
                <button type="button"
class="btn btn-secondary" data-
dismiss="modal">关闭</button>
```

```html
<button type="button" class="btn
btn-primary">保存</button>
            </div>
        </div>
    </div>
</div>
</body>
<script>
    $(function(){
        $("#Modal-test").on("shown.
bs.modal",function(){
            alert("模态框显示完成")
        })
        $("#Modal-test").
on("hidden.bs.modal",function(){
            alert("模态框隐藏完成")
        })
    })
</script>
</html>
```

程序运行，模态框显示完成效果如图 11-10 所示，模态框关闭完成效果如图 11-11 所示。

图 11-10　模态框显示完成效果

图 11-11　模态框关闭完成效果

11.3　下拉菜单

　　Bootstrap 通过 dropdown.js 支持下拉菜单交互，在使用之前应导入 jquery.js、util.js 和 dropdown.js 文件。下拉菜单组件还依赖于第三方 Popper.js 插件实现，

Popper.js 插件提供了动态定位和浏览器窗口大小监测，所以在使用下拉菜单时确保引入了 popper.js 文件，并放在 Bootstrap.js 文件之前。

```
<script src="jquery-3.5.1.slim.js"></script>
<script src="util.js"></script>
<script src="popper.min.js"></script>
<script src="dropdown.js"></script>
```

或者直接导入 jquery.js、popper.js 和 bootstrap.js 文件：

```
<script src="jquery-3.5.1.slim.js"></script>
<script src="popper.min.js"></script>
<script src="bootstrap-4.5.3-dist/js/bootstrap.js"></script>
```

11.3.1 调用下拉菜单

下拉菜单插件可以为所有对象添加下拉菜单，包括按钮、导航栏、标签页等。调用下拉菜单有以下两种方法。

1. data 属性调用

在超链接或者按钮上添加 data-toggle="dropdown" 属性，即可激活下拉菜单交互行为。

实例 8：通过 data 属性激活下拉菜单（案例文件：ch11\11.8.html）

```
<!DOCTYPE html>
<html>
<head>
    <meta charset="UTF-8">
    <title>下拉菜单</title>
        <meta name="viewport"
content="width=device-width,initial-
scale=1, shrink-to-fit=no">
        <link rel="stylesheet"
href="bootstrap-4.5.3-dist/css/
bootstrap.css">
    <script src="jquery-3.5.1.slim.
js"></script>
    <script src="popper.js"></script>
        <script src="bootstrap-4.5.3-
dist/js/bootstrap.min.js"></script>
    </head>
<body class="container">
<div class="dropdown">
    <button class="btn btn-primary
dropdown-toggle" data-toggle="dropdown"
type="button">
        下拉菜单
    </button>
    <div class="dropdown-menu">
        <a class="dropdown-item"
href="#">热门课程</a>
        <a class="dropdown-item"
href="#">经典教材</a>
        <a class="dropdown-item"
href="#">技术支持</a>
```

```
        <a class="dropdown-item"
href="#">联系我们</a>
        </div>
    </div>
</body>
</html>
```

程序运行结果如图 11-12 所示。

图 11-12　data 属性调用下拉菜单

2.JavaScript 调用

使用 dropdown() 构造函数可直接调用下拉菜单。

实例 9：使用 dropdown() 构造函数调用下拉菜单（案例文件：ch11\11.9.html）

```
<!DOCTYPE html>
<html>
<head>
    <meta charset="UTF-8">
    <title>调用下拉菜单</title>
        <meta name="viewport"
```

```
content="width=device-width,initial-
scale=1, shrink-to-fit=no">
    <link rel="stylesheet"href="bootstrap-
4.5.3-dist/css/bootstrap.css">
    <script src="jquery-3.5.1.slim.
js"></script>
    <script src="popper.js"></script>
        <script src="bootstrap-4.5.3-
dist/js/bootstrap.min.js"></script>
    </head>
    <body class="container">
    <div class="dropdown">
        <button class="btn btn-primary
dropdown-toggle" type="button">
            下拉菜单
        </button>
        <div class="dropdown-menu">
            <a class="dropdown-item"
href="#">家用电器</a>
            <a class="dropdown-item"
href="#">电脑办公</a>
            <a class="dropdown-item"
href="#">水果特产</a>
            <a class="dropdown-item"
href="#">男装女装</a>
        </div>
```

```
</div>
<script>
    $(function(){
        $(".btn").dropdown();
    })
</script>
</body>
</html>
```

程序运行结果如图 11-13 所示。

图 11-13　JavaScript 调用下拉菜单效果

当调用 dropdown() 方法后，单击按钮会弹出下拉菜单，但再次单击时不再收起下拉菜单，需要使用脚本进行关闭。

11.3.2　设置下拉菜单

可以通过 data 属性或 JavaScript 传递配置参数，参数如表 11-4 所示。对于 data 属性，参数名称追加到 "data-" 后面，例如：data-offset=" "。

表 11-4　下拉菜单配置参数

参　数	类　型	默认值	说　明
offset	number|string|function	0	下拉菜单相对于目标的偏移量
flip	boolean	true	允许下拉菜单在引用元素重叠的情况下翻转

实例 10：设置下拉菜单（案例文件：ch11\11.10.html）

```
<!DOCTYPE html>
<html>
<head>
    <meta charset="UTF-8">
    <title>设置下拉菜单</title>
        <meta name="viewport"
content="width=device-width,initial-
scale=1, shrink-to-fit=no">
    <link rel="stylesheet"href="bootstrap-
4.5.3-dist/css/bootstrap.css">
    <script src="jquery-3.5.1.slim.
js"></script>
    <script src="popper.js"></script>
        <script src="bootstrap-4.5.3-
dist/js/bootstrap.min.js"></script>
```

```
    </head>
    <body class="container">
    <div class="dropdown">
    <button class="btn btn-primary
dropdown-toggle" data-toggle="dropdown"
data-offset="50,30" type="button">
            下拉菜单
        </button>
        <div class="dropdown-menu">
            <a class="dropdown-item"
href="#">热门课程</a>
            <a class="dropdown-item"
href="#">经典教材</a>
            <a class="dropdown-item"
href="#">技术文章</a>
        </div>
    </div>
    </body>
    </html>
```

程序运行结果如图 11-14 所示。

图 11-14　data 属性配置参数

11.3.3　添加用户行为

Bootstrap 为下拉菜单定义了 4 个事件，以响应特定操作阶段的用户行为，说明如表 11-5 所示。

表 11-5　下拉菜单事件

事　件	描　述
show.bs.dropdown	调用显示下拉菜单的方法时触发该事件
shown.bs.dropdown	当下拉菜单显示完毕后触发该事件
hide.bs.dropdown	当调用隐藏下拉菜单的方法时触发该事件
hidden.bs.dropdown	当下拉菜单隐藏完毕后触发该事件

下面使用 show、shown、hide 和 hidden 这 4 个事件来监听下拉菜单，然后激活下拉菜单交互行为，这样当下拉菜单在交互过程中，就可以看到 4 个事件的执行顺序和发生节点。

实例 11：为下拉菜单添加用户行为（案例文件：ch11\11.11.html）

```
<!DOCTYPE html>
<html>
<head>
    <meta charset="UTF-8">
    <title>添加用户行为</title>
    <meta name="viewport"
content="width=device-width,initial-
scale=1, shrink-to-fit=no">
    <link rel="stylesheet"href="bootstrap-
4.5.3-dist/css/bootstrap.css">
    <script src="jquery-3.5.1.slim.
js"></script>
    <script src="popper.js"></script>
    <script src="bootstrap-4.5.3-
dist/js/bootstrap.min.js"></script>
</head>
<body class="container">
<div class="dropdown" id="dropdown">
    <button class="btn btn-primary
dropdown-toggle" data-toggle="dropdown"
type="button">
```

```
下拉菜单
</button>
<div class="dropdown-menu">
        <a class="dropdown-item"
href="#">家用电器</a>
        <a class="dropdown-item"
href="#">电脑办公</a>
        <a class="dropdown-item"
href="#">水果特产</a>
        <a class="dropdown-item"
href="#">男装女装</a>
    </div>
</div>
</body>
<script>
    $(function(){
        $("#dropdown").on("show.
bs.dropdown",function(){
    $(this).children("[data-
toggle='dropdown']").html("开始显示下拉
单")
        })
        $("#dropdown").on("shown.
bs.dropdown",function(){
        $(this).children("[data-
```

```
toggle='dropdown']").html("下拉菜单显示完
成")
                })
                $("#dropdown").on("hide.
bs.dropdown",function(){
        $(this).children("[data-
toggle='dropdown']").html("开始隐藏下拉菜
单")
                })
                $("#dropdown").on("hidden.
bs.dropdown",function(){
```

```
            $(this).children("[data-
toggle='dropdown']").html("下拉菜单隐藏完
成")
                })
            })
        </script>
    </html>
```

程序运行，激活下拉菜单效果如图 11-15
所示，隐藏下拉菜单效果如图 11-16 所示。

图 11-15　激活下拉菜单效果

图 11-16　隐藏下拉菜单效果

11.4　弹窗

弹窗依赖工具提示插件，因此需要先加载工具提示插件。另外，弹窗插件还需要 popover.js 文件支持，所以应先导入 jquery.js、util.js、popper.js、tooltip.js 和 popover.js 文件。

```
<script src="jquery-3.5.1.slim.js"></script>
<script src="util.js"></script>
<script src="popper.js"></script>
<script src="tooltip.js"></script>
<script src="popover.js"></script>
```

或者直接导入 jquery.js、popper.js 和 bootstrap.js 文件：

```
<script src="jquery-3.5.1.slim.js"></script>
<script src="popper.js"></script>
<script src="bootstrap-4.5.3-dist/js/bootstrap.js"></script>
```

11.4.1　定义弹窗

使用 data-toggle="popover" 属性对元素添加弹窗，使用 title 属性设置弹窗的标题内容，使用 data-content 属性设置弹窗的内容。例如下面代码，定义一个超链接，添加 data-toggle="popover" 属性，定义 title 和 data-content 属性内容：

```
<a href="#" type="button" class="btn btn-primary"data-toggle="popover" title="
弹窗标题" data-content="弹窗的内容">弹窗</a>
```

出于性能原因的考虑，Bootstrap 中无法通过 data 属性激活弹窗插件，因此必须手动通过 JavaScript 脚本方式调用。调用方法是通过 popover() 构造函数来实现的，例如下面代码：

使用 data-toggle 属性初始化弹窗：

```
<script>
    $(function () {
        $('[data-toggle="popover"]').popover()
    })
</script>
```

使用选择器初始化弹窗，例如 id 或者 class：

```
$(function () {
  $('class或id').popover()
})
```

初始化完成后，即可实现弹窗的效果。

对于禁用的按钮元素，是不能交互的，无法通过悬浮或单击来触发工具提示。但可以通过为禁用元素包裹一个容器，在该容器上触发弹窗。

在下面的例子中，为禁用按钮包裹一个 <span> 标签，在它的上面添加弹窗。

实例 12：禁用按钮的弹窗（案例文件：ch11\11.12.html）

```
<!DOCTYPE html>
<html>
<head>
    <meta charset="UTF-8">
    <title>禁用按钮的弹窗</title>
    <meta name="viewport"
content="width=device-width,initial-
scale=1, shrink-to-fit=no">
    <link rel="stylesheet"href="bootstrap-
4.5.3-dist/css/bootstrap.css">
    <script src="jquery-3.5.1.slim.
js"></script>
        <script src="popper.js">
</script>
        <script src="bootstrap-4.5.3-
dist/js/bootstrap.min.js"></script>
    </head>
<body class="container">
<span data-toggle="popover" title="
莲花" data-content="绿塘摇滟接星津, 轧轧兰
桡入白蘋。">
    <button class="btn btn-primary"
type="button"disabled>禁用按钮</button>
    </span>
    <script>
        $(function () {
$('[data-toggle="popover"]').
popover();
        })
    </script>
    </body>
    </html>
```

程序运行结果如图 11-17 所示。

图 11-17　禁用按钮的弹窗效果

11.4.2　弹窗方向

与工具提示默认的显示位置不同，弹窗默认显示位置在目标对象的右侧。通过 data-placement 属性可以设置提示信息的显示位置，取值包括 top、right、bottom 和 left。

在下面的案例中，使用 data-placement 属性为 4 个按钮设置不同的弹窗位置。

实例 13：设置弹窗的方向（案例文件：ch11\11.13.html）

```
<!DOCTYPE html>
<html>
```

```
<head>
    <meta charset="UTF-8">
    <title>弹窗的4个方向</title>
    <meta name="viewport"
content="width=device-width,initial-
scale=1, shrink-to-fit=no">
```

```
<link rel="stylesheet"href="bootstrap-
4.5.3-dist/css/bootstrap.css">
    <script src="jquery-3.5.1.slim.
js"></script>
    <script src="popper.js"></script>
        <script src="bootstrap-4.5.3-
dist/js/bootstrap.min.js"></script>
    </head>
    <body class="container">
    <h3 align="center">弹窗的4个方向</h2>
    <button type="button"class="btn btn-lg
btn-danger ml-5"data-toggle="popover"data-
placement="left" title="咏芙蓉"data-
content="微风摇紫叶">向左</button>
    <button type="button" class="btn btn-
lg btn-danger ml-5" data-toggle="popover"
data-placement="right" title="咏芙蓉"
data-content="轻露拂朱房">向右</button>
    <div class="mt-5 mb-5"><hr></div>
    <button type="button" class="btn
btn-lg btn-danger ml-5 " data-
toggle="popover" data-placement="top"
title="咏芙蓉" data-content="中池所以绿">
向上</button>
    <button type="button" class="btn btn-
lg btn-danger ml-5" data-toggle="popover"
```

```
data-placement="bottom" title="咏芙蓉"
data-content="待我泛红光">向下</button>
    <script>
        $(function () {
    $('[data-toggle="popover"]').
popover();
        })
    </script>
    </body>
</html>
```

程序运行结果如图 11-18 所示。

图 11-18 弹窗方向效果

在上面的示例中，使用共有的 data-toggle="popover" 属性来触发所有弹窗。

11.4.3 调用弹窗

使用 JavaScript 脚本触发弹窗：

```
$('#example').popover(options)
```

$('#example') 表示匹配的页面元素，options 是一个参数对象，可以配置弹窗的相关参数，参数说明如表 11-6 所示。

表 11-6   popover() 的参数

名 称	类 型	默认值	描 述
animation	boolean	true	弹窗是否应用 CSS 淡入淡出过渡特效
container	string|element|false	false	将弹窗附加到特定元素上，例如 "<body>"
content	string|element|function	无	如果 data-content 属性不存在，则默认内容值。如果给定一个函数，该函数将被调用，它的引用集将指向弹出窗口所附加的元素
delay	number|object	0	设置弹窗显示和隐藏的延迟时间，不适用于手动触发类型；如果只提供了一个数字，则表示显示和隐藏的延迟时间。语法结构如下：delay:{show:1000,hide:500}
html	boolean	false	是否插入 HTML 字符串。如果设置为 false，则使用 jQuery 的 text() 方法插入内容，就不用担心 XSS 攻击
placement	string|function	right	设置弹窗的位置，包括 auto| top|bottom|left|right。当设置为 auto 时，它将动态地重新定位弹窗
selector	string|false	false	如果提供了选择器，则弹窗对象将委托给指定的目标
title	string|element|function	无	如果 title 属性不存在，则需要显示提示文本

名　称	类　型	默认值	描　述
trigger	string	click	设置弹窗的触发方式，包括单击（click）、鼠标经过（hover）、获取焦点（focus）或者手动（manual）。可以指定多种方式，多种方式之间通过空格进行分割
offset	number|string	0	弹出窗口相对于其目标的偏移量

可以通过 data 属性或 JavaScript 传递参数。对于 data 属性，将参数名附着到 data- 后面即可，例如 data-container=" "。也可以针对单个工具提示指定单独的 data 属性。

下面通过 JavaScript 设置弹窗的参数，让弹窗以 HTML 文本格式显示一幅图片，同时延迟 1 秒钟显示，推迟 1 秒钟隐藏，通过 click（单击）触发弹窗，偏移量设置为 200px，支持 HTML 字符串，应用 CSS 淡入淡出过渡特效。

实例 14：JavaScript 设置弹窗的参数（案例文件：ch11\11.14.html）

```html
<!DOCTYPE html>
<html>
<head>
    <meta charset="UTF-8">
    <title>调用弹窗</title>
<meta name="viewport"content="width=device-width,initial-scale=1, shrink-to-fit=no">
<link rel="stylesheet"href="bootstrap-4.5.3-dist/css/bootstrap.css">
<script src="jquery-3.5.1.slim.js"></script>
<script src="popper.js"></script>
    <script src="bootstrap-4.5.3-dist/js/bootstrap.min.js"></script>
</head>
<body class="container">
<h3 align="center">调用弹窗</h3>
<button type="button" class="btn btn-lg btn-danger ml-5" data-toggle="popover">弹窗</button>
<script>
    $(function () {
$('[data-toggle="popover"]').popover({
animation:true,     /*应用CSS淡入淡出过渡特效*/
    html:true,          /*支持HTML字符串*/
    offset:"200px",     /*设置偏移位置*/
    title:"网络安全训练营",   /*显示标题*/
    content:"<img src='1.jpg' class='img-fluid'>",    /*显示内容*/
    trigger:"click",    /*鼠标单击时触发*/
    delay:{show:1000,hide:1000} /*显示和延迟的时间*/
        });
    })
</script>
</body>
</html>
```

程序运行结果如图 11-19 所示。

图 11-19　弹窗效果

单个弹出式的数据属性如上文所述，可以通过使用数据属性来指定单个弹出选项。

> 提示：和工具提示一样，弹窗插件拥有多个实用方法，说明如下。
>
> （1）.popover（'show'）：显示页面某个元素的弹窗。
>
> （2）.popover（'hide'）：隐藏页面某个元素的弹窗。
>
> （3）.popover（'toggle'）：打开或隐藏页面某个元素的弹窗。
>
> （4）.popover（'dispose'）：隐藏和销毁元素的弹窗。
>
> （5）.popover（'enable'）：赋予元素弹窗显示的能力。默认情况下，弹窗是启用的。
>
> （6）.popover（'disable'）：移除显示元素的弹窗功能。只有在重新启用时，才能显示弹窗。
>
> （7）.popover（'toggleEnabled'）：切换显示或隐藏元素弹窗的能力。
>
> （8）.popover（'update'）：更新元素的弹窗位置。

11.4.4 添加用户行为

Bootstrap 4 为弹窗插件提供了 5 个事件，具体说明如表 11-7 所示。

表 11-7 弹窗事件

事件类型	描　述
show.bs.popover	当调用 show 方法时，此事件立即触发
shown.bs.popover	当弹窗对用户可见时触发此事件
hide.bs.popover	当调用 hide 方法时，将立即触发此事件
hidden.bs.popover	当弹窗对用户隐藏完成时，将触发此事件
inserted.bs.popover	这个事件在 show.bs.popover 事件结束后被触发

下面为一个弹窗绑定上述 5 个监听事件，然后激活弹窗交互行为，5 个监听事件将依次执行，执行过程中，为每个过程添加 alert() 方法（弹出框），弹出对应的事件，并设置此时按钮的颜色。

实例 15：为弹窗添加用户行为（案例文件：ch11\11.15.html）

```
<!DOCTYPE html>
<html>
<head>
    <meta charset="UTF-8">
    <title>为弹窗添加用户行为</title>
        <meta name="viewport"
content="width=device-width,initial-
scale=1, shrink-to-fit=no">
        <link rel="stylesheet"
href="bootstrap-4.5.3-dist/css/
bootstrap.css">
        <script src="jquery-3.5.1.slim.
js"></script>
        <script src="popper.js"></
script>
        <script src="bootstrap-4.5.3-
dist/js/bootstrap.min.js"></script>
    </head>
<body class="container">
<h2 class="mb-5">弹窗事件</h2>
<button type="button" class="btn
btn-info ml-5" data-toggle="popover"
id="myPopover">弹窗</button>
<script>
    $(function () {
        $('#myPopover').popover({
            title:"弹窗标题",
            /*弹窗标题*/
            content:"弹窗内容",
            /*显示内容*/
            trigger:"click",
            /*鼠标单击时触发*/
        });
    $('#myPopover').on('show.
```

```
bs.popover', function () {
        $(this).removeClass
("btn-info").addClass("btn-primary");
        alert("show.bs.popover");
        })
    $('#myPopover').on('inserted.
bs.popover', function () {
        $(this).removeClass
("btn-primary").addClass("btn-danger");
        alert("inserted.bs.popover");
        })
    $('#myPopover').on('shown.
bs.popover', function () {
    $(this).removeClass("btn-danger").
addClass("btn-info");
        alert("shown.bs.popover");
        })
        $('#myPopover').on('hide.
bs.popover', function () {
        $(this).removeClass("btn-info").
addClass("btn-success");
        alert("hide.bs.popover");
        })
    $('#myPopover').on('hidden.
bs.popover', function () {
        $(this).removeClass("btn-
success").addClass("btn-info");
        alert("hidden.bs.popover");
        })
    })
</script>
</body>
</html>
```

运行程序，依次触发效果如图 11-20~图 11-24 所示。

图 11-20　触发 show.bs.popover 事件

图 11-21　触发 inserted.bs.popover 事件

图 11-22　触发 shown.bs.popover 事件

图 11-23　触发 hide.bs.popover 事件

图 11-24　触发 hidden.bs.popover 事件

11.5　工具提示

在 Bootstrap 4 中，工具提示插件需要 tooltip.js 文件支持，所以在使用之前，应该导入 jquery.js、util.js 和 tooltip.js。工具提示插件还依赖于第三方 popper.js 插件实现，所以在使用工具提示时确保引入了 popper.js 文件，并放在 bootstrap.js 文件之前。

```
<script src="jquery-3.5.1.slim.js"></script>
<script src="util.js"></script>
```

```
<script src="popper.js"></script>
<script src="tooltip.js"></script>
```

或者直接导入 jquery.js 和 bootstrap.js 文件：

```
<script src="jquery-3.5.1.slim.js"></script>
<script src="popper.min.js"></script>
<script src="bootstrap-4.5.3-dist/js/bootstrap.js"></script>
```

11.5.1　定义工具提示

使用 data-toggle="tooltip" 属性对元素添加工具提示，提示的内容使用 title 属性设置。例如下面代码，定义一个超链接，添加 data-toggle="tooltip" 属性，并定义 title 内容：

```
<a href="#" type="button" class="btn btn-primary" data-toggle="tooltip" title="
将跳转到注册页面">注册</a>
```

出于性能原因的考虑，Bootstrap 没有支持工具提示插件通过 data 属性激活，因此必须手动通过 JavaScript 脚本方式调用。调用方法是通过 tooltip() 构造函数来实现的，例如下面代码：
使用 data-toggle 属性初始化：

```
<script>
    $(function () {
        $('[data-toggle="tooltip"]').tooltip()
    })
</script>
```

也可以使用选择器（id 或 class）初始化工具提示：

```
<script>
    $(function () {
        $('.btn'). tooltip()
    })
</script>
```

程序运行效果如图 11-25 所示。

对于禁用的按钮元素，是不能交互的，无法通过悬浮或单击来触发工具提示。可以通过为禁用元素包裹一个容器，在该容器上触发工具提示。

在下面代码中，为禁用按钮包裹一个 <span> 标签，在其上添加工具提示。

```
<span data-toggle="tooltip" title="禁用的按钮">
    <button class="btn btn-primary" type="button" disabled>禁用按钮</button>
</span>
```

程序运行效果如图 11-26 所示。

图 11-25　工具提示效果　　图 11-26　禁用按钮设置工具提示效果

11.5.2 工具提示方向

使用 data-placement=" " 属性设置工具提示的显示方向，可选值有 4 个：left、right、top 和 bottom，分别表示向左、向右、向上和向下。

下面定义了 4 个按钮，使用 data-placement 属性，为每个按钮设置不同的显示位置。

实例 16：设置工具提示的显示位置（案例 文件：ch11\11.16.html）

```html
<!DOCTYPE html>
<html>
<head>
    <meta charset="UTF-8">
<title>设置工具提示的显示位置</title>
<meta name="viewport"content="widt
h=device-width,initial-scale=1, shrink-
to-fit=no">
<link rel="stylesheet"href="bootstrap-
4.5.3-dist/css/bootstrap.css">
<script src="jquery-3.5.1.slim.
js"></script>
<script src="popper.js"></script>
    <script src="bootstrap-4.5.3-
dist/js/bootstrap.min.js"></script>
</head>
<body class="container">
<h2 align="center">设置工具提示的显示
位置</h2>
<button type="button"class="btn btn-lg
btn-danger ml-5"data-toggle="tooltip"data-
placement="left" data-trigger="click"
title="工具提示信息">向左</button>
<button type="button" class="btn btn-
lg btn-danger ml-5"data-toggle="tooltip"
data-placement="right" data-trigger="click"
title="工具提示信息">向右</button>
```

```html
<div class="mt-5 mb-5"><hr></div>
<button type="button" class="btn btn-
lg btn-danger ml-5 " data-toggle="tooltip"
data-placement="top" data-trigger="click"
title="工具提示信息">向上</button>
<button type="button" class="btn
btn-lg btn-danger ml-5" data-
toggle="tooltip" data-placement="bottom"
data-trigger="click" title="工具提示信息
">向下</button>
</body>
<script>
 $(function ()
 /*使用data-toggle属性触发工具提示*/
 $('[data-toggle="tooltip"]').
tooltip();
    })
</script>
</html>
```

程序运行结果如图 11-27 所示。

图 11-27　工具提示的显示位置

11.5.3 调用工具提示

使用 JavaScript 脚本触发工具提示：

```js
$('#example').tooltip(options);
```

$('#example') 表示匹配的页面元素，options 是一个参数对象，可以设置工具提示的相关配置参数，说明如表 11-8 所示。

表 11-8　tooltip() 的配置参数

名　称	类　型	默认值	说　明
animation	boolean	true	提示工具是否应用 CSS 淡入淡出过渡特效
container	string|element|false	false	将提示工具附加到特定元素上，例如 "\<body>"
delay	number|object	0	设置提示工具显示和隐藏的延迟时间，不适用于手动触发类型；如果只提供了一个数字，则表示显示和隐藏的延迟时间。语法结构如下：delay:{show:1000,hide:500}

续表

名　称	类　型	默认值	说　明
html	boolean	false	是否插入 HTML 字符串。如果为 true，工具提示标题中的 HTML 标记将在工具提示中呈现；如果设置为 false，则使用 jQuery 的 text() 方法插入内容，就不用担心 XSS 攻击
placement	string|function	top	设置工具提示的位置，包括 auto|top|bottom|left|right。当设置为 auto 时，它将动态地重新定位工具提示
selector	string	false	设置一个选择器字符串，则具体提示针对选择器匹配的目标进行显示
title	string|element|function	无	如果 title 属性不存在，则需要显示的提示文本
trigger	string	click	设置工具提示的触发方式，包括单击（click）、鼠标经过（hover）、获取焦点（focus）或者手动（manual）。可以指定多种方式，多种方式之间通过空格进行分割
offset	number|string	0	工具提示内容相对于其目标的偏移量

可以通过 data 属性或 JavaScript 传递参数。对于 data 属性，将参数名附着到 data- 后面即可，例如 data-container=" "。也可以针对单个工具提示指定单独的 data 属性。

下面通过 JavaScript 设置工具提示的参数，让提示信息以 HTML 文本格式显示一幅图片，同时延迟 1 秒钟显示，推迟 1 秒钟隐藏，通过 click（单击）触发弹窗，偏移量设置为 200px，支持 HTML 字符串，应用 CSS 淡入淡出过渡特效。

实例 17：在工具提示中显示图片（案例文件：ch11\11.17.html）

```html
<!DOCTYPE html>
<html>
<head>
    <meta charset="UTF-8">
        <title>在工具提示中显示图片</title>
        <meta name="viewport" content="width=device-width,initial-scale=1, shrink-to-fit=no">
        <link rel="stylesheet" href="bootstrap-4.5.3-dist/css/bootstrap.css">
    <script src="jquery-3.5.1.slim.js"></script>
    <script src="popper.js"></script>
        <script src="bootstrap-4.5.3-dist/js/bootstrap.min.js"></script>
    </head>
    <body class="container">
    <h3 align="center">在工具提示中显示图片</h3>
    <button type="button" class="btn btn-lg btn-danger ml-5" data-toggle="tooltip">工具提示</button>
    <script>
        $(function () {
    $('[data-toggle="tooltip"]').tooltip({
            animation:true,
            /*应用CSS淡入淡出过渡特效*/
            html:true,
            /*支持HTML字符串*/
```

```html
            offset:"200px",
            /*设置偏移位置*/
            title:"<img src='2.jpg' width='300' class='img-fluid'>",
            /*提示内容*/
            placement:"right",
            /*显示位置*/
            trigger:"click",
            /*鼠标单击时触发*/
            delay:{show:1000,hide:1000}
            /*显示和延迟的时间*/
            });
        })
</script>
</body>
</html>
```

程序运行结果如图 11-28 所示。

图 11-28　JavaScript 传递参数设置效果

> **提示**：工具提示插件拥有多个实用方法，说明如下。
>
> （1）.tooltip('show')：显示页面某个元素的工具提示。
>
> （2）.tooltip('hide')：隐藏页面某个元素的工具提示。
>
> （3）.tooltip('toggle')：打开或隐藏页面某个元素的工具提示。
>
> （4）.tooltip('dispose')：隐藏和销毁元素的工具提示。
>
> （5）.tooltip('enable')：赋予元素工具提示显示的能力。默认情况下，工具提示是启用的。
>
> （6）.tooltip('disable')：移除显示元素的工具提示功能。只有在重新启用时，才能显示工具提示。
>
> （7）.tooltip('toggleEnabled')：切换显示或隐藏元素工具提示的能力。
>
> （8）.tooltip('update')：更新元素的工具提示位置。

11.5.4　添加用户行为

Bootstrap 4 为工具提示插件提供了 5 个事件，说明如表 11-9 所示。

表 11-9　工具提示事件

事件类型	描　述
show.bs.tooltip	当调用 show 方法时，此事件立即触发
shown.bs.tooltip	当工具提示对用户可见时触发此事件
hide.bs.tooltip	当调用 hide 方法时，将立即触发此事件
hidden.bs.tooltip	当工具提示对用户隐藏完成时，将触发此事件
inserted.bs.tooltip	这个事件在 show.bs.tooltip 事件结束后被触发

下面为一个工具提示绑定上述 5 个监听事件，然后激活工具提示交互行为，5 个监听事件将依次执行，执行过程中，为每个过程添加 alert() 方法（弹出框），弹出对应的事件，并设置按钮的颜色。

实例 18：为工具提示添加用户行为（案例文件：ch11\11.18.html）

```
<!DOCTYPE html>
<html>
<head>
    <meta charset="UTF-8">
    <title>工具提示事件</title>
    <meta name="viewport"
content="width=device-width,initial-
scale=1, shrink-to-fit=no">
    <link rel="stylesheet"
href="bootstrap-4.5.3-dist/css/
bootstrap.css">
    <script src="jquery-3.5.1.slim.
js"></script>
    <script src="popper.js"></
script>
    <script src="bootstrap-4.5.3-
dist/js/bootstrap.min.js"></script>
```

```
</head>
<body class="container">
<h2 align="center">工具提示事件</h2>
<button type="button" class="btn
btn-info ml-5" data-toggle="myTooltip"
id="myTooltip">工具提示</button>
<script>
    $(function () {
        $('#myTooltip').tooltip({
    title:"工具提示",   /*提示内容*/
    trigger:"click",   /*鼠标单击时触发*/
        });
        $('#myTooltip').on('show.
bs.tooltip', function () {
    alert("show.bs.tooltip");
    $(this).removeClass("btn-info").
addClass("btn-primary");
        })
    $('#myTooltip').on('inserted.
bs.tooltip', function () {
```

```
    alert("inserted.bs.tooltip");
    $(this).removeClass("btn-primary").
addClass("btn-danger");
            })
        $('#myTooltip').on('shown.
bs.tooltip', function () {
    alert("shown.bs.tooltip");
    $(this).removeClass("btn-danger").
addClass("btn-info");
            })
        $('#myTooltip').on('hide.
bs.tooltip', function () {
    alert("hide.bs.tooltip");
    $(this).removeClass("btn-info").
addClass("btn-success");
            })
        $('#myTooltip').on('hidden.
bs.tooltip', function () {
    alert("hidden.bs.tooltip");
    $(this).removeClass("btn-success").
addClass("btn-info");
            })
        })
    </script>
    </body>
    </html>
```

运行程序，依次触发效果如图 11-29~
图 11-33 所示。

图 11-29　触发 show.bs.tooltip 事件

图 11-30　触发 inserted.bs.tooltip 事件

图 11-31　触发 shown.bs.tooltip 事件

图 11-32　触发 hide.bs.tooltip 事件

图 11-33　触发 hidden.bs.tooltip 事件

11.6　标签页

标签页插件需要 tab.js 文
件支持，因此在使用该插件之
前，应先导入 jquery.js、util.js
和 tab.js 文件。

```
<script src="jquery-3.5.1.slim.
js"></script>
<script src="util.js"></script>
<script src="tab.js"></script>
```

或者直接导入 jquery.js 和 bootstrap.js
文件：

```
<script src="jquery-3.5.1.slim.
js"></script>
<script src="bootstrap-4.5.3-dist/
js/bootstrap.js"></script>
```

11.6.1 定义标签页

在使用标签页插件之前，首先来了解一下标签页的 HTML 结构。

标签页分为两个部分：导航区和内容区域。导航区使用 Bootstrap 导航组件设计，在导航区内，把每个超链接定义为锚点链接，锚点值指向对应的标签内容框的 ID 值。内容区域需要使用 tab-content 类定义外包含框，使用 tab-pane 类定义每个 Tab 内容框。

最后，在导航区域内为每个超链接定义 data-toggle="tab"，激活标签页插件。对于下拉菜单选项，也可以通过该属性激活它们对应的行为。

实例 19：定义标签页（案例文件：ch11\11.19.html）

```html
<!DOCTYPE html>
<html>
<head>
    <meta charset="UTF-8">
    <title>定义标签页</title>
        <meta name="viewport"
content="width=device-width,initial-
scale=1, shrink-to-fit=no">
    <link rel="stylesheet"href="bootstrap-
4.5.3-dist/css/bootstrap.css">
        <script src="jquery-3.5.1.slim.
js"></script>
    <script src="popper.js"></script>
        <script src="bootstrap-4.5.3-
dist/js/bootstrap.min.js"></script>
</head>
<body class="container">
<ul class="nav nav-tabs">
    <li class="nav-item">
    <a class="nav-link active" data-
toggle="tab" href="#image1">首页</a>
        </li>
        <li class="nav-item">
            <a class="nav-link" data-
toggle="tab" href="#image2">经典教材</a>
        </li>
    <li class="dropdown nav-item">
    <a href="#" class="nav-link dropdown-
toggle" data-toggle="dropdown">热门课程</a>
        <ul class="dropdown-menu">
            <li class="nav-item">
    <a class="nav-link" data-toggle="tab"
href="#image3">网络安全训练营</a>
            </li>
            <li class="nav-item">
    <a class="nav-link" data-toggle="tab"
href="#image4">Java开发训练营</a>
            </li>
        </ul>
```

```html
        </li>
        <li class="nav-item">
        <a class="nav-link" data-
toggle="tab" href="#image5">联系我们</a>
        </li>
    </ul>
    <div class="tab-content">
        <div class="tab-pane fade show
active" id="image1"><img src="1.png"
alt="" class="img-fluid"></div>
        <div class="tab-pane fade"
id="image2"><img src="2.png" alt=""
class="img-fluid"></div>
        <div class="tab-pane fade"
id="image3"><img src="3.png" alt=""
class="img-fluid"></div>
        <div class="tab-pane fade"
id="image4"><img src="4.png" alt=""
class="img-fluid"></div>
        <div class="tab-pane fade"
id="image5"><img src="5.png" alt=""
class="img-fluid"></div>
    </div>
</body>
</html>
```

程序运行结果如图 11-34 所示。

图 11-34　标签页效果

11.6.2 调用标签页

调用标签页插件有两种方法。

1. 使用 data 属性

通过 data 属性来激活标签页，不需要编写任何 JavaScript 脚本，只需要在导航标签或者导航超链接中添加 data-toggle="tab" 或者 data-toggle="pill" 属性即可。同时，确保为导航包含框添加 nav 和 nav-tabs（或 nav-pills）类。

```
<ul class="nav nav-tabs">
    <li class="nav-item">
        <a class="nav-link active"
data-toggle="tab" href="#one"></a>
    </li>
    <li class="nav-item">
        <a class="nav-link" data-
toggle="tab" href="#two" ></a>
    </li>
    <li class="nav-item">
        <a class="nav-link" data-
toggle="tab" href="#three"></a>
    </li>
</ul>
<!-- Tab panes -->
<div class="tab-content">
    <div class="tab-pane active"
id="one">...</div>
    <div class="tab-pane"
id="two">...</div>
    <div class="tab-pane"
id="three">...</div>
</div>
```

2. 使用 JavaScript 脚本

可以通过 JavaScript 脚本直接调用标签页，调用方法是在每个超链接的单击事件中调用 tab("show") 方法显示对应的标签内容框。

```
<script>
    $(function(){
        $('#myTab a').on('click',
function (e) {
```

```
            e.preventDefault()
            $(this).tab('show')
        })
    })
</script>
<!-- Nav tabs -->
<ul class="nav nav-tabs"id="myTab">
    <li class="nav-item">
        <a class="nav-link active"
href="#one"></a>
    </li>
    <li class="nav-item">
        <a class="nav-link"
href="#two" ></a>
    </li>
    <li class="nav-item">
        <a class="nav-link"
href="#three"></a>
    </li>
</ul>
<!-- Tab panes -->
<div class="tab-content">
    <div class="tab-pane active"
id="one"></div>
    <div class="tab-pane" id="two"></div>
    <div class="tab-pane"id="three"></div>
</div>
```

其中，e.preventDefault() 阻止超链接的默认行为，$(this).tab('show') 显示当前标签页对应的内容框内容。

用户还可以设计单独的控制按钮，专门显示特定 Tab 项的内容框。

```
$('#myTab a[href="#profile"]').
tab('show')    /* 显示ID名为profile的项目*/
$('#myTab li:first-child a').
tab('show')      /* 显示第一个Tab选项*/
$('#myTab li:last-child a').
tab('show')      /* 显示最后一个Tab选项*/
$('#myTab li:nth-child(3)a').
tab('show')    /* 显示第3个Tab选项*/
```

11.6.3 添加用户行为

标签页插件包括 4 个事件，其说明如表 11-10 所示。

表 11-10 标签页事件

事 件	说 明
show.bs.tab	当一个选项卡被激活前触发
shown.bs.tab	当一个选项卡被激活后触发
hide.bs.tab	切换选项卡时，旧的选项卡开始隐藏时触发
hidden.bs.tab	切换选项卡时，旧的选项卡隐藏完成后触发

对于这 4 个事件，通过 event.target 和 event.relatedTarget 可以获取当前触发的 Tab 标签和前一个被激活的 Tab 标签。

下面为标签页绑定 show.bs.tab 事件，实时监听选项卡切换，并弹出旧的选项卡标签和将被激活的选项卡标签。

实例 20：为标签页添加用户行为（案例文件：ch11\11.20.html）

```html
<!DOCTYPE html>
<html>
<head>
    <meta charset="UTF-8">
    <title>添加用户行为</title>
    <meta name="viewport"
content="width=device-width,initial-
scale=1, shrink-to-fit=no">
    <link rel="stylesheet"
href="bootstrap-4.5.3-dist/css/
bootstrap.css">
    <script src="jquery-3.5.1.slim.
js"></script>
    <script src="popper.js"></
script>
    <script src="bootstrap-4.5.3-
dist/js/bootstrap.min.js"></script>
</head>
<body class="container">
<script>
    $(function(){
        $('#myTab a').on('click',
function (e) {
            e.preventDefault()
            $(this).tab('show')
        })
        $('#myTab a').on("show.
bs.tab",function (e) {
            alert("旧的选项卡: "+e.
relatedTarget);    /*旧的选项卡*/
            alert("将被激活的选项卡:
"+e.target);    /*将要被激活的选项卡*/
        })
    })
</script>
<ul class="nav nav-tabs" id=myTab>
    <li class="nav-item">
    <a class="nav-link active" data-
toggle="tab" href="#image1">首页</a>
        </li>
        <li class="nav-item">
    <a class="nav-link" data-
toggle="tab" href="#image2">经典教材</a>
        </li>
    <li class="dropdown nav-item">
        <a href="#" class="nav-
link dropdown-toggle" data-
toggle="dropdown">热门课程</a>
        <ul class="dropdown-menu">
```

```html
            <li class="nav-item">
    <a class="nav-link" data-
toggle="tab" href="#image3">网络安全训练
营</a>
            </li>
            <li class="nav-item">
    <a class="nav-link" data-
toggle="tab" href="#image4">Java开发训练
营</a>
            </li>
        </ul>
    </li>
    <li class="nav-item">
        <a class="nav-link" data-
toggle="tab" href="#image5">联系我们</a>
    </li>
</ul>
<div class="tab-content">
    <div class="tab-pane fade show
active" id="image1"><img src="1.png"
alt="" class="img-fluid"></div>
    <div class="tab-pane fade"
id="image2"><img src="2.png" alt=""
class="img-fluid"></div>
    <div class="tab-pane fade"
id="image3"><img src="3.png" alt=""
class="img-fluid"></div>
    <div class="tab-pane fade"
id="image4"><img src="4.png" alt=""
class="img-fluid"></div>
    <div class="tab-pane fade"
id="image5"><img src="5.png" alt=""
class="img-fluid"></div>
</div>
</body>
</html>
```

程序运行，当切换选项卡时，激活 show.bs.tab 事件。显示旧的选项卡如图 11-35 所示，显示将要被激活的选项卡如图 11-36 所示。

图 11-35　显示旧的选项卡

图 11-36　显示将要被激活的选项卡

11.7　新手常见疑难问题

疑问 1：使用模态框插件时需要注意什么？

模态框是一个多用途的 JavaScript 弹出窗口，可以使用它在网站中显示警告窗口、视频和图片。

在使用模态框插件时，注意以下几点。

（1）弹出模态框是用 HTML、CSS 和 JavaScript 构建的，模态框被激活时位于其他表现元素之上，并从 <body> 中删除滚动事件，以便模态框自身的内容得到滚动。

（2）单击模态框的灰背景区域，将自动关闭模态框。

（3）一次只支持一个模态窗口，不支持嵌套。

疑问 2：如何设置不显示遮罩层，同时取消 Esc 键关闭模态框的操作？

有两种方法可以实现上述要求，设置 data 属性和使用 JavaScript 配置模态框参数。

1. 设置 data 属性

使用 data 属性来实现的代码如下：

```
<button type="button" class="btn
btn-primary" data-toggle="modal" data-
backdrop="false" data-keyboard="false"
data-target="#Modal-test">
    打开模态框
</button>
```

2. 使用 JavaScript 配置模态框参数

下面使用 JavaScript 配置模态框参数，设置不显示遮罩层，同时按 Esc 键关闭模态

框的操作，代码如下：

```
$(function(){
    $(".btn").click(function(){
        $('#Modal-test').modal({
            backdrop:false,
            /*关闭背景遮罩层*/
            keyboard:false
            /*按Esc键关闭模态框*/
        });
    });
})
```

11.8　实战技能训练营

实战 1：设计抢红包模态框

本案例使用 Bootstrap 模态框插件设计抢红包模态框。当页面加载完成后，页面自动弹出抢红包的提示框，效果如图 11-37 所示。

图 11-37　抢红包模态框

实战 2：设计热销商品推荐区

本案例使用 Bootstrap 标签页插件，辅以网格系统和 Flex 布局技术设计热销商品推荐区，最终效果如图 11-38 所示。

图 11-38　热销商品推荐区

第12章 精通JavaScript插件

📖 **本章导读**

　　Bootstrap 定义了丰富的 JavaScript 插件。除了上一章节讲述的常用插件以外，还有一个非常实用的插件，包括按钮、警告框、折叠、轮播和滚动监听。本章将进一步深入精讲这些JavaScript 插件。

📝 **知识导图**

12.1 按钮

按钮插件需要 button.js 文件支持，在使用该插件之前，应先导入 jquery.js 和 button.js 文件。同时还应该导入插件所需要的样式表文件。

```
<link rel="stylesheet" href="bootstrap-4.5.3-dist/css/bootstrap.css">
<script src="jquery-3.5.1.slim.js"></script>
<script src="button.js"></script>
```

或者直接导入 jquery.js 和 bootstrap.js 文件：

```
<script src="jquery-3.5.1.slim.js"></script>
<script src="bootstrap-4.5.3-dist/js/bootstrap.js"></script>
```

激活按钮交互行为的方法有两种。

1. 使用 data 属性激活按钮

添加 data-toggle="button" 属性，可以激活按钮。

```
<button type="button" class="btn btn-primary" data-toggle="button" >激活按钮</button>
```

2. 通过 JavaScript 激活按钮

通过 JavaScript 脚本形式激活按钮的代码如下：

```
$(".btn").button()
```

按钮插件中定义了如下方法。

```
$().button("toggle")
```

该方法可以切换按钮状态，设置按钮被激活时的状态和外观。

Bootstrap 的 .button 样式也可以作用于其他元素，例如 <label> 上，从而模拟单选按钮、复选框效果。添加 data-toggle="buttons" 到 .btn-group 下的元素里，可以启用样式切换效果。预先选中的按钮需要手动将 .active 添加到 <label> 上。

1. 按钮式复选框组

使用按钮组模拟复选框，能够设计更具个性的复选框样式。下面设计 3 个复选框，包含在按钮组（btn-group）容器中，然后使用 data-toggle="buttons" 属性把它们定义为按钮形式，单击将显示深色背景色，再次单击将恢复浅色背景色。

实例 1：按钮式复选框组（案例文件：ch12\12.1.html）

```
<!DOCTYPE html>
<html>
<head>
    <meta charset="UTF-8">
    <title>按钮式复选框组</title>
```

```
    <meta name="viewport"
content="width=device-width,initial-
scale=1, shrink-to-fit=no">
    <link rel="stylesheet"
href="bootstrap-4.5.3-dist/css/
bootstrap.css">
    <script src="jquery-3.5.1.slim.
js"></script>
```

```
            <script src="bootstrap-4.5.3-
dist/js/bootstrap.min.js"></script>
    </head>
    <body class="container">
    <h3 align="center">按钮式复选框组</h3>
    <div class="btn-group" data-
toggle="buttons">
    <label class="btn btn-primary active">
                <input type="checkbox"
checked autocomplete="off">网络安全技术
        </label>
    <label class="btn btn-primary">
                <input type="checkbox"
autocomplete="off"> 网站开发技术
        </label>
    <label class="btn btn-primary">
                <input type="checkbox"
autocomplete="off"> 人工智能技术
        </label>
    </div>
    </body>
    </html>
```

程序运行效果如图 12-1 所示。

图 12-1　按钮式复选框效果

上面的方法是使用按钮组的形式设计的，在此基础之上，Bootstrap 4 还专门定义了一个 btn-group-toggle 类来实现类似按钮组的效果，但仍需要使用 data-toggle="buttons" 属性激活。

实例 2：模拟复选框组（案例文件：ch12\12.2.html）

```
    <!DOCTYPE html>
    <html>
    <head>
        <meta charset="UTF-8">
        <title>复选框组</title>
        <meta name="viewport"
content="width=device-width,initial-
scale=1, shrink-to-fit=no">
    <link rel="stylesheet" href=
"bootstrap-4.5.3-dist/css/bootstrap.css">
    <script src="jquery-3.5.1.slim.
js"></script>
            <script src="bootstrap-4.5.3-
dist/js/bootstrap.min.js"></script>
    </head>
    <body class="container">
```

```
    <h3 align="center">复选框组</h3>
    <div class="btn-group btn-group-
toggle" data-toggle="buttons">
    <label class="btn btn-primary active">
    <input type="checkbox" checked
autocomplete="off">科目1
        </label>
    <label class="btn btn-primary">
                <input type="checkbox"
autocomplete="off"> 科目2
        </label>
    <label class="btn btn-primary">
                <input type="checkbox"
autocomplete="off"> 科目 3
        </label>
    </div>
    </body>
    </html>
```

程序运行效果如图 12-2 所示。

图 12-2　模拟复选框组

2. 按钮式单选按钮

使用按钮组模拟单选按钮，能够设计更具个性的单选按钮样式。下面设计 3 个单选按钮，包含在按钮组（btn-group）容器中，然后使用 data-toggle="buttons" 属性把它们定义为按钮形式，单击将显示深色背景色，再次单击将恢复浅色背景色。

实例 3：按钮式单选按钮（案例文件：ch12\12.3.html）

```
    <!DOCTYPE html>
    <html>
    <head>
        <meta charset="UTF-8">
        <title>按钮式单选按钮</title>
        <meta name="viewport"
content="width=device-width,initial-
scale=1, shrink-to-fit=no">
    <link rel="stylesheet"href="bootstrap-
4.5.3-dist/css/bootstrap.css">
    <script src="jquery-3.5.1.slim.
js"></script>
    <script src="popper.js"></script>
        <script src="bootstrap-4.5.3-
dist/js/bootstrap.min.js"></script>
```

```
</head>
<body class="container">
<h3 align="center">按钮式单选按钮</h3>
<div class="btn-group" data-
toggle="buttons">
<label class="btn btn-primary active">
 <input type="radio"name="options"
id="option1" autocomplete="off"
checked> 网络安全技术
      </label>
<label class="btn btn-primary">
<input type="radio"name="options" id=
"option2" autocomplete="off"> 网站开发技术
      </label>
<label class="btn btn-primary">
               <input type="radio"
name="options" id="option3"
autocomplete="off"> 人工智能技术
      </label>
</div>
</body>
</html>
```

程序运行效果如图 12-3 所示。

图 12-3　按钮式单选按钮效果

和复选框一样，可以使用 btn-group-
toggle 类来实现类似按钮组的效果，但是每
次只能改变一个按钮的背景色，切换时，只
有被单击的单选按钮变成深色背景，其他恢
复浅色背景色。

**实例 4：模拟按钮式单选按钮（案例文件：
ch12\12.4.html）**

```
<!DOCTYPE html>
<html>
<head>
```

```
<meta charset="UTF-8">
<title>模拟按钮式单选按钮</title>
  <meta name="viewport"
content="width=device-width,initial-
scale=1, shrink-to-fit=no">
 <link rel="stylesheet"href="bootstrap-
4.5.3-dist/css/bootstrap.css">
    <script src="jquery-3.5.1.slim.
js"></script>
      <script src="bootstrap-4.5.3-
dist/js/bootstrap.min.js"></script>
</head>
<body class="container">
<h3 align="center">模拟按钮式单选按
钮</h3>
<div class="btn-group btn-group-
toggle" data-toggle="buttons">
<label class="btn btn-primary
active">
 <input type="radio"name="options"
id="option1"autocomplete="off" checked>
科目1
     </label>
<label class="btn btn-primary">
            <input type="radio"
name="options" id="option2"
autocomplete="off"> 科目2
     </label>
<label class="btn btn-primary">
            <input type="radio"
name="options" id="option3"
autocomplete="off"> 科目3
     </label>
</div>
</body>
</html>
```

程序运行效果如图 12-4 所示。

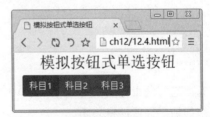

图 12-4　模拟按钮式单选按钮效果

12.2　警告框

警告框插件需要 alert.js 文件支持，因此在使用该插件之前，应先导入 jquery.js、util.js
和 alert.js 文件。

```
<script src="jquery-3.5.1.slim.js"></script>
<script src="util.js"></script>
<script src="alert.js"></script>
```

或者直接导入 jquery.js 和 bootstrap.js 文件：

```
<script src="jquery-3.5.1.slim.js"></script>
<script src="bootstrap-4.5.3-dist/js/bootstrap.js"></script>
```

12.2.1　关闭警告框

设计一个警告框，并添加一个关闭按钮，只需为关闭按钮设置 data-dismiss="alert" 属性即可自动为警告框赋予关闭功能。

实例 5：设计一个关闭警告框（案例文件：ch12\12.5.html）

```
<!DOCTYPE html>
<html>
<head>
    <meta charset="UTF-8">
    <title>警告框</title>
    <meta name="viewport" content="width=device-width,initial-scale=1, shrink-to-fit=no">
    <link rel="stylesheet" href="bootstrap-4.5.3-dist/css/bootstrap.css">
    <script src="jquery-3.5.1.slim.js"></script>
    <script src="bootstrap-4.5.3-dist/js/bootstrap.min.js"></script>
</head>
<body>
<div class="alert alert-warning fade show">
    <strong>警告框标题</strong> 警告的说明文字。
<button type="button"class="close" data-dismiss="alert">
        <span>&times;</span>
    </button>
</div>
</body>
</html>
```

程序运行结果如图 12-5 所示，当单击"关闭"按钮后，警告框将关闭。

图 12-5　关闭警告框效果

警告框插件也可以通过 JavaScript 关闭某个警告框：

```
$(".alert").alert("close")
```

如果希望警告框在关闭时带有动画效果，可以为警告框添加 fade 和 show 类。

实例 6：使用 JavaScript 脚本来控制警告框关闭操作（案例文件：ch12\12.6.html）

```
<!DOCTYPE html>
<html>
<head>
    <meta charset="UTF-8">
    <title>警告框</title>
    <meta name="viewport" content="width=device-width,initial-scale=1, shrink-to-fit=no">
    <link rel="stylesheet" href="bootstrap-4.5.3-dist/css/bootstrap.css">
    <script src="jquery-3.5.1.slim.js"></script>
    <script src="bootstrap-4.5.3-dist/js/bootstrap.min.js"></script>
</head>
<body class="container">
<div class="alert alert-warning fade show">
    <strong>警告提示! </strong> 程序中出现一个语法问题。
    <button type="button" class="close">
        <span>&times;</span>
    </button>
</div>
</body>
<script>
    $(function(){
$(".close").click(function(){
                $(".alert").alert("close")
        })
    })
</script>
</html>
```

程序运行结果如图 12-6 所示。

图 12-6　关闭警告框效果

12.2.2　添加用户行为

Bootstrap 4 为警告框提供了两个事件，说明如下。

（1）close.bs.alert：当 close 函数被调用之后，此事件被立即触发。

（2）closed.bs.alert：当警告框被关闭以后，此事件被触发。

下面使用警告框绑定一个模态框，当关闭警告框之前，将弹出一个模态框进行提示。

实例 7：为警告框添加用户行为（案例文件：ch12\12.7.html）

```html
<!DOCTYPE html>
<html>
<head>
    <meta charset="UTF-8">
    <title>为警告框添加用户行为</title>
    <meta name="viewport"
content="width=device-width,initial-
scale=1, shrink-to-fit=no">
    <link rel="stylesheet"
href="bootstrap-4.5.3-dist/css/
bootstrap.css">
    <script src="jquery-3.5.1.slim.
js"></script>
    <script src="bootstrap-4.5.3-
dist/js/bootstrap.min.js"></script>
</head>
<body class="container">
<div class="alert alert-warning
fade show">
        <strong>警告标题！</strong> 警告
的说明文字。
        <button type="button"
class="close" >
            <span>&times;</span>
        </button>
</div>
<!-- 模态框 -->
<div class="modal" id="Modal-test">
    <div class="modal-dialog">
    <div class="modal-content">
    <div class="modal-header">
                    <h5 class="modal-
title" id="modalTitle">提示</h5>
```

```html
            <button type="button"
class="close" data-dismiss="modal">
            <span>&times;</span>
            </button>
        </div>
            <div class="modal-
body">你确定要关闭警告框吗？</div>
        <div class="modal-footer">
                <button type="button"
class="btn btn-primary" data-
dismiss="modal">是</button>
                <button type="button"
class="btn btn-secondary" data-
dismiss="modal">否</button>
            </div>
        </div>
    </div>
</div>
</body>
<script>
    $(function(){
$(".close").click(function(){
$(this).alert("close")
        })
            $(".alert").on("close.
bs.alert",function(e){
$("#Modal-test").modal();
        })
    })
</script>
</html>
```

程序运行结果如图 12-7 所示。当单击关闭警告框时，将触发 close.bs.alert 事件，弹出模态框，效果如图 12-8 所示。

图 12-7　警告框效果

图 12-8　弹出模态框效果

12.3　折叠

Bootstrap 折叠插件允许在网页中使用 JavaScript 以及 CSS 类切换内容，控制内容的可见性，可以用它来创建折叠导航、折叠内容面板。

折叠插件需要 collapse.js 插件的支持，因此在使用插件之前，应先导入 jquery.js、util.js 和 collapse.js 文件。

```
<script src="jquery-3.5.1.slim.js"></script>
<script src="util.js"></script>
<script src="collapse.js"></script>
```

或者直接导入 jquery.js 和 bootstrap.js 文件：

```
<script src="jquery-3.5.1.slim.js"></script>
<script src="bootstrap-4.5.3-dist/js/bootstrap.js"></script>
```

12.3.1　定义折叠

折叠的结构看起来很复杂，但调用起来却是很简单的。具体可以分为以下两个步骤。

01 定义折叠的触发器，使用 <a> 或者 <button> 标签。在触发器中添加触发属性 data-toggle="collapse"，并在触发器中使用 id 或 class 来指定触发的内容。如果使用的是 <a> 标签，可以让 href 属性值等于 id 或 class 值；如果是 <button> 标签，在 <button> 中添加 data-target 属性，属性值为 id 或 class 值。

02 定义折叠包含框，将折叠内容包含在折叠框中，然后在包含框中设置 id 或 class 值，该值等于触发器中对应的 id 或 class 值，最后还需要在折叠包含框中添加下面三个类中的一个类：

（1）.collapse：隐藏折叠内容。

（2）.collapsing：隐藏折叠内容，切换时带动态效果。

（3）.collapse.show：显示折叠内容。

完成以上两个步骤便可实现折叠效果。

实例 8：定义折叠（案例文件：ch12\12.8.html）

```
<!DOCTYPE html>
<html>
<head>
```

```
<meta charset="UTF-8">
<title>定义折叠</title>
    <meta name="viewport"
content="width=device-width,initial-
scale=1, shrink-to-fit=no">
        <link rel="stylesheet"
```

```
href="bootstrap-4.5.3-dist/css/
bootstrap.css">
        <script src="jquery-3.5.1.slim.
js"></script>
        <script src="popper.js"></
script>
        <script src="bootstrap-4.5.3-
dist/js/bootstrap.min.js"></script>
    </head>
    <body class="container">
    <h2 align="center">定义折叠</h2>
    <p>
    <a class="btn btn-primary" data-
toggle="collapse" href="#collapse">&lt;
a &gt;触发折叠</a>
        <button class="btn btn-danger"
type="button" data-toggle="collapse"
data-target="#collapse1">&lt; button
&gt;触发折叠</button>
    </p>
    <div class="collapsing"
id="collapse">
        <div class="card card-body">
            这是&lt; a &gt;触发的折叠内容
        </div>
```

```
    </div>
    <div class="collapse"
id="collapse1">
        <div class="card card-body">
        这是&lt; button &gt;触发的折叠内容
        </div>
    </div>
    </body>
</html>
```

程序运行结果如图 12-9 所示。

图 12-9　折叠效果

12.3.2　控制多目标

在触发器上，可以通过选择器来显示或隐藏多个折叠包含框（一般使用 class 值），也可以通过多个触发器来控制显示或隐藏一个折叠包含框。

实例 9：控制多目标（案例文件：ch12\12.9.html）

```
<!DOCTYPE html>
<html>
<head>
    <meta charset="UTF-8">
    <title>控制多目标</title>
        <meta name="viewport"
content="width=device-width,initial-
scale=1, shrink-to-fit=no">
        <link rel="stylesheet"
href="bootstrap-4.5.3-dist/css/
bootstrap.css">
        <script src="jquery-3.5.1.slim.
js"></script>
        <script src="bootstrap-4.5.3-
dist/js/bootstrap.min.js"></script>
    </head>
    <body class="container">
    <h3 class="mb-4">一个触发器切换多个目
标</h3>
    <p>
    <button class="btn btn-primary"
type="button" data-toggle="collapse"
data-target=".multi-collapse">切换下面3
```

```
个目标</button>
    </p>
    <div class="collapse multi-collapse">
        <div class="card card-body">
            折叠内容一
        </div>
    </div>
    <div class="collapse multi-collapse">
        <div class="card card-body">
            折叠内容二
        </div>
    </div>
    <div class="collapse multi-collapse">
        <div class="card card-body">
            折叠内容三
        </div>
    </div>
    <hr class="my-4">
    <h3 class="mb-4">多个触发器切换一个目
标</h3>
    <p>
    <button class="btn btn-primary"
type="button" data-toggle="collapse"
data-target="#multi-collapse">触发器1</
button>
        <button class="btn btn-primary"
type="button" data-toggle="collapse" data-
```

```
target="#multi-collapse">触发器2</button>
    </p>
    <div class="collapse" id="multi-
collapse">
        <div class="card card-body">
            多个触发器触发的内容
        </div>
    </div>
</div>
</body>
</html>
```

程序运行结果如图 12-10 所示。

![一个触发器切换多个目标/多个触发器切换一个目标界面截图]

图 12-10　控制多目标效果

12.3.3　设计手风琴

本节使用折叠组件并结合卡片组件来实现手风琴效果。

实例10：设计手风琴效果（案例文件：ch12\12.10.html）

```
<!DOCTYPE html>
<html>
<head>
    <meta charset="UTF-8">
    <title>设计手风琴效果</title>
    <meta name="viewport"
content="width=device-width,initial-
scale=1, shrink-to-fit=no">
    <link rel="stylesheet"
href="bootstrap-4.5.3-dist/css/bootstrap.
css">
    <script src="jquery-3.5.1.slim.
js"></script>
    <script src="popper.js"></script>
    <script src="bootstrap-4.5.3-dist/
js/bootstrap.min.js"></script>
</head>
<body class="container">
<h2 align="center">设计手风琴效果</h2>
<h4 class="">商品信息</h4>
```

```
<div id="Example">
    <div class="card">
        <div class="card-header">
<button class="btn btn-link"
type="button" data-toggle="collapse"
data-target="#one">商品名称</button>
        </div>
    <div id="one" class="collapse show"
data-parent="#Example">
    <div class="card-body">
            风韵牌洗衣机
        </div>
        </div>
    </div>
    <div class="card">
        <div class="card-header">
<button class="btn btn-link collapsed"
type="button" data-toggle="collapse"
data-target="#two">商品产地</button>
        </div>
    <div id="two" class="collapse"
data-parent="#Example">
        <div class="card-body">
                北京
            </div>
        </div>
    </div>
    <div class="card">
        <div class="card-header">
<button class="btn btn-link collapsed"
type="button" data-toggle="collapse"
data-target="#three">商品详情</button>
        </div>
    <div id="three" class="collapse"
data-parent="#Example">
        <div class="card-body">
                该商品价格为4668元
            </div>
        </div>
    </div>
</div>
</body>
</html>
```

程序运行结果如图 12-11 所示。

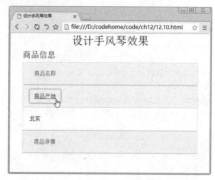

图 12-11　手风琴效果

12.3.4 调用折叠

调用折叠组件的方法有两种。

1. 通过 data 属性

为控制元素添加 data-toggle="collapse" 和 data-target 属性，绑定控制元素要控制的包含框即可。如果使用超链接，则不需要 data-target 属性，直接在 href 属性中定义目标锚点即可。如果想让折叠内容默认打开，可以添加额外的类 show。

为了给一个折叠块控件添加类似手风琴的效果，还需要添加 data-parent 属性，以确保在某个时间内只能显示一个子项目。

2. JavaScript 调用

除了使用 data 属性调用外，还可以使用 JavaScript 脚本形式进行调用，调用方法如下：

```
$('.collapse').collapse()
```

collapse() 方法包含一个配置对象，该对象包含两个配置参数，如表 12-1 所示。

表 12-1　collapse() 的配置参数

配置参数	类　型	默认值	说　明
parent	选择器	false	所有添加该属性的折叠项，其中某一项显示时，其余的将自动关闭
toggle	布尔值	true	是否切换折叠调用

Bootstrap 4 为折叠插件定义了 4 个特定方法，调用它们可以实现特定的行为效果。

（1）.collapse('toggle')：切换可折叠元素，显示或者隐藏该元素。

（2）.collapse('show')：显示可折叠元素。

（3）.collapse('hide')：隐藏可折叠元素。

（4）.collapse('dispose')：销毁可折叠元素。

12.3.5 添加用户行为

Bootstrap 4 中为折叠插件提供了 4 个事件，通过它们，可以监听用户的动作和折叠组件的状态。其说明如下。

（1）show.bs.collapse：当触发打开动作时立即触发此事件。

（2）shown.bs.collapse：当折叠元素对用户完全可见时触发此事件。

（3）hide.bs.collapse：当用户触发折叠动作时立即触发此事件。

（4）hidden.bs.collapse：当折叠元素完全折叠后触发此事件。

下面为一个折叠添加两个 shown.bs.collapse 和 hidden.bs.collapse 监听事件，当折叠完全打开后，触发 shown.bs.collapse 事件，页面主题变成绿色，折叠按钮内容动态更改为"折叠内容显示完成"；触发 hidden.bs.collapse 事件，页面主题变成黄色，折叠按钮内容动态更改为"折叠内容隐藏完成"。

实例 11：为折叠添加用户行为（案例文件：ch12\12.11.html）

```
<!DOCTYPE html>
<html>
<head>
    <meta charset="UTF-8">
```

```
<title>折叠事件</title>
    <meta name="viewport"
content="width=device-width,initial-
scale=1, shrink-to-fit=no">
    <link rel="stylesheet"
href="bootstrap-4.5.3-dist/css/
bootstrap.css">
    <script src="jquery-3.5.1.slim.
```

```
js"></script>
        <script src="bootstrap-4.5.3-
dist/js/bootstrap.min.js"></script>
    </head>
    <body class="container">
    <h3 align="center">折叠事件</h3>
    <div class="accordion"
id="accordionExample">
        <div class="card">
            <div class="card-header">
<button class="btn btn-link"
type="button" data-toggle="collapse"
data-target="#one">折叠</button>
            </div>
<div id="one" class="collapse">
        <div class="card-body">
            初闻征雁已无蝉，百尺楼高水接天。
            </div>
        </div>
    </div>
</div>
</body>
<script>
```

```
    $(function(){
        $('.collapse').on("shown.
bs.collapse",function(){
            $("body").
css("background","#36ee23");
    $('[data-toggle="collapse"]').
html("折叠内容显示完成")
        })
        $('.collapse').on("hidden.
bs.collapse",function(){
            $("body").
css("background","#fdff62");
    $('[data-toggle="collapse"]').
html("折叠内容隐藏完成")
        })
    })
</script>
</html>
```

运行程序，单击激活按钮，折叠内容显示，效果如图 12-12 所示；再次单击按钮，折叠内容隐藏，效果如图 12-13 所示。

图 12-12　折叠激活后页面效果　　图 12-13　折叠隐藏后页面效果

12.4　轮播

轮播（Carousel）是一种像旋转木马一样在元素之间循环的幻灯片插件，内容可以是图像、内嵌框架、视频或者其他任何类型的内容。轮播需要 carousel.js 插件支持，因此在使用之前，应该先导入 jquery.js、util.js 和 carousel.js 文件。

```
<script src="jquery-3.5.1.slim.js"></script>
<script src="util.js"></script>
<script src="carousel.js"></script>
```

或者直接导入 jquery.js 和 bootstrap.js 文件：

```
<script src="jquery-3.5.1.slim.js"></script>
<script src="bootstrap-4.5.3-dist/js/bootstrap.js"></script>
```

12.4.1　定义轮播

轮播是一个幻灯片效果，其内容循环播放，使用 CSS 3D 变形转换和 JavaScript 构建。它适用于一系列图像、文本或自定义标记，还包括对上一个、下一个图像的浏览控制和指令支持。

Bootstrap 轮播插件由 3 个部分构成：标识图标、幻灯片和控制按钮。轮播的具体设计步骤如下。

01 设计轮播包含框，定义 carousel 类样式，设计唯一的 ID（id="Carousel"）值，特别是在一个页面上使用多个 .carousel 时；data-ride="carousel" 属性用于定义轮播在页面加载时就开始动画播放。如果不使用该属性初始化轮播，就必须要使用 JavaScript 脚本初始化它。控制按钮和指示图标必须具有与 .carousel 元素的 id 匹配的数据目标属性或链接的 href 属性。在轮播外包含框内设计两个子容器，用来设计轮播标识图标和轮播信息；最后在幻灯片后添加两个控制按钮，用来控制播放行为。具体代码如下：

```
<div id="Carousel" class="carousel
slide " data-ride="carousel">
    <!--标识图标-->
<ol class="carousel-indicators">
<li data-target="#Carousel" data-
slide-to="0" class="active"></li>
<li data-target="#Carousel" data-
slide-to="1"></li>
<li data-target="#Carousel" data-
slide-to="2"></li>
    </ol>
    <!--幻灯片-->
    <div class="carousel-inner">
<div class="carousel-item active">
                <img src="image"
class="d-block w-100" alt="">
    <div class="carousel-caption">
            <h5> </h5>
            <p> </p>
        </div>
      </div>
    </div>
    <!--控制按钮-->
  <a class="carousel-control-prev"
href="#Carousel" data-slide="prev">
        <span class="carousel-
control-prev-icon"></span>
      </a>
  <a class="carousel-control-next"
href="#Carousel" data-slide="next">
    <span class="carousel-control-next-
icon"></span>
      </a>
  </div>
```

> **提示**：slide 类用来设置切换图片的过渡和动画效果，如果不需要这样的效果，可以删除这个类。

02 设计指示图标包含框（<ol class="carousel-indicators">）。图标包含框定义了 3 个指示图标，显示当前图片的播放顺序，在这个列表结构中，使用 data-target="#Carousel" 指定目标包含容器为 <div id="Carousel">，使用 data-slide-to="0" 定义播放顺序的下标。

03 设计幻灯片包含框（<div class="carousel-inner">）。幻灯片包含框中每个项目包含两部分：图片和图片说明。图片引用了 .d-block 和 .w-100 两个样式，以修正浏览器预设的图像对齐带来的影响。图片说明框使用 <div class="carousel-caption"> 定义。

```
<div class="carousel-caption">
    <h5> </h5>
    <p> </p>
</div>
```

> **注意**：需要将 .active 类添加到其中一个幻灯片中，否则轮播将不可见。

04 设计控制按钮。在 <div id="Carousel"> 轮播框最后面插入两个控制按钮，按钮分别使用 carousel-control-prev 和 carousel-control-next 来控制，使用 carousel-control-prev-icon 和 carousel-control-next-icon 类来设计左右箭头。通过使用 href="#Carousel" 绑定轮播框，使用 data-slide="prev" 和 data-slide="next" 激活按钮行为。

通过以上步骤就完成了轮播的设计。

实例12：设计轮播效果（案例文件：ch12\12.12.html）

```html
<!DOCTYPE html>
<html>
<head>
    <meta charset="UTF-8">
    <title>轮播效果</title>
    <meta name="viewport"
content="width=device-width,initial-
scale=1, shrink-to-fit=no">
    <link rel="stylesheet"href="bootstrap-
4.5.3-dist/css/bootstrap.css">
    <script src="jquery-3.5.1.slim.
js"></script>
    <script src="popper.js"></script>
    <script src="bootstrap-4.5.3-
dist/js/bootstrap.min.js"></script>
</head>
<body class="container">
<h3 align="center">轮播效果</h3>
<div id="Carousel" class="carousel
slide" data-ride="carousel">
    <!--标识图标-->
<ol class="carousel-indicators">
<li data-target="#Carousel" data-
slide-to="0" class="active"></li>
<li data-target="#Carousel" data-
slide-to="1"></li>
<li data-target="#Carousel" data-
slide-to="2"></li>
    </ol>
    <!--幻灯片-->
    <div class="carousel-inner">
<div class="carousel-item active">
                    <img src="1.png"
class="d-block w-100" alt="">
<div class="carousel-caption">
        <h4>网站开发训练营</h4>
        <p>打造网站开发的经典课程</p>
        </div>
        </div>
    div class="carousel-item">
                    <img src="2.png"
class="d-block w-100" alt="">
<div class="carousel-caption">
    <h4>网络安全训练营</h4>
    <p>打造网络安全的经典课程</p>
        </div>
    </div>
    <div class="carousel-item">
                <img src="3.png"
class="d-block w-100" alt="">
    <div class="carousel-caption">
    <h4>人工智能开发训练营</h4>
    <p>打造人工智能开发的经典课程</p>
        </div>
    </div>
</div>
<!--控制按钮-->
<a class="carousel-control-prev"
href="#Carousel" data-slide="prev">
        <span class="carousel-
control-prev-icon"></span>
    </a>
<a class="carousel-control-next"
href="#Carousel" data-slide="next">
        <span class="carousel-
control-next-icon"></span>
    </a>
</div>
</body>
</html>
```

程序运行结果如图12-14所示。

图 12-14　轮播效果

12.4.2　设计轮播风格

前面介绍了可以添加 slide 类来实现图片切换的动画。本节将介绍图片的交叉淡入淡出动画效果以及图片自动循环间隔时间。

1. 交叉淡入淡出

实现淡入淡出动画效果首先需要在轮播框 <div id="Carousel"> 中添加 slide 类，然后再添加交叉淡入淡出类 carousel-fade。

实例 13：设计轮播交叉淡入淡出动画效果（案例文件：ch12\12.13.html）

```
<!DOCTYPE html>
<html>
<head>
    <meta charset="UTF-8">
    <title>交叉淡入淡出效果</title>
        <meta name="viewport"
content="width=device-width,initial-
scale=1, shrink-to-fit=no">
    <link rel="stylesheet"href="bootstrap-
4.5.3-dist/css/bootstrap.css">
        <script src="jquery-3.5.1.slim.
js"></script>
    <script src="popper.js"></script>
        <script src="bootstrap-4.5.3-
dist/js/bootstrap.min.js"></script>
</head>
<body class="container">
<h3 align="center">交叉淡入淡出效果</h3>
<div id="Carousel"class="carousel
slide carousel-fade" data-ride="carousel">
    <!--标识图标-->
<ol class="carousel-indicators">
<li data-target="#Carousel" data-
slide-to="0" class="active"></li>
<li data-target="#Carousel" data-
slide-to="1"></li>
<li data-target="#Carousel" data-
slide-to="2"></li>
    </ol>
    <!--幻灯片-->
    <div class="carousel-inner">
<div class="carousel-item active">
                    <img src="1.png"
class="d-block w-100" alt="">
        </div>
<div class="carousel-item">
<img src="2.png" class="d-block
w-100" alt="">
        </div>
    <div class="carousel-item">
<img src="3.png" class="d-block
w-100" alt="">
        </div>
    </div>
    <!--控制按钮-->
<a class="carousel-control-prev"
href="#Carousel" data-slide="prev">
            <span class="carousel-
```

```
control-prev-icon"></span>
        </a>
    <a class="carousel-control-next"
href="#Carousel" data-slide="next">
    <span class="carousel-control-next-
icon"></span>
        </a>
    </div>
</body>
</html>
```

程序运行结果如图 12-15 所示。

图 12-15　轮播交叉淡入淡出效果

2. 设置自动循环间隔时间

在幻灯片框中的每个项目上添加 data-interval=" " 来设置自动循环间隔时间。

```
<!--幻灯片框-->
<div class="carousel-inner">
<div class="carousel-item active"
data-interval="2000">
<img src="1.png" class="d-block
w-100" alt="">
    </div>
    <div class="carousel-item"
data-interval="4000">
        <img src="2.png" class="d-
block w-100" alt="">
    </div>
    <div class="carousel-item"
data-interval="6000">
<img src="3.png"class="d-block
w-100"alt="">
    </div>
</div>
```

在上面的代码中设置间隔时间分别为 2s、4s 和 6s。

12.4.3　调用轮播

调用轮播插件的方法有两种，具体说明如下。

1. 通过 data 属性

使用 data 属性可以轻松控制轮播的位置。其中 data-slide 属性可以改变当前轮播的帧，它包括 prev 和 next，prev 表示向后滚动，next 表示向前滚动。另外，使用 data-slide-to 属性可以传递某个帧的下标，例如 data-slide-to="2"，这样就可以直接跳转到这个指定的帧（下标从 0 开始）。

data-ride="carousel" 属性用于定义轮播在页面加载时就开始动画播放，如果不使用该属性初始化轮播，就必须要使用 JavaScript 脚本初始化它。

下面是使用 data 属性调用轮播的代码。

```
<div id="carousel" class="carousel
slide" data-ride="carousel">
    <ol class="carousel-indicators">
    <li data-target="#carousel" data-
slide-to="0" class="active"></li>
    <li data-target="#carousel" data-
slide-to="1"></li>
    <li data-target="#carousel" data-
slide-to="2"></li>
    </ol>
    <div class="carousel-inner">
    <div class="carousel-item active">
                        <img src=""
class="d-block w-100" alt="...">
        </div>
    </div>
    <a class="carousel-control-
prev"href="#carousel" role="button"
data-slide="prev">
                <span class="carousel-
control-prev-icon"></span>
        </a>
    <a class="carousel-control-next"
href="#carousel" role="button" data-
slide="next">
                <span class="carousel-
control-next-icon"></span>

        </a>
</div>
```

2. 使用 JavaScript 调用

在脚本中使用 carousel() 方法调用轮播：

```
$('.carousel').carousel()
```

在轮播中，把所有的 data 属性都去掉，保留轮播组件的基本结构和类样式。

```
<div id="carousel"class="carousel
slide">
    <ol class="carousel-indicators">
    <li data-target="#carousel" data-
slide-to="0" class="active"></li>
    <li data-target="#carousel" data-
slide-to="1"></li>
    <li data-target="#carousel" data-
slide-to="2"></li>
    </ol>
    <div class="carousel-inner">
    <div class="carousel-item active">
                        <img src=""
class="d-block w-100" alt="...">
        </div>
    </div>
    <a class="carousel-control-prev"
href="#carousel" role="button">
                <span class="carousel-
control-prev-icon"></span>
        </a>
    <a class="carousel-control-next"
href="#carousel" role="button">
                <span class="carousel-
control-next-icon"></span>
        </a>
</div>
```

然后，在脚本中调用 carousel() 方法。

```
<script>
    $(function(){
    $('.carousel').carousel();
    })
</script>
```

carousel() 方法包含 4 个配置参数，其说明如表 12-2 所示。

表 12-2　carousel() 配置参数

名　称	类　型	默认值	描　述
interval	number	5000	在自动循环一个项目之间延迟的时间
keyboard	boolean	true	轮播是否应该对键盘事件做出反应
pause	string|boolean	hover	如果设置为 hover，则鼠标指针悬浮在轮播上时暂停轮播的循环，离开后恢复轮播的循环。如果设置为 false，则鼠标指针悬浮在轮播上时不会暂停
touch	boolean	true	轮播是否应该支持触摸屏设备上的左、右滑动交互行为

上述参数可以通过 data 属性或 JavaScript 传递。对于 data 属性，将参数名称附着到 data- 之后即可，例如 data- interval=" "。

在下面的脚本中，定义轮播的播放速度为 2s。

```
<script>
    $(function(){
        $('.carousel').carousel({
            interval:2000
        });
    })
</script>
```

carousel() 方法还包括多种特殊的调用，说明如下。

（1）.carousel('cycle')：从左向右循环播放。

（2）.carousel('pause')：停止循环播放。

（3）.carousel(number)：循环到指定帧，下标从 0 开始，类似数组。

（4）.carousel('prev')：滚动到上一帧。

（5）.carousel('next')：滚动到下一帧。

（6）.carousel('dispose')：破坏轮播。

仅仅使用 carousel() 方法调用轮播，轮播只是简单的自动播放，左右箭头是不起作用的，所以需要使用 carousel() 方法的特殊调用，来实现左右箭头的功能。在轮播中为左、右箭头分别添加 left 和 right 两个类。

```
<a class="carousel-control-prev
left"href="#carousel" role="button">
    <span class="carousel-control-prev-
icon"></span>
    </a>
    <a class="carousel-control-next
right"href="#carousel"role="button">
    <span class="carousel-control-next-
icon"></span>
    </a>
```

实现左、右箭头功能的脚本代码如下：

```
<script>
    $(function(){
$("#carousel .left").click(function () {
$('.carousel').carousel("prev");
        })
        $("#carousel .right").
click(function () {
    $('.carousel').carousel("next");
        })
    })
</script>
```

12.4.4 添加用户行为

Bootstrap 4 为轮播插件提供了两个事件，说明如下。

（1）slide.bs.carousel：当调用 slide 实例方法时，此事件立即触发。

（2）slid.bs.carousel：当轮播完成幻灯片转换时，将触发此事件。

下面的案例为轮播添加以上两个事件，设计当图片滑动过时，让轮播组件外框显示为红色边框，完成其幻灯片转换后，边框色变为灰色。

实例 14：为轮播添加用户行为（案例文件：ch12\12.14.html）

```
<!DOCTYPE html>
<html>
<head>
    <meta charset="UTF-8">
    <title>轮播事件</title>
    <meta name="viewport"
content="width=device-width,initial-
scale=1, shrink-to-fit=no">
    <link rel="stylesheet"
href="bootstrap-4.5.3-dist/css/
bootstrap.css">
    <script src="jquery-3.5.1.slim.
js"></script>
    <script src="popper.js"></script>
        <script src="bootstrap-4.5.3-
dist/js/bootstrap.min.js"></script>
    </head>
    <body class="container">
    <h3 align="center">轮播事件</h3>
    <div id="indicators"class="carousel
slide">
    <ol class="carousel-indicators">
    <li data-target="#indicators" data-
slide-to="0"class="active"></li>
    <li data-target="#indicators" data-
slide-to="1"></li>
      <li data-target="#indicators"
```

```
data-slide-to="2"></li>
    </ol>
    <div class="carousel-inner">
  <div class="carousel-item active">
                <img src="1.png"
class="d-block w-100" alt="">
        </div>
    <div class="carousel-item">
                <img src="2.png"
class="d-block w-100" alt="">
        </div>
    <div class="carousel-item">
                <img src="3.png"
class="d-block w-100" alt="">
        </div>
    </div>
  <a class="carousel-control-
prev"href="#indicators"data-slide="prev">
            <span class="carousel-
control-prev-icon"></span>
    </a>
  <a class="carousel-control-
next"href="#indicators"data-slide="next">
            <span class="carousel-
```

```
control-next-icon"></span>
    </a>
  </div>
  </body>
  <script>
    $(function(){
            $('.carousel').on("slide.
bs.carousel",function(e){
                    e.target.style.
border="solid 10px #FF1493"
        })
            $('.carousel').on("slid.
bs.carousel",function(e){
                    e.target.style.
border="solid 10px #9C9C9C"
        })
    })
  </script>
  </html>
```

运行程序，图片滑动过程中效果如图 12-16 所示，完成幻灯片转换后效果如图 12-17 所示。

图 12-16　图片滑动过程中效果

图 12-17　完成幻灯片转换后效果

12.5　滚动监听

滚动监听（Scrollspy）是 Bootstrap 提供的很实用的 JavaScript 插件，能自动更新导航栏组件或列表组组件，根据滚动条的位置自动更新对应的目标。其基本的实现是随着滚动，基于滚动条的位置向导航栏或列表组中添加 .active 类。

12.5.1　定义滚动监听

滚动监听插件正常运行需要满足以下几个条件。

（1）如果从源代码构建 JavaScript，需要引入 util.js 文件。默认 bootstrap.js 已经包含了 util.js，因为 Bootstrap 所有的 JavaScript 行为都依赖于 util.js 函数。

（2）Scrollspy 插件必须在 Bootstrap 中的导航组件或列表组组件上使用。

（3）Scrollspy 插件需要在监控的元素上使用 position:relative; 定位，监控元

素通常是 <body>。

（4）当需要对 <body> 以外的元素进行监控时，要确保监控元素具有 height（高度）和 overflow-y:scroll 属性。

（5）定义锚点，并且必须指向一个 id。

滚动监听需要 scrollspy.js 插件支持，因此在使用之前，应该先导入 jquery.js、util.js 和 scrollspy.js 文件。

```
<script src="jquery-3.5.1.slim.js"></script>
<script src="util.js"></script>
<script src="scrollspy.js"></script>
```

或者直接导入 jquery.js 和 bootstrap.js 文件：

```
<script src="jquery-3.5.1.slim.js"></script>
<script src="bootstrap-4.5.3-dist/js/bootstrap.js"></script>
```

> **注意**：如果使用 scrollspy.js 插件设计滚动监听时，如果用到了其他插件，例如下拉菜单，还需要引入下拉插件。

滚动监听是很实用的 JavaScript 插件，被广泛应用到了 Web 开发中，下面分别使用导航栏和列表组来实现滚动监听的操作。

1. 导航栏中的滚动监听

滚动导航栏下方的区域，并观看活动列表的变化，下拉项目也会突出显示。

实例 15：导航栏中的滚动监听（案例文件：ch12\12.15.html）

具体设计步骤如下。

01 设计导航栏，在导航栏中添加一个下拉菜单。分别为导航栏列表项和下拉菜单项目设计锚点链接，锚记分别为 #list1、#list2、#menu1、#menu2、#menu3。同时为导航栏外定义一个 ID 值（id="navbar"），以方便滚动监听控制。具体代码如下：

```
<h3 align="center">在导航栏中的滚动监
听</h3>
<nav id="navbar" class="navbar
navbar-light bg-light">
    <ul class="nav nav-pills">
        <li class="nav-item">
                <a class="nav-link"
href="#list1">首页</a>
        </li>
        <li class="nav-item">
                <a class="nav-link"
href="#list2">技术支持</a>
        </li>
```

```
    <li class="nav-item dropdown">
    <a class="nav-link dropdown-
toggle" data-toggle="dropdown"
href="#">热门课程</a>
        <div class="dropdown-menu">
                <a class="dropdown-
item"href="#menu1">网站开发训练营</a>
                <a class="dropdown-
item"href="#menu2">网络安全训练营</a>
                <a class="dropdown-
item"href="#menu3">人工智能训练营</a>
        </div>
    </li>
    </ul>
</nav>
```

02 设计监听对象。这里设计一个包含框（class="Scrollspy"），其中存放多个子容器。在内容框中，为每个标题设置锚点位置，即为每个 <h4> 标签定义 ID 值，对应值分别为 list1、list2、menu1、menu2、menu3。为监听对象设置被监听的 Data 属性：data-spy="scroll"，指定监听的导航栏：data-target="#menu"，定义监听过程中滚动条的偏移位置：data-offset="80"。代码如下：

```
<div data-spy="scroll" data-
target="#navbar" data-offset="80"
class="Scrollspy">
    <h4 id="list1">首页</h4>
    <p><img src="1.png" alt=""
class="img-fluid"></p>
    <h4 id="list2">技术支持</h4>
    <p><img src="2.png" alt=""
class="img-fluid"></p>
    <h4 id="menu1">网站开发训练营</h4>
    <p><img src="3.png" alt=""
class="img-fluid"></p>
    <h4 id="menu2">网络安全训练营</h4>
    <p><img src="2.png" alt=""
class="img-fluid"></p>
    <h4 id="menu3">人工智能训练营</h4>
    <p><img src="1.png" alt=""
class="img-fluid"></p>
</div>
```

03 为监听对象 <div class="Scrollspy"> 自定义样式，设计包含框为固定大小，并显示滚动条。代码如下：

```
<style>
    .Scrollspy{
    width: 500px;  /*定义宽度*/
    height: 300px; /*定义高度*/
overflow: scroll;  /*定义当内容溢出元
素框时，浏览器显示滚动条以便查看其余的内容*/
    }
</style>
```

完成以上操作，运行程序，则可以看到当滚动 <div class="Scrollspy"> 容器的滚动条时，导航条会实时监听并更新当前被激活的菜单项，效果如图 12-18 所示。

图 12-18　滚动监听效果

2. 嵌套导航栏中的滚动监听

嵌套的导航栏示例，这里实现左侧是导航栏，右侧是监听对象，效果就像书的目录一样。

实例 16：嵌套导航栏中的滚动监听（案例文件：ch12\12.16.html）

01 设计布局。使用 Bootstrap 的网格系统进行设计，左侧占 3 份，右侧占 9 份。

```
<div class="row">
    <div class="col-3"></div>
    <div class="col-9"></div>
</div>
```

02 设计嵌套的导航栏，分别为嵌套的导航栏列表项添加锚链接，同时为导航栏添加一个 ID 值（id="navbar1"）。

```
<body class="container">
<h3 align="center">嵌套导航栏中的滚动
监听</h3>
<div class="row">
    <div class="col-3">
        <nav id="navbar1 "
class="navbar navbar-light bg-light">
    <nav class="nav nav-pills flex-
column">
    <a class="nav-link"href="#item-1">首页
</a>
    <nav class="nav nav-pills flex-column">
    <a class="nav-link ml-3 my-1"
href="#item-1-1">最新活动</a>
    <a class="nav-link ml-3 my-1"
href="#item-1-2">图书秒杀</a>
        </nav>
        <a class="nav-link"
href="#item-2">经典教材</a>
        <a class="nav-link"
href="#item-3">热门课程</a>
            <nav class="nav
nav-pills flex-column">
    <a class="nav-link ml-3 my-1"
href="#item-3-1">网络安全训练营</a>
    <a class="nav-link ml-3 my-1"
href="#item-3-2">网站开发训练营</a>
            </nav>
        </nav>
    </nav>
    </div>
    <div class="col-9">
    <div data-spy="scroll"data-
target="#navbar1"data-offset="80"
class="Scrollspy">
        <h4 id="item-1">首页</h4>
```

```
        <h5 id="item-1-1">最新活动</h5>
                    <p><img src="5.png"
alt="" class="img-fluid"></p>
        <h5 id="item-1-2">图书秒杀</h5>
                    <p><img src="4.png"
alt="" class="img-fluid"></p>
        <h4 id="item-2">经典教材</h4>
         <h4 id="item-3">热门课程</h4>
                    <p><img src="1.png"
alt="" class="img-fluid"></p>
        <h5 id="item-3-1">网络安全训练营</h5>
        <p><img src="2.png" alt=""
class="img-fluid"></p>
        <h5 id="item-3-2">网站开发训练营</h5>
                    <p><img src="3.png"
alt="" class="img-fluid"></p>
            </div>
        </div>
    </div>
</body>
```

03 为监听对象 <div class="Scrollspy"> 自定义样式，设计包含框为固定大小，并显示滚动条。

```
<style>
    .Scrollspy{
    width: 500px;      /*定义宽度*/
    height: 600px;     /*定义高度*/
    overflow: scroll;       /*定义当内容溢出元
素框时，浏览器显示滚动条以便查看其余的内容*/
        }
</style>
```

运行程序，可以看到当滚动 <div class=" Scrollspy"> 容器的滚动条时，导航条会实时监听并更新当前被激活的菜单项，效果如图 12-19 所示。

图 12-19　嵌套的导航栏监听效果

3. 列表组中的滚动监听

列表组采用上面案例中相同的布局，只是把嵌套导航栏换成列表组。

实例 17：列表组中的滚动监听（案例文件：ch12\12.17.html）

这里为监听对象 <div class="Scrollspy"> 自定义样式，设计包含框为固定大小，并显示滚动条。

```
<!DOCTYPE html>
<html>
<head>
    <meta charset="UTF-8">
    <title>列表组中的滚动监听</title>
        <meta name="viewport"
content="width=device-width,initial-
scale=1, shrink-to-fit=no">
        <link rel="stylesheet"
href="bootstrap-4.5.3-dist/css/
bootstrap.css">
        <script src="jquery-3.5.1.slim.
js"></script>
        <script src="popper.js"></
script>
        <script src="bootstrap-4.5.3-
dist/js/bootstrap.min.js"></script>
    <style>
        .Scrollspy{
        width: 500px;   /*定义宽度*/
        height: 500px;  /*定义高度*/
    overflow: scroll;      /*定义当内容溢出元
素框时，浏览器显示滚动条以便查看其余的内容*/
            }
    </style>
    </head>
<body>
    <h3 align="center">列表组中的滚动监听
</h3>
    <div class="row">
        <div class="col-3">
        <div id="list"class="list-group">
            <a class="list-
group-item list-group-item-action"
href="#list-item-1">最新活动</a>
            <a class="list-
group-item list-group-item-action"
href="#list-item-2">图书秒杀</a>
            <a class="list-
group-item list-group-item-action"
href="#list-item-3">技术支持</a>
            <a class="list-
group-item list-group-item-action"
href="#list-item-4">网络安全训练营</a>
            <a class="list-
group-item list-group-item-action"
href="#list-item-5">网站开发训练营</a>
            </div>
        </div>
        <div class="col-9">
```

```
              <div data-spy="scroll"
data-target="#list" data-offset="0"
class="Scrollspy">
                  <h4 id="list-item-1">最
新活动</h4>
                      <p><img src="5.png"
alt="" class="img-fluid"></p>
    <h4 id="list-item-2">图书秒杀</h4>
                      <p><img src="4.png"
alt="" class="img-fluid"></p>
    <h4 id="list-item-3">技术支持</h4>
                      <p><img src="3.png"
alt="" class="img-fluid"></p>
    <h4 id="list-item-4">网络安全训练营
    </h4>
                      <p><img src="2.png"
alt="" class="img-fluid"></p>
    <h4 id="list-item-5">网站开发训练营
    </h4>
                      <p><img src="1.png"
alt="" class="img-fluid"></p>
          </div>
      </div>
```

```
      </div>
    </body>
    </html>
```

运行程序，可以看到当滚动 `<div class="Scrollspy">` 容器的滚动条时，列表会实时监听并更新当前被激活的列表项，效果如图 12-20 所示。

图 12-20　列表滚动监听效果

12.5.2　调用滚动监听

Bootstrap 4 支持 HTML 和 JavaScript 两种方法调用滚动监听插件。简单说明如下。

1. 通过 data 属性

在页面中为被监听的元素定义 data-spy="scroll" 属性，即可激活 Bootstrap 滚动监听插件，如果要监听浏览器窗口的内容滚动，则可以为 `<body>` 标签添加 data-spy="scroll" 属性。

```
<body data-spy="scroll">
```

然后，使用 data-target=" 目标对象 " 定义监听的导航结构。

当为 body 元素定义 data-target="#navbar" 时，则 ID 值为 navbar 的导航框就拥有了监听页面滚动的行为。

```
<body data-spy="scroll" data-target="#navbar">
```

2. 通过 JavaScript 脚本

直接为被监听的对象绑定 scrollspy() 方法即可。例如为 `<body>` 标签绑定滚动监听行为。

```
<script>
    $(function(){
        $('body').scrollspy();
    })
</script>
```

> **注意**：在设计滚动监听时，必须为导航栏添加的链接指定相应的目标 ID。例如，`<a href="#home">home</a>` 必须对应于 DOM 中的某些内容，例如 `<div id="home">home</div>`，即要为导航栏设计好锚点。

scrollspy() 构造函数有一个配置参数 offset，可以使用它设置滚动偏移量，当该属性为正值时，则滚动条向上偏移，为负值时向下偏移。

```
<script>
    $(function(){
        $('body').scrollspy({
            offset:300
        });
    })
</script>
```

所有的配置参数都可以通过 data 属性或 JavaScript 传递。对于 data 属性，将参数名附着到 data- 后面。例如上面的 offset 配置参数，可以在 HTML 中通过 data-offset=" " 进行相同的配置。offset 能够调整滚动定位的偏移量，取值为数字，单位为像素，默认值为 10 像素。

12.5.3 添加用户行为

滚动监听插件定义了一个事件：activate.bs.scrollspy。每当新项目被滚动激活时，该事件就会在滚动元素上触发。下面利用 activate 事件跟踪当前菜单项，当新项目被滚动激活时，<body> 标签的背景色变为黄色。

实例 18：滚动监听事件（案例文件：ch12\12.18.html）

```
<!DOCTYPE html>
<html>
<head>
    <meta charset="UTF-8">
    <title>滚动监听事件</title>
    <meta name="viewport"
content="width=device-width,initial-
scale=1, shrink-to-fit=no">
    <link rel="stylesheet"href="bootstrap-
4.5.3-dist/css/bootstrap.css">
    <script src="jquery-3.5.1.slim.
js"></script>
    <script src="popper.js"></script>
    <script src="bootstrap-4.5.3-
dist/js/bootstrap.min.js"></script>
    <style>
    .Scrollspy{
        width: 500px;    /*定义宽度*/
        height: 400px;   /*定义高度*/
    overflow: scroll;    /*定义当内容溢出元
素框时，浏览器显示滚动条以便查看其余的内容*/
    }
    </style>
</head>
<body class="container">
<nav id="navbar" class="navbar
navbar-light bg-light">
        <ul class="nav nav-pills">
            <li class="nav-item">
    <a class="nav-link"href="#list1">首
页</a>
```

```
            </li>
            <li class="nav-item">
                    <a class="nav-link"
href="#list2">技术支持</a>
                </li>
            <li class="nav-item dropdown">
            <a class="nav-link dropdown-
toggle" data-toggle="dropdown"
href="#">热门课程</a>
            <div class="dropdown-menu">
            <a class="dropdown-item"
href="#menu1">网站开发训练营</a>
                <a class="dropdown-item"
href="#menu2">网络安全训练营</a>
                    <a class="dropdown-item"
href="#menu3">人工智能训练营</a>
                </div>
            </li>
        </ul>
    </nav>
    <div data-spy="scroll" data-
target="#navbar" data-offset="80"
class="Scrollspy">
        <h4 id="list1">首页</h4>
        <p><img src="5.png" alt=""
class="img-fluid"></p>
        <h4 id="list2">技术支持</h4>
        <p><img src="4.png" alt=""
class="img-fluid"></p>
    <h4 id="menu1">网站开发训练营</h4>
        <p><img src="3.png" alt=""
class="img-fluid"></p>
    <h4 id="menu2">网络安全训练营</h4>
        <p><img src="2.png" alt=""
class="img-fluid"></p>
```

```
        <h4 id="menu3">人工智能训练营</h4>
            <p><img src="1.png" alt=""
class="img-fluid"></p>
    </div>
    </body>
    <script>
        $(function(){
                $("body").on("activate.
bs.scrollspy",function(e){
                    $("body").
css("background","yellow")
                })
            })
    </script>
    </html>
```

运行程序，切换列表项时，背景色变为黄色，效果如图 12-21 所示。

图 12-21　滚动监听事件

12.6　新手常见疑难问题

疑问 1：设计手风琴效果时需要注意什么问题？

使用 data-parent="#selector" 属性类设计手风琴效果时，需要确保所有的折叠元素在指定的父元素下，这样就能实现在一个折叠选项显示时，其他选项就隐藏。

疑问 2：单击导航栏中的下拉菜单没有任何反应怎么办？

激活导航栏中的下拉菜单，需要 popper.js 插件，而且该插件需要在 bootstrap.min.js 之前引入，具体代码如下：

```
        <meta name="viewport"
content="width=device-width,initial-
```

```
scale=1, shrink-to-fit=no">
    <link rel="stylesheet"
href="bootstrap-4.5.3-dist/css/
bootstrap.css">
    <script src="jquery-3.5.1.slim.
js"></script>
    <script src="popper.js"></script>
    <script src="bootstrap-4.5.3-dist/
js/bootstrap.min.js"></script>
```

12.7　实战技能训练营

实战 1：设计商城折叠搜索栏

本案例是在导航栏中添加一个搜索的按钮，通过单击链接，可以把隐藏的搜索框显示出来，从而使用搜索框来完成搜索。这样做的好处是节省了导航栏的空间，可以添加其他内容。

默认状态下效果如图 12-22 所示；当单击搜索链接时，显示折叠的搜索框，如图 12-23 所示。

图 12-22　默认效果

图 12-23　触发后折叠效果

实战 2：设计商品分组滚动展示效果

本案例使用 Bootstrap 网格系统进行布局，1 行 3 列，在每列中设计一个 Bootstrap 轮播，可以通过轮播展示不同类别的商品图片，效果如图 12-24 所示。

图 12-24　商品分组滚动展示效果

第13章 项目实训1——开发企业门户网站

本章导读

在全球知识经济和信息化高速发展的今天，网络化已经成为了企业发展的趋势。例如，人们想要了解某个企业，习惯性就会先在网络中搜索这个企业，以对该企业有个初步的了解。本章就来介绍如何开发一个企业门户网站。

知识导图

13.1 系统分析

计算机技术、网络通信技术和多媒体技术的飞速发展对人们的生产和生活方式产生了很大的影响，随着多媒体应用技术的不断进步，以及宽带网络的不断发展，相信很多企业都会愿意制作一个门户网站，来展示自己的企业文化、产品信息等。

13.2 系统设计

下面就来制作一个企业门户网站，包括网站首页、公司简介、产品中心、新闻中心、联系我们等页面。

13.2.1 系统目标

结合企业自己特点以及实际情况，该企业门户网站是一个以电子产品为主流的网站，主要有以下特点。

（1）操作简单方便、界面简洁美观。

（2）能够全面展示企业产品分类以及产品的详细信息。

（3）浏览速度要快，尽量避免长时间打不开网页的情况发生。

（4）页面中的文字要清晰、图片要与文字相符。

（5）系统运行要稳定、安全可靠。

13.2.2 系统功能结构

作为企业门户网站的范例，天虹集团网站的系统功能结构如图 13-1 所示。

图 13-1 天虹集团网站功能结构图

13.2.3 文件夹组织结构

天虹集团门户网站的文件夹组织结构如图 13-2 所示。

天虹集团门户网站用到的资料文件夹 static 所包含的文件夹组织结构如图 13-3 所示。

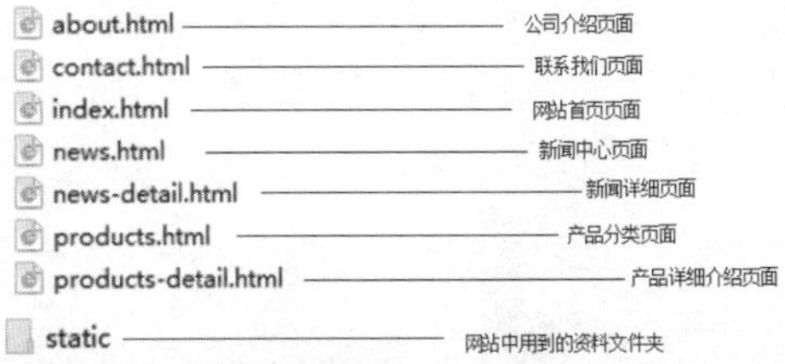

about.html ———————————— 公司介绍页面
contact.html ———————————— 联系我们页面
index.html ———————————— 网站首页页面
news.html ———————————— 新闻中心页面
news-detail.html ———————————— 新闻详细页面
products.html ———————————— 产品分类页面
products-detail.html ———————————— 产品详细介绍页面

static ———————————— 网站中用到的资料文件夹

css ———————————— CSS 样式文件存储目录
fonts ———————————— 网页字体样式存储目录
images ———————————— 网站图片存储目录
js ———————————— JavaScript 文件存储目录
map ———————————— 网站地图存储目录

图 13-2　天虹集团网站文件夹组织结构图 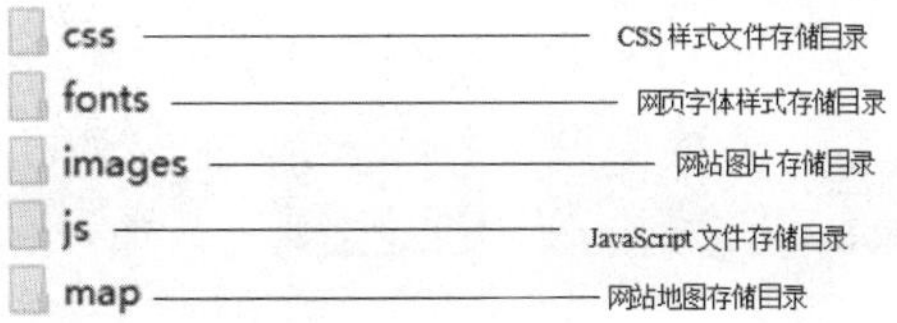　　　　图 13-3　static 文件夹所包含的子文件夹

由上述结构可以看出，本项目是基于 HTML5、CSS3、JavaScript 的案例程序，案例主要通过 HTML5 确定框架、CSS3 确定样式、JavaScript 来完成调度，三者合作来实现网页的动态化，案例所用的图片全部保存在 images 文件夹中。

本案例的代码清单包括：JavaScript、CSS3、HTML5 页面 3 个部分。

（1）html 文件：本案例包括多个 html 文件，主要文件为：index.html、about.html、news.html、products.html、contact.html 等。它们分别是首页页面、公司简介页面、新闻中心页面、产品分类页面、联系我们页面等。

（2）js 文件夹：本案例一共有 3 个 js 代码，分别为：main.js、jquery.min.js、bootstrap.min.js。

（3）css 文件夹：本案例一共有 2 个 css 代码，分别为：main.css、bootstrap.min.css。

13.3　网页预览

在设计天虹集团企业门户网站时，应用 CSS 样式、<div> 标记、JavaScript 和 jQuery 技术，制作了一个科技时代感很强的网页，下面就来预览网页效果。

13.3.1　网站首页效果

企业门户网站的首页用于展示企业的基本信息，包括企业介绍、产品分类、产品介绍等，天虹网站首页页面的运行效果如图 13-4 所示。

图 13-4　天虹网站首页

13.3.2　产品分类效果

产品分类介绍页面主要内容包括产品分类、产品图片等，当单击某个产品图片时，可以进入下一级页面，在打开的页面中查看具体的产品介绍信息。页面的运行效果如图 13-5 所示。

图 13-5　产品分类页面

信息，以及一些和本企业经营相关的政策和新闻等，页面运行效果如图 13-7 所示。

图 13-7　新闻中心页面

13.3.3　产品介绍效果

产品介绍页面是产品分类页面的下一级页面，在该页面中主要显示了某个产品的具体信息，页面运行效果如图 13-6 所示。

图 13-6　产品介绍页面

13.3.4　新闻分类效果

一个企业门户网站需要有一个新闻中心页面，在该页面中可以查看有关企业的最新

13.3.5　详细新闻页面

当需要查看某个具体的新闻时，可以在新闻分类页面中单击某个新闻标题，然后进入详细新闻页面，查看具体内容，页面运行效果如图 13-8 所示。

图 13-8　详细新闻页面

13.4　项目代码实现

下面来介绍企业门户网站各个页面的实现过程及相关代码。

13.4.1　网站首页页面代码

在网站首页中，一般会存在导航菜单，通过这个导航菜单实现在不同页面之间的跳转。导航菜单的运行结果如图 13-9 所示。

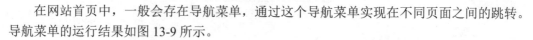

网站首页　　关于天虹　　产品介绍　　新闻中心　　联系我们

图 13-9　网站导航菜单

实现导航菜单的 HTML 代码如下：

```
<div class="nav-list"><!--
class="collapse navbar-collapse"
id="bs-example-navbar-collapse"-->
    <ul class="nav navbar-nav">
      <li class="active hidden-xs">
      <a href="index.html">网站首页</a>
      </li>
      <li>
      <a href="about.html">关于天虹</a>
      </li>
      <li>
    <a href="products.html">产品介绍</a>
      </li>
      <li>
    <a href="news.html">新闻中心</a>
      </li>
      <li>
    <a href="contact.html">联系我们</a>
      </li>
      </ul>
</div>
```

上述代码定义了一个 div 标签，然后通过 CSS 控制 div 标签的样式，并在 div 标签中插入无序列表以实现导航菜单效果。

下面给出实现网站首页的主要代码：

```
<!DOCTYPE html>
<html>
<head>
<title>天虹集团</title>
<meta charset="utf-8" />
<meta name="viewport"
content="width=device-width, initial-
scale=1">
<link rel="stylesheet" type="text/
css" href="static/css/bootstrap.min.
css" />
<link rel="stylesheet" type="text/
css" href="static/css/main.css" />
</head>
<body class="bodypg">
  <div class="top-intr">
    <div class="container">
    <p class="pull-left">天虹集团有限
公司</p>
    <p class="pull-right">
  <a><i class="glyphicon glyphicon-
earphone"></i>联系电话: 010-12345678
  </a>
        </p>
      </div>
    </div>
    <nav class="navbar-default">
      <div class="container">
        <div class="navbar-header">
            <!--<button type="button"
class="navbar-toggle" data-
toggle="collapse" data-target="#bs-
example-navbar-collapse">
      <span class="sr-only">Toggle
navigation</span>
      <span class="icon-bar"></span>
      <span class="icon-bar"></span>
      <span class="icon-bar"></span>
        </button>-->
        <a href="index.html">
          <h1>天虹科技</h1>
          <p>T HONG CO.LTD.</p>
        </a>
      </div>
    <div class="pull-left search">
    <input type="text" placeholder="
        输入搜索的内容"/>
          <a><i class="glyphicon
glyphicon-search"></i>搜索</a>
        </div>
      <div class="nav-list"><!-
-class="collapse navbar-collapse"
id="bs-example-navbar-collapse"-->
      <ul class="nav navbar-nav">
      <li class="active hidden-xs">
      <a href="index.html">网站首页</a>
        </li>
        <li>
      <a href="about.html">关于天虹</a>
        </li>
        <li>
    <a href="products.html">产品介绍</a>
        </li>
        <li>
    <a href="news.html">新闻中心</a>
        </li>
        <li>
    <a href="contact.html">联系我们</a>
        </li>
        </ul>
      </div>
    </div>
  </nav>
  <!--banner-->
    <div id="carousel-example-
generic" class="carousel slide " data-
ride="carousel">
    <!-- Indicators -->
  <ol class="carousel-indicators">
      <li data-target="#carousel-
example-generic" data-slide-to="0"
class="active"></li>
        <li data-target="#carousel-
example-generic" data-slide-to="1"></li>
        <li data-target="#carousel-
example-generic" data-slide-to="2"></li>
      </ol>
    <!-- Wrapper for slides -->
    <div class="carousel-inner"
```

```
            role="listbox">
                <div class="item active">
                    <img src="static/images/
banner/banner2.jpg">
                </div>
                <div class="item">
                    <img src="static/images/
banner/banner3.jpg">
                </div>
                <div class="item">
                    <img src="static/images/
banner/banner1.jpg">
                </div>
            </div>
            <!-- Controls -->
        <a class="left carousel-control"
href="#carousel-example-generic"
role="button" data-slide="prev">
        <span class="glyphicon glyphicon-
chevron-left" aria-hidden="true"></span>
        <span class="sr-only">Previous
</span>
            </a>
        <a class="right carousel-control"
href="#carousel-example-generic"
role="button" data-slide="next">
        <span class="glyphicon glyphicon-
chevron-right" aria-hidden="true">
</span>
        <span class="sr-only">Next</span>
            </a>
        </div>
        <!--main-->
        <div class="main container">
            <div class="row">
        <div class="col-sm-3 col-xs-12">
            <div class="pro-list">
                <div class="list-head">
                    <h2>产品分类</h2>
        <a href="products.html">更多+</a>
                </div>
                <dl>
                    <dt>台式机</dt>
        <dd><a href="products-detail.
html">AIO 一体台式机 黑色</a></dd>
                    <dt>笔记本</dt>
                    <dd><a href="products-
detail1.html">小新 Pro 13 酷睿i7 银色
</a></dd>
                    <dt>平板电脑</dt>
                    <dd><a href="products-
detail2.html">M10 PLUS网课平板</a></dd>
                    <dt>电脑配件</dt>
                    <dd><a href="products-
detail3.html">小新AIR鼠标</a></dd>
                    <dd><a href="products-
detail4.html">笔记本支架</a></dd>
                    <dt>智能产品</dt>
                    <dd><a href="products-
```

```
detail5.html">看家宝智能摄像头</a></dd>
                    <dd><a href="products-
detail6.html">智能家庭投影仪</a></dd>
                    <dd><a href="products-
detail7.html">智能体脂秤</a></dd>
                </dl>
            </div>
        </div>
        <div class="col-sm-9 col-xs-12">
        <div class="about-list row">
        <div class="col-md-9 col-sm-12">
            <div class="about">
                <div class="list-head">
                    <h2>公司简介</h2>
        <a href="about.html">更多+</a>
                </div>
            <div class=" about-con row">
        <div class="col-sm-6 col-xs-12">
        <img src="static/images/ab.jpg"/>
                </div>
        <div class="col-sm-6 col-xs-12">
            <h3>天虹集团有限公司</h3>
                    <p>
                        天虹集团有限公司
是一家年收入500亿美元的世界500强企业，拥有
63,000多名员工，业务遍及全球180多个市场。
                    </p>
                </div>
            </div>
        </div>
    </div>
    <div class="col-md-3 col-sm-12">
        <div class="con-list">
            <div class="list-head">
                <h2>联系我们</h2>
            </div>
            <div class="con-det">
        <a href="contact.html"><img
src="static/images/listcon.jpg"/></a>
                <ul>
        <li>公司地址：北京市天虹区产业园</li>
        <li>固定电话：<br/>010-12345678</li>
        <li>联系邮箱：Thong@job.com</li>
                </ul>
            </div>
        </div>
    </div>
</div>
        <div class="pro-show">
            <div class="list-head">
                <h2>产品展示</h2>
        <a href="products.html">更多+</a>
            </div>
            <ul class="row">
        <li class="col-sm-3 col-xs-6">
        <a href="products-detail.html">
                    <img src="static/
images/products/pro1.jpg"/>
            <p>AIO 一体台式机 黑色</p>
```

```
            </a>
          </li>
      <li class="col-sm-3 col-xs-6">
       <a href="products-detail1.html">
                    <img src="static/
images/products/pro2.jpg"/>
        <p>小新 Pro 13 酷睿i7 银色</p>
                </a>
            </li>
         <li class="col-sm-3 col-xs-6">
       <a href="products-detail2.html">
                    <img src="static/
images/products/pro3.jpg"/>
                  <p>M10 PLUS网课平板</p>
                  </a>
                </li>
      <li class="col-sm-3 col-xs-6">
       <a href="products-detail3.html">
                    <img src="static/
images/products/pro4.jpg"/>
                    <p>小新AIR鼠标</p>
                  </a>
                </li>
        <li class="col-sm-3 col-xs-6">
       <a href="products-detail4.html">
                    <img src="static/
images/products/pro5.jpg"/>
                    <p>笔记本支架</p>
                  </a>
                </li>
        <li class="col-sm-3 col-xs-6">
       <a href="products-detail5.html">
                    <img src="static/
images/products/pro6.jpg"/>
                    <p>看家宝智能摄像头</p>
                  </a>
                </li>
         <li class="col-sm-3 col-xs-6">
       <a href="products-detail6.html">
                    <img src="static/
images/products/pro7.jpg"/>
                    <p>智能家庭投影仪</p>
                  </a>
                </li>
        <li class="col-sm-3 col-xs-6">
       <a href="products-detail7.html">
                    <img src="static/
images/products/pro8.jpg"/>
                    <p>智能体脂秤</p>
                  </a>
                </li>
            </ul>
          </div>
        </div>
       </div>
    </div>
      <a class="move-top">
      <p><i class="glyphicon glyphicon-
chevron-up"></i></p>
```

```
        </a>
    <footer>
      <div class="footer02">
         <div class="container">
            <div class="col-sm-4 col-
xs-12 footer-address">
              <h4>天虹集团有限公司</h4>
               <ul>
               <li><i class="glyphicon
glyphicon-home"></i>公司地址: 北京市天虹区
产业园1号</li>
               <li><i class="glyphicon
glyphicon-phone-alt"></i>固定电话: 010-
12345678 </li>
       <li><i class="glyphicon glyphicon-
phone"></i>移动电话: 01001010000</li>
       <li><i class="glyphicon glyphicon-
envelope"></i>联系邮箱: Thong@job.com
</li>
           </ul>
         </div>
          <ul class="footerlink col-
sm-4 hidden-xs">
         <li>
      <a href="about.html">关于我们</a>
         </li>
         <li>
      <a href="products.html">产品介绍</a>
         </li>
         <li>
      <a href="news.html">新闻中心</a>
         </li>
         <li>
      <a href="contact.html">联系我们</a>
      </li>
      </ul>
    <div class="gw col-sm-4 col-xs-12">
         <p>关注我们: </p>
    <img src="static/images/wx.jpg"/>
         <p>客服热线: 01001010000</p>
         </div>
       </div>
    <div class="copyright text-center">
    <span>copyright © 2020 </span>
        <span>天虹集团有限公司 </span>
      </div>
    </div>
    </footer>
    <script src="static/js/jquery.
min.js" type="text/javascript"
charset="utf-8"></script>
      <script src="static/js/bootstrap.
min.js" type="text/javascript"
charset="utf-8"></script>
      <script src="static/js/
main.js" type="text/javascript"
charset="utf-8"></script>
    </body>
    </html>
```

13.4.2 图片动态效果代码

网站页面中的 Banner 图片一般是自动滑动运行，要想实现这种功能，可以在自己的网站中应用 jQuery 库。要想在文件中引入 jQuery 库，需要在网页 <head> 标记中应用下面的引入语句。

```
<script type="text/javascript"
src="static/js/jquery.min.js"></script>
```

例如，在本程序中使用 jQuery 库来实现图片自动滑动运行效果，用于控制整个网站 Banner 图片的自动运行，代码如下：

```
<script type="text/javascript">
$(function(){
$(".move-top").click(function () {
    var speed=200;    /*滑动的速度*/
            $('body,html').animate({
scrollTop: 0 }, speed);
            return false;
    });
})
</script>
```

运行之后，网站首页 Banner 以 200ms 的速度滑动。如图 13-10 所示为 Banner 的第一张图片；如图 13-11 所示为 Banner 的第二张图片；如图 13-12 所示为 Banner 的第三张图片。

图 13-10　Banner 的第一张图片

图 13-11　Banner 的第二张图片

图 13-12　Banner 的第三张图片

13.4.3 公司简介页面代码

公司简介页面用于介绍公司的基本情况，包括经营状况、产品内容等，实现页面功能的主要代码如下：

```
<div class="col-md-12 serli">
        <ol class="breadcrumb">
        <li><i class="glyphicon
glyphicon-home"></i><a href="index.
html">主页</a></li>
        <li class="active">关于
天虹</li>
        </ol>
        <div class="abdetail">
            <img src="static/
images/ab.jpg"/>
        <p>
                        天虹集团
有限公司  经销批发的笔记本电脑、台式机、平板电
脑、企业办公设备、电脑配件等畅销消费者市场，在
消费者当中享有较高的地位，公司与多家零售商和代
理商建立了长期稳定的合作关系。天虹集团有限公司
经销的笔记本电脑、台式机、平板电脑、企业办公设
备、电脑配件等品种齐全、价格合理。天虹集团有限
公司实力雄厚，重信用、守合同、保证产品质量，以
多品种经营特色和薄利多销的原则，赢得了广大客户
的信任。
        </p>
        </div>
        <ul class="rec clearfix">
        <li>
        <a href="contact.html"
class="btn btn-danger">联系我们</a>
        </li>
        </ul>
        </div>
```

通过上述代码，可以在页面的中间区域添加公司介绍内容，这里运行本案例的主页 index.html 文件，然后单击首页中的"关于天虹"超链接，即可进入"关于天虹"页面，实现效果如图 13-13 所示。

图 13-13　公司简介页面效果

13.4.4 产品介绍页面代码

运行本案例的主页 index.html 文件，然后单击首页中的"产品介绍"超链接，即可进入"产品介绍"页面，下面给出"产品介绍"页面的主要代码：

```html
<div class="abpg container">
  <div class="">
    <!--<div class="col-md-3">
    <div class="model-title theme">
      产品介绍
    </div>
    <div class="model-list">
    <ul class="list-group">
    <li class="list-group-item ">
<a href="about.html">产品介绍</a>
        </li>
      </ul>
    </div>
  </div>-->
    <div class="serli ">
      <ol class="breadcrumb">
        <li><i class="glyphicon
glyphicon-home"></i></i>
      <a href="index.html">主页</a>
        </li>
        <li class="active"><a
href="products.html">产品介绍</a></li>
      </ol>
    <div class="caseMenu clearfix">
      <ul class=" caseList">
<li class="col-sm-2 col-xs-6 active">
        <div>
<a href="products.html">全部</a>
        </div>
      </li>
<li class="col-sm-2 col-xs-6">
        <div>
<a href="products.html">笔记本</a>
        </div>
      </li>
<li class="col-sm-2 col-xs-6">
        <div>
<a href="products.html">台式机</a>
        </div>
      </li>
<li class="col-sm-2 col-xs-6">
        <div>
<a href="products.html">平板电脑</a>
        </div>
      </li>
<li class="col-sm-2 col-xs-6">
        <div>
<a href="products.html">打印机</a>
        </div>
      </li>
<li class="col-sm-2 col-xs-6">
        <div>
<a href="products.html">显示器</a>
        </div>
      </li>
<li class="col-sm-2 col-xs-6">
        <div>
<a href="products.html">智慧大屏</a>
        </div>
      </li>
<li class="col-sm-2 col-xs-6">
        <div>
<a href="products.html">智慧鼠标</a>
        </div>
      </li>
<li class="col-sm-2 col-xs-6">
        <div>
<a href="products.html">投影仪</a>
        </div>
      </li>
<li class="col-sm-2 col-xs-6">
        <div>
<a href="products.html">智慧键盘</a>
        </div>
      </li>
<li class="col-sm-2 col-xs-6">
        <div>
<a href="products.html">无线对讲机</a>
        </div>
      </li>
<li class="col-sm-2 col-xs-6">
        <div>
<a href="products.html">大屏手机</a>
        </div>
      </li>
<li class="col-sm-2 col-xs-6">
        <div>
<a href="products.html">智慧家摄像头</a>
        </div>
      </li>
<li class="col-sm-2 col-xs-6">
        <div>
      <a href="products.html">儿童电
话手表</a>
        </div>
      </li>
<li class="col-sm-2 col-xs-6">
        <div>
<a href="products.html">智慧体脂秤</a>
        </div>
      </li>
<li class="col-sm-2 col-xs-6">
        <div>
<a href="products.html">智慧电竞手机</a>
        </div>
      </li>
<li class="col-sm-2 col-xs-6">
        <div>
```

```
                <a href="products.html">蓝色耳机</a>
                        </div>
                    </li>
<li class="col-sm-2 col-xs-6">
                        <div>
    <a href="products.html">无线路由器</a>
                        </div>
                    </li>
    <li class="col-sm-2 col-xs-6">
                        <div>
    <a href="products.html">笔记本电脑手
提包</a>
                        </div>
                    </li>
    <li class="col-sm-2 col-xs-6">
                        <div>
    <a href="products.html">智能电视</a>
                        </div>
                    </li>
    <li class="col-sm-2 col-xs-6">
                        <div>
    <a href="products.html">无线遥控器</a>
                        </div>
                    </li>
    <li class="col-sm-2 col-xs-6">
                        <div>
    <a href="products.html">单反照相机</a>
                        </div>
                    </li>
                  </ul>
                </div>
            <div class="pro-det clearfix">
                    <ul>
    <li class="col-sm-3 col-xs-6">
                        <div>
<a href="products-detail.html">
<img src="static/images/products/
pro1.jpg"/>
                <p>AIO 一体台式机 黑色</p>
                        </a>
                    </div>
                    </li>
<li class="col-sm-3 col-xs-6">
                        <div>
<a href="products-detail1.html">
<img src="static/images/products/
pro2.jpg"/>
                <p>小新 Pro 13 酷睿i7 银色</p>
                        </a>
                    </div>
                    </li>
    <li class="col-sm-3 col-xs-6">
                        <div>
    <a href="products-detail2.html">
    <img src="static/images/products/
pro3.jpg"/>
                <p>M10 PLUS网课平板</p>
                        </a>
                    </div>
```

```
                    </li>
    <li class="col-sm-3 col-xs-6">
                        <div>
    <a href="products-detail3.html">
    <img src="static/images/products/
pro4.jpg"/>
                <p>小新AIR鼠标</p>
                        </a>
                    </div>
                    </li>
    <li class="col-sm-3 col-xs-6">
                        <div>
    <a href="products-detail4.html">
    <img src="static/images/products/
pro5.jpg"/>
                <p>笔记本支架</p>
                        </a>
                    </div>
                    </li>
    <li class="col-sm-3 col-xs-6">
                        <div>
    <a href="products-detail5.html">
    <img src="static/images/products/
pro6.jpg"/>
                <p>看家宝智能摄像头</p>
                        </a>
                    </div>
                    </li>
    <li class="col-sm-3 col-xs-6">
                        <div>
    <a href="products-detail6.html">
    <img src="static/images/products/
pro7.jpg"/>
                <p>智能家庭投影仪</p>
                        </a>
                    </div>
                    </li>
    <li class="col-sm-3 col-xs-6">
                        <div>
    <a href="products-detail7.html">
    <img src="static/images/products/
pro8.jpg"/>
                <p>智能体脂秤</p>
                        </a>
                    </div>
                    </li>
                  </ul>
                </div>
                <nav aria-label="Page
navigation" class="text-center">
            <ul class="pagination ">
                    <li>
    <a href="#" aria-label="Previous">
    <span aria-hidden="true">«</span>
                    </a>
                    </li>
                    <li>
                <a href="#">1</a>
                    </li>
```

```
          <li>
            <a href="#">2</a>
          </li>
          <li>
            <a href="#">3</a>
          </li>
          <li>
            <a href="#">4</a>
          </li>
          <li>
            <a href="#">5</a>
```

```
          </li>
          <li>
            <a href="#" aria-label="Next">
            <span aria-hidden="true">»</span>
            </a>
          </li>
        </ul>
      </nav>
    </div>
  </div>
</div>
```

13.4.5　新闻中心页面代码

运行本案例的主页 index.html 文件，然后单击首页中的"新闻中心"超链接，即可进入"新闻中心"页面，下面给出"新闻中心"页面的主要代码：

```
<div class="serli">
            <ol class="breadcrumb">
                <li><i class="glyphicon
glyphicon-home"></i>
        <a href="index.html">主页</a>
                </li>
        <li class="active">新闻中心</li>
            </ol>
                <div class="news-liebiao
clearfix news-list-xiug">
    <div class="row clearfix news-xq">
    <div class="col-md-2 new-time">
    <span class="glyphicon glyphicon-
time timetubiao"></span>
    <span class="nqldDay">2</span>
    <div class="shuzitime">
                    <div>Jun</div>
                    <div>2020</div>
                </div>
            </div>
        <div class="col-md-10 clearfix">
            <div class="col-md-3">
        <img src="static/images/news/
news1.jpg" class="new-img">
            </div>
            <div class="col-md-9">
                <h4>
        <a href="news-detail.html">
一周三场，智慧教育"热遍"大江南北</a>
                </h4>
                    <p>在经历了教育信息
化1.0以"建"为主的时代，我国的教育正向着以
"用"为主的2.0时代迈进。</p>
                </div>
            </div>
        </div>
    <div class="row clearfix news-xq">
    <div class="col-md-2 new-time">
    <span class="glyphicon glyphicon-
time timetubiao"></span>
    <span class="nqldDay">5</span>
```

```
<div class="shuzitime">
                <div>Jun</div>
                <div>2017</div>
            </div>
        </div>
    <div class="col-md-10 clearfix">
    <div class="col-md-3">
    <img src="static/images/news/
news2.jpg" class="new-img">
            </div>
        <div class="col-md-9">
                <h4>
        <a href="news-detail1.html">小新15
2020 锐龙版上手记 </a>
                </h4>
            <p>15.6英寸全屏高性能轻薄笔记本电脑，
小新配备2.5K分辨率高清屏，在观影和图片编辑等
应用方面，色彩的表现非常好，让图像更接近于现实
的观感，视觉效果更加生动。其携带很方便，而且比
较轻，不会很有重量感。</p>
                </div>
            </div>
        </div>
    <div class="row clearfix news-xq">
    <div class="col-md-2 new-time">
    <span class="glyphicon glyphicon-
time timetubiao"></span>
    <span class="nqldDay">7</span>
    <div class="shuzitime">
                <div>Jun</div>
                <div>2017</div>
            </div>
        </div>
        <div class="col-md-10 clearfix">
        <div class="col-md-3">
        <img src="static/images/news/
news3.jpg" class="new-img">
            </div>
            <div class="col-md-9">
                <h4>
                    <a href="news-
```

```
detail2.html">13寸轻薄本小新Pro13</a>
                            </h4>
            <p>小新Pro13为板载内存，在更加
轻薄的同时还可有效防止震动造成的接触不良。唯一
的遗憾就是无法扩容。出厂直接上了16G内存，够用
N年免折腾。固态硬盘512G对于大多数小伙伴来说容
量够用，自行更换更高容量固态也很方便。</p>
                        </div>
                    </div>
                </div>
        <div class="row clearfix news-xq">
          <div class="col-md-2 new-time">
          <span class="glyphicon glyphicon-
time timetubiao"></span>
          <span class="nqldDay">11</span>
          <div class="shuzitime">
                        <div>Jun</div>
                        <div>2017</div>
                    </div>
                </div>
          <div class="col-md-10 clearfix">
          <div class="col-md-3">
          <img src="static/images/news/
news4.jpg" class="new-img">
                    </div>
                <div class="col-md-9">
                    <h4>
                    <a href="news-detail3.
html">ThinkBook 15p创造本图赏</a>
                    </h4>
                    <p>ThinkBook 15p定位为视
觉系创造本，是专为次世代创意设计人群量身定制的
专业级设计生产终端。无论是外观和功能的设计，还
是性能配置，都能看得出ThinkBook对新青年设计
师群体真实内在需求的深刻理解。</p>
```

```
                </div>
            </div>
        </div>
    </div>
    <nav class=" text-center">
        <ul class="pagination ">
            <li>
    <a href="#" aria-label="Previous">
    <span aria-hidden="true">«</span>
                </a>
            </li>
            <li>
                <a href="#">1</a>
            </li>
            <li>
                <a href="#">2</a>
            </li>
            <li>
                <a href="#">3</a>
            </li>
            <li>
                <a href="#">4</a>
            </li>
            <li>
                <a href="#">5</a>
            </li>
            <li>
    <a href="#" aria-label="Next">
    <span aria-hidden="true">»</span>
                </a>
            </li>
        </ul>
    </nav>
    </div>
</div>
```

13.4.6 联系我们页面代码

几乎每个企业都会在网站的首页中添加自己的联系方式，以方便客户查询。下面给出"联系我们"页面的主要代码：

```
<div class="col-md-12 serli">
        <ol class="breadcrumb">
        <li><i class="glyphicon
glyphicon-home"></i>
    <a href="index.html">主页</a>
        </li>
    <li class="active">联系我们</li>
        </ol>
        <div class="row mes">
    <div class="address col-sm-6
col-xs-12">
                <ul>
    <li>公司地址：北京市天虹区产业园1号</li>
        <li>固定电话：010-12345678</li>
        <li>移动电话：01001010000</li>
        <li>联系邮箱：Thong@job.com</li>
                </ul>
    <img src="static/images/c.jpg"/>
```

```
            </div>
    <div class="letter col-sm-6 col-xs-12">
            <form id="message">
    <input type="text" placeholder="姓名"/>
                <input type="text"
placeholder="联系电话"/>
                <textarea rows="6"
placeholder="消息"></textarea>
            </form>
    <a class="btn btn-primary">发送</a>
            </div>
        </div>
    </div>
```

运行本案例的主页 index.html 文件，然后单击首页中的"联系我们"超链接，即可进入"联系我们"页面，在其中查看公司地址、

联系方式以及邮箱地址等信息，如图 13-14 所示。

图 13-14　"联系我们"页面

13.5　项目总结

本实例是模拟制作一个电子产品企业的门户网站，该网站的主体颜色为蓝色，给人一种明快的感觉，网站包括首页、公司介绍、产品介绍、新闻中心以及联系我们等超链接，这些功能可以使用 HTML5 来实现。

对于首页中的 Banner 图片以及左侧的产品分类模块，均使用 JavaScript 来实现简单的动态消息。如图 13-15 所示为左侧的产品分类模块，当鼠标放置在某个产品信息上时，该文字会向右移动一个字节，鼠标以手形样式显示，如图 13-16 所示。

图 13-15　产品分类模块　　　图 13-16　动态显示产品分类

第14章 项目实训2——开发游戏中心网站

📖 **本章导读**

本案例介绍一个游戏中心网站，通过网站呈现游戏类网站的绚丽多彩，页面布局设计独特，采用上下栏的布局形式；页面风格设计简洁，为浏览者提供一个绚丽的设计风格，浏览时让人眼前一亮。

📖 **知识导图**

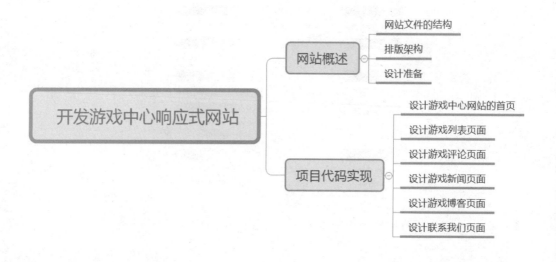

14.1 网站概述

本实例游戏中心网站主要设计首页效果。网站的设计思路和设计风格与 Bootstrap 框架风格完美融合，下面就来具体介绍实现的步骤。

14.1.1 网站文件的结构

本案例目录文件说明如下。

（1）index.html：游戏中心网站的首页。

（2）games.html：游戏列表页面。

（3）reviews.html：游戏评论页面。

（4）news.html：游戏新闻页面。

（5）blog.html：游戏博客页面。

（6）contact.html：联系我们页面。

（7）文件夹 css：网站中的样式表文件夹。

（8）文件夹 js：JavaScript 脚本文件夹，包含 grid.js 文件、jquery.min.js 文件、jquery.wmuSlider.js 文件和 modernizr.custom.js 文件。

（9）文件夹 images：网站中的图片素材。

14.1.2 排版架构

本实例游戏中心网站整体上是上中下的架构。上部为网页头部信息、导航栏、轮播广告区 Banner，中间为网页主要内容，下部为页脚信息。网页整体架构如图 14-1 所示。

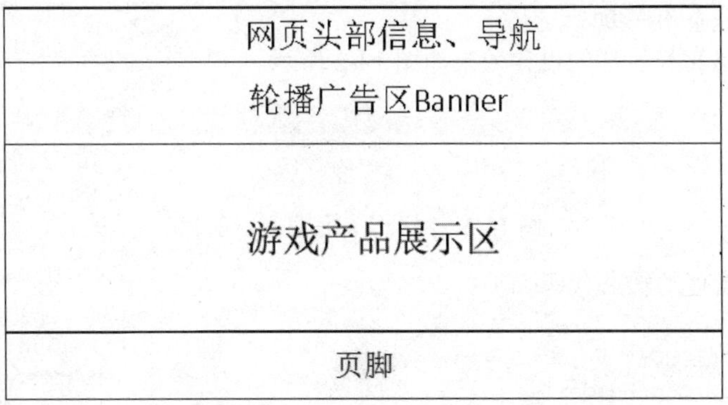

网页头部信息、导航
轮播广告区Banner
游戏产品展示区
页脚

图 14-1　网页架构

14.1.3 设计准备

应用 Bootstrap 框架的页面建议为 HTML5 文档类型。同时在页面头部区域导入框架的基本样式文件、脚本文件、jQuery 文件、自定义的 CSS 样式及 JavaScript 文件。本项目的配置文件如下：

```
<!DOCTYPE html>
<html>
<head>
<title>Home</title>
<link href="css/bootstrap.css"
rel="stylesheet" type="text/css"
media="all" />
<!-- jQuery (necessary for
Bootstrap's JavaScript plugins) -->
<script src="js/jquery.min.js"></
script>
<!-- Custom Theme files -->
<!--theme-style-->
<link href="css/style.css"
rel="stylesheet" type="text/css"
media="all" />
<!--//theme-style-->
<meta name="viewport"content="width
=device-width, initial-scale=1">
<meta http-equiv="Content-Type"
content="text/html; charset=utf-8" />
<meta name="keywords" content="Games
Center Responsive web template, Bootstrap
```

```
Web Templates, Flat Web Templates,
Andriod Compatible web template,
    Smartphone Compatible web template,
free webdesigns for Nokia, Samsung, LG,
SonyErricsson, Motorola web design" />
    <script type="application/
x-javascript"> addEventListener("load",
function() { setTimeout(hideURLbar,
0); }, false); function hideURLbar(){
window.scrollTo(0,1); } </script>
    <!--fonts-->
    <link href='http://fonts.useso.com/
css?family=Montserrat+Alternates:400,70
0' rel='stylesheet' type='text/css'>
    <link href='http://fonts.useso.
com/css?family=PT+Sans:400,700'
rel='stylesheet' type='text/css'>
    <!--//fonts-->
    <script src="js/modernizr.custom.
js"></script>
    <link rel="stylesheet" type="text/
css" href="css/component.css" />
    </head>
```

14.2　项目代码实现

下面来分析游戏中心网站各个页面的代码是如何实现的。

14.2.1　设计游戏中心网站的首页

index.html 文件为游戏中心网站的首页，该页面可以分成 4 部分设计。包括网页头部信息和导航栏，轮播广告区 Banner，中间为网页主要内容，下部为页脚信息。下面分别介绍这 4 部分具体如何实现。

1. 网页头部信息和导航栏

网页头部信息和导航栏的设计效果如图 14-2 所示。

图 14-2　网页头部信息和导航栏

网页头部导航栏的核心代码如下：

```
<div class="header" >
  <div class="top-header" >
    <div class="container">
    <div class="top-head" >
      <ul class="header-in">
<li ><a href="#" > 注册</a></li>
        <li><a href="contact.html">
联系我们</a></li>
    <li ><a href="#" >    获取资料</a></li>
      </ul>
        <div class="search">
          <form>
```

```
<input type="text" value="搜索喜
欢的游戏?" onFocus="this.value = '';"
onBlur="if (this.value == '') {this.
value = 'search about something ?';}" >
          <input type="submit" value="" >
            </form>
          </div>
        </div>
      </div>
    <div class="clearfix"> </div>
    </div>
    </div>
  </div>
  <!---->
    <div class="header-top">
    <div class="container">
```

```
            <div class="head-top">
                <div class="logo">

    <h1><a href="index.html"><span> 老
码</span>识途  <span>游戏</span>中心</a></
h1>

            </div>
            <div class="top-nav">
<span class="menu"><img
src="images/menu.png" alt=""> </span>

                    <ul>
    <li class="active"><a class="color1"
href="index.html"  >主页</a></li>
                    <li><a class="color2"
href="games.html"  >游戏</a></li>
                    <li><a class="color3"
href="reviews.html"  >评论</a></li>
                    <li><a class="color4"
href="news.html" >新闻</a></li>
                    <li><a class="color5"
href="blog.html"  >博客</a></li>
                    <li><a class="color6"
href="contact.html" >联系我们</a></li>
        <div class="clearfix"> </div>
                </ul>

                <!--script-->
                <script>
    $("span.menu").click(function(){
                    $(".top-nav ul").
slideToggle(500, function(){
                    });
                    });
                </script>

                </div>

        <div class="clearfix"> </div>
        </div>
        </div>
    </div>
</div>
```

2. 轮播广告区 Banner

轮播广告区 Banner 由 3 幅图片组成，定时切换图片，也可以单击右侧的绿色圆形按钮手动切换图片，设计效果如图 14-3 所示。

图 14-3 轮播广告区 Banner

轮播广告区 Banner 的核心代码如下：

```
<div class="banner">
<div class="container">
<div class="wmuSlider example1">
<div class="wmuSliderWrapper">
            <article style="position:
absolute; width: 100%; opacity: 0;">
        <div class="banner-wrap">
        <div class="banner-top">
            <img src="images/12.jpg"
class="img-responsive" alt="">
            </div>
        <div class="banner-top banner-
bottom">
            <img src="images/11.jpg"
class="img-responsive" alt="">
                </div>
        <div class="clearfix"> </div>
                </div>

            </article>
                <article style="position:
absolute; width: 100%; opacity: 0;">
        <div class="banner-wrap">

            <div class="banner-top">
            <img src="images/14.jpg"
class="img-responsive" alt="">
                </div>
        <div class="banner-top banner-bottom">
            <img src="images/13.jpg"
class="img-responsive" alt="">
                </div>
        <div class="clearfix"> </div>

                </div>
            </article>
                <article style="position:
absolute; width: 100%; opacity: 0;">
            <div class="banner-wrap">
            <div class="banner-top">
            <img src="images/16.jpg"
class="img-responsive" alt="">
                </div>
        <div class="banner-top banner-bottom">
            <img src="images/15.jpg"
class="img-responsive" alt="">
                </div>
            <div class="clearfix"> </div>
                </div>
            </article>
            </div>
        <ul class="wmuSliderPagination">
        <li><a href="#" class="">0</a></li>
        <li><a href="#" class="">1</a></li>
        <li><a href="#" class="wmuActive">2
</a></li>
                </ul>
        </div>
```

```
        <!---->
            <script src="js/jquery.
wmuSlider.js"></script>
            <script>
                    $('.example1').
wmuSlider({
                pagination : true,
                nav : false,
            });
                </script>

        </div>
    </div>
    <!--conten
```

3. 网页主要内容

网页主要内容分为 3 部分，包括新游戏展示区域、重点游戏推荐区域和游戏分类展示区域。

（1）新游戏展示区域设计如图 14-4 所示。

图 14-4　新游戏展示区域

新游戏展示区域的核心代码如下：

```
<div class="container">
    <div class="content-top">
    <h2 class="new">新游戏</h2>

    <div class="wrap">
    <div class="main">
        <ul id="og-grid" class="og-
grid">
            <li>
    <a href="#" data-largesrc="images/1.
jpg" data-title="Subway Surfers" data-
description="Lorem ipsum dolor sit amet,
consectetur adipiscing elit. Quisque
malesuada purus a convallis dictum.
Phasellus sodales varius diam, non
sagittis lectus. Morbi id magna ultricies
ipsum condimentum scelerisque vel quis
felis.. Donec et purus nec leo interdum
sodales nec sit amet magna. Ut nec
suscipit purus, quis viverra urna.">
        <img class="img-responsive"
src="images/thumbs/1.jpg" alt="img01"/>
```

```
        </a>
        </li>
        <li>
    <a href="#" data-largesrc="images/2.
jpg" data-title="Angry Birds" data-
description="Lorem ipsum dolor sit amet,
consectetur adipiscing elit. Quisque
malesuada purus a convallis dictum.
Phasellus sodales varius diam, non
sagittis lectus. Morbi id magna ultricies
ipsum condimentum scelerisque vel quis
felis.. Donec et purus nec leo interdum
sodales nec sit amet magna. Ut nec
suscipit purus, quis viverra urna.">
        <img class="img-responsive"
src="images/thumbs/2.jpg" alt="img02"/>
        </a>
        </li>
        <li>
    <a href="#" data-largesrc="images/3.
jpg" data-title="Bike Games" data-
description="Lorem ipsum dolor sit amet,
consectetur adipiscing elit. Quisque
malesuada purus a convallis dictum.
Phasellus sodales varius diam, non
sagittis lectus. Morbi id magna ultricies
ipsum condimentum scelerisque vel quis
felis.. Donec et purus nec leo interdum
sodales nec sit amet magna. Ut nec
suscipit purus, quis viverra urna.">
        <img class="img-responsive"
src="images/thumbs/3.jpg" alt="img03"/>
        </a>
        </li>
        <li>
    <a href="#" data-largesrc="images/4.
jpg" data-title="Temple Run" data-
description="Lorem ipsum dolor sit amet,
consectetur adipiscing elit. Quisque
malesuada purus a convallis dictum.
Phasellus sodales varius diam, non
sagittis lectus. Morbi id magna ultricies
ipsum condimentum scelerisque vel quis
felis.. Donec et purus nec leo interdum
sodales nec sit amet magna. Ut nec
suscipit purus, quis viverra urna.">
        <img class="img-responsive"
src="images/thumbs/4.jpg" alt="img01"/>
        </a>
        </li>
        <li>
    <a href="#" data-largesrc="images/5.
jpg" data-title="Car Games" data-
description="Lorem ipsum dolor sit amet,
consectetur adipiscing elit. Quisque
malesuada purus a convallis dictum.
Phasellus sodales varius diam, non
sagittis lectus. Morbi id magna ultricies
ipsum condimentum scelerisque vel quis
```

felis.. Donec et purus nec leo interdum
sodales nec sit amet magna. Ut nec
suscipit purus, quis viverra urna.">
```
        <img class="img-responsive"
src="images/thumbs/5.jpg" alt="img01"/>
                </a>
            </li>
            <li>
        <a href="#" data-largesrc="images/6.
jpg" data-title="Fite Games" data-
description="Lorem ipsum dolor sit amet,
consectetur adipiscing elit. Quisque
malesuada purus a convallis dictum.
Phasellus sodales varius diam, non
sagittis lectus. Morbi id magna ultricies
ipsum condimentum scelerisque vel quis
felis.. Donec et purus nec leo interdum
sodales nec sit amet magna. Ut nec
suscipit purus, quis viverra urna.">
        <img class="img-responsive"
src="images/thumbs/6.jpg" alt="img02"/>
                </a>
            </li>
            <li>
        <a href="#" data-largesrc="images/7.
jpg" data-title="Fite Games" data-
description="Lorem ipsum dolor sit amet,
consectetur adipiscing elit. Quisque
malesuada purus a convallis dictum.
Phasellus sodales varius diam, non
sagittis lectus. Morbi id magna ultricies
ipsum condimentum scelerisque vel quis
felis.. Donec et purus nec leo interdum
sodales nec sit amet magna. Ut nec
suscipit purus, quis viverra urna.">
        <img class="img-responsive"
src="images/thumbs/7.jpg" alt="img03"/>
                </a>
            </li>
            <li>
        <a href="#" data-largesrc="images/8.
jpg" data-title="Panda Game" data-
description="Lorem ipsum dolor sit amet,
consectetur adipiscing elit. Quisque
malesuada purus a convallis dictum.
Phasellus sodales varius diam, non
sagittis lectus. Morbi id magna ultricies
ipsum condimentum scelerisque vel quis
felis.. Donec et purus nec leo interdum
sodales nec sit amet magna. Ut nec
suscipit purus, quis viverra urna.">
        <img class="img-responsive"
src="images/thumbs/8.jpg" alt="img01"/>
                </a>
            </li>
        <div class="clearfix"> </div>
            </ul>
        </div>
        </div>
```

```
    </div>
<script src="js/grid.js"></script>
    <script>
        $(function() {
          Grid.init();
        });
    </script>
</div>
```

（2）重点游戏推荐区域设计如图14-5所示。

图 14-5　重点游戏推荐区域

重点游戏推荐区域的核心代码如下：

```
<div class="col-mn">
    <div class="container">
        <div class="col-mn2">
            <h3>最好玩的游戏</h3>
            <p>此游戏画面和大片一样的
绚丽,剧情非常曲折好玩......</p>
                <a class=" more-in"
href="news.html">更多游戏介绍</a>
        </div>
    </div>
</div>
```

（3）游戏分类展示区域设计如图 14-6
所示。

图 14-6　游戏分类展示区域

游戏分类展示区域的核心代码如下：

```
<div class="featured">
    <div class="container">
    <div class="col-md-4 latest">
        <h4>最新游戏</h4>
        <div class="late">
<a href="news.html" class=
"fashion"><img class="img-responsive "
src="images/la.jpg" alt=""></a>
        <div class="grid-product">
            <span>2020年6月</span>
                <p><a href="news.
html">游戏简单介绍......</a></p>
                <a class="comment"
```

```
href="news.html"><i> </i> 0条留言</a>
                </div>
            <div class="clearfix"> </div>
            </div>
        <div class="late">
    <a href="news.html"class=
"fashion"><img class="img-responsive"
src="images/la1.jpg" alt=""></a>
        <div class="grid-product">
        <span>2020年7月</span>
                <p><a href="news.
html"> 游戏简单介绍...... </a></p>
                <a class="comment"
href="news.html"><i> </i> 1条留言</a>
                </div>
            <div class="clearfix"> </div>
            </div>
        <div class="late">
    <a href="news.html"class=
"fashion"><img class="img-responsive"
src="images/la2.jpg" alt=""></a>
        <div class="grid-product">
        <span>2020年8月</span>
                <p><a href="news.
html"> 游戏简单介绍...... </a></p>
                <a class="comment"
href="news.html"><i> </i> 0条留言</a>
                </div>
            <div class="clearfix"> </div>
            </div>
        <div class="col-md-4 latest">
                <h4>精选游戏</h4>
            <div class="late">
    <a href="news.html"class=
"fashion"><img class="img-responsive"
src="images/la3.jpg" alt=""></a>
        <div class="grid-product">
        <span>2020年1月</span>
                <p><a href="news.
html">游戏简单介绍...... </a></p>
                <a class="comment"
href="news.html"><i> </i> 0条留言</a>
                </div>
            <div class="clearfix"> </div>
            </div>
        <div class="late">
    <a href="news.html"class=
"fashion"><img class="img-responsive"
src="images/la2.jpg" alt=""></a>
        <div class="grid-product">
        <span>2019年8月</span>
                <p><a href="news.
html"> 游戏简单介绍...... </a></p>
                <a class="comment"
href="news.html"><i> </i> 0条留言</a>
                </div>
            <div class="clearfix"> </div>
            </div>

        <div class="late">
    <a href="news.html"class=
"fashion"><img class="img-responsive"
src="images/la1.jpg" alt=""></a>
        <div class="grid-product">
        <span>2019年8月</span>
                <p><a href="news.
html"> 游戏简单介绍......</a></p>
                <a class="comment"
href="news.html"><i> </i> 0条留言</a>
                </div>
            <div class="clearfix"> </div>
            </div>
        <div class="col-md-4 latest">
            <h4>流行游戏</h4>
            <div class="late">
    <a href="news.html"class=
"fashion"><img class="img-responsive"
src="images/la1.jpg" alt=""></a>
        <div class="grid-product">
        <span>2020年2月</span>
                <p><a href="news.
html">游戏简单介绍......</a></p>
                <a class="comment"
href="news.html"><i> </i> 0条留言</a>
                </div>
            <div class="clearfix"> </div>
            </div>
        <div class="late">
    <a href="news.html"class=
"fashion"><img class="img-responsive"
src="images/la.jpg" alt=""></a>
        <div class="grid-product">
        <span>2020年3月</span>
                <p><a href="news.
html"> 游戏简单介绍...... </a></p>
                <a class="comment"
href="news.html"><i> </i> 0条留言</a>
                </div>
            <div class="clearfix"> </div>
            </div>
        <div class="late">
    <a href="news.html"class=
"fashion"><img class="img-responsive"
src="images/la3.jpg" alt=""></a>
        <div class="grid-product">
        <span>2020年4月</span>
                <p><a href="news.
html"> 游戏简单介绍...... </a></p>
                <a class="comment"
href="news.html"><i> </i> 0条留言</a>
                </div>
            <div class="clearfix"> </div>
            </div>
        </div>
    <div class="clearfix"> </div>
    </div>
</div>
```

```
    </div>
```

4. 页脚信息

页脚信息主要包括联系我们、最新信息、客户服务、我的账户和会员服务,设计效果如图14-7所示。

图14-7 页脚信息

页脚信息的核心代码如下:

```
<div class="footer">
  <div class="footer-middle">
      <div class="container">
   <div class="footer-middle-in">
          <h6>联系我们</h6>
          <p>关注公众号: 老码识途课堂</p>
          </div>
       <div class="footer-middle-in">
          <h6>最新信息</h6>
          <ul>
<li><a href="#">关于我们</a></li>
<li><a href="#">最新游戏</a></li>
<li><a href="#">游戏攻略</a></li>
<li><a href="#">游戏下载</a></li>
          </ul>
          </div>
       <div class="footer-middle-in">
          <h6>客户服务</h6>
          <ul>
              <li><a href="contact.
html">联系我们</a></li>
<li><a href="#">加盟代理商</a></li>
              <li><a href="contact.
html">技术服务</a></li>
          </ul>
```

```
        </div>
       <div class="footer-middle-in">
          <h6>我的账户</h6>
          <ul>
<li><a href="#">历史订单</a></li>
<li><a href="#">购买记录</a></li>
<li><a href="#">购买金额</a></li>
          </ul>
          </div>
       <div class="footer-middle-in">
          <h6>会员服务</h6>
          <ul>
<li><a href="#">特价秒杀</a></li>
<li><a href="#">内部优惠</a></li>
          </ul>
          </div>
<div class="clearfix"> </div>
      </div>
    </div>
</div>
```

由于本网站是响应式网站,下面来整体对比一下电脑端和移动端的预览效果。电脑端预览效果如图14-8所示。

图14-8 电脑端预览效果

使用Opera Mobile Emulator模拟手机端预览效果如图14-9所示。单击导航按钮,即可展开下拉导航菜单,如图14-10所示。

图14-9 模拟手机端预览效果　　图14-10 展开下拉导航菜单

14.2.2　设计游戏列表页面

games.html 为游戏列表展示页面，设计效果如图 14-11 所示。使用 Opera Mobile Emulator 模拟手机端预览效果如图 14-12 所示。

图 14-11　电脑端预览效果　　　图 14-12　模拟手机端预览效果

由于该页面的头部信息、导航菜单和页脚信息与主页的头部信息、导航菜单和页脚信息完全一致，这里就不再重复讲述。中间部分的核心代码如下：

```html
<!--content-->
  <div class="container">
      <div class="games">
          <h2> 新游戏</h2>

      <div class="wrap">
      <div class="main">
<ul id="og-grid" class="og-grid">
          <li>
<a href="#" data-largesrc="images/1.
jpg" data-title="游戏1" data-description="
游戏1详细介绍......">
          <img class="img-responsive"
src="images/thumbs/1.jpg" alt="img01"/>
          </a>
          </li>
          <li>
<a href="#" data-largesrc="images/2.jpg"
data-title="游戏2" data-description="游戏2
详细介绍......">
          <img class="img-responsive"
src="images/thumbs/2.jpg" alt="img02"/>
          </a>
          </li>
          <li>
<a href="#" data-largesrc="images/3.jpg"
data-title="游戏3" data-description="游戏3
详细介绍......">
          <img class="img-responsive"
src="images/thumbs/3.jpg" alt="img03"/>
          </a>
          </li>
          <li>
<a href="#" data-largesrc="images/4.jpg"
data-title="游戏4" data-description=" 游戏4
```

```html
详细介绍......">
          <img class="img-responsive"
src="images/thumbs/4.jpg" alt="img01"/>
          </a>
          </li>
          <li>
<a href="#" data-largesrc="images/5.jpg"
data-title="游戏5" data-description="游戏5
详细介绍......">
          <img class="img-responsive"
src="images/thumbs/5.jpg" alt="img01"/>
          </a>
          </li>
          <li>
<a href="#" data-largesrc="images/6.jpg"
data-title="游戏6" data-description=" 游戏
6详细介绍......">
          <img class="img-responsive"
src="images/thumbs/6.jpg" alt="img02"/>
          </a>
          </li>
          <li>
<a href="#" data-largesrc="images/7.jpg"
data-title="游戏7" data-description="  游
戏7详细介绍......">
          <img class="img-responsive"
src="images/thumbs/7.jpg" alt="img03"/>
          </a>
          </li>
          <li>
<a href="#" data-largesrc="images/8.jpg"
data-title="游戏8" data-description=" 游戏
8详细介绍......">
          <img class="img-responsive"
src="images/thumbs/8.jpg" alt="img01"/>
```

```
            </a>
          </li>
          <li>
    <a href="#" data-largesrc="images/4.jpg"
data-title="游戏9" data-description="游戏9
详细介绍......">
    <img class="img-responsive"
src="images/thumbs/9.jpg" alt="img01"/>
            </a>
          </li>
        <div class="clearfix"> </div>
          </ul>
```

```
            </div>
          </div>
        </div>
<script src="js/grid.js"></script>
  <script>
    $(function() {
      Grid.init();
      });
    </script>
  </div>
<!---->
```

14.2.3 设计游戏评论页面

reviews.html 为游戏评论展示页面，设计效果如图 14-13 所示。使用 Opera Mobile Emulator 模拟手机端预览效果如图 14-14 所示。

图 14-13 电脑端预览效果　　图 14-14 模拟手机端预览效果

由于该页面的头部信息、导航菜单和页脚信息与主页的头部信息、导航菜单和页脚信息完全一致，这里就不再重复讲述。中间部分的核心代码如下：

```
<!--content-->
  <div class="review">
    <div class="container">
      <h2>最新评论</h2>
        <div class="review-md1">
        <div class="col-md-4 sed-md">
            <div class="col-1">
                <a href="news.
html"><img class="img-responsive"
src="images/re.jpg" alt=""></a>
                <h4><a href="news.
html">该游戏最新的测评</a></h4>
                <p>该游戏起源于一部古典拉
丁文学作品......</p>
            </div>
        </div>
        <div class="col-md-4 sed-md">
            <div class="col-1">
                <a href="news.
html"><img class="img-responsive"
src="images/re1.jpg" alt=""></a>
                <h4><a href="news.
```

```
html">该游戏最新的测评</a></h4>
                <p>该游戏起源于一部古典拉
丁文学作品......</p>
            </div>
        </div>
        <div class="col-md-4 sed-md">
            <div class="col-1">
                <a href="news.
html"><img class="img-responsive"
src="images/re2.jpg" alt=""></a>
                <h4><a href="news.
html">该游戏最新的测评</a></h4>
                <p>该游戏起源于一部古典拉
丁文学作品......</p>
            </div>
        </div>
        <div class="clearfix"> </div>
        </div>
        <div class="review-md1">
        <div class="col-md-4 sed-md">
            <div class="col-1">
                <a href="news.
```

```
html"><img class="img-responsive"
src="images/re3.jpg" alt=""></a>
                    <h4><a href="news.
html">该游戏最新的测评</a></h4>
                        <p>该游戏起源于一部古典拉
丁文学作品......</p>
                    </div>
                </div>
            <div class="col-md-4 sed-md">
                <div class="col-1">
                    <a href="news.
html"><img class="img-responsive"
src="images/re4.jpg" alt=""></a>
                    <h4><a href="news.
html">该游戏最新的测评</a></h4>
                        <p>该游戏起源于一部古典拉
丁文学作品......</p>
                    </div>
```

```
            </div>
            <div class="col-md-4 sed-md">
                <div class="col-1">
                    <a href="news.
html"><img class="img-responsive"
src="images/re5.jpg" alt=""></a>
                    <h4><a href="news.
html">该游戏最新的测评</a></h4>
                        <p>该游戏起源于一部古典拉
丁文学作品......</p>
                    </div>
                </div>
            <div class="clearfix"> </div>
            </div>

        </div>
      </div>
<!---->
```

14.2.4　设计游戏新闻页面

news.html 为游戏新闻展示页面，设计效果如图 14-15 所示。使用 Opera Mobile Emulator 模拟手机端运行效果如图 14-16 所示。

图 14-15　电脑端预览效果　　图 14-16　模拟手机端预览效果

由于该页面的头部信息和导航菜单与主页的头部信息和导航菜单完全一致，这里就不再重复讲述。中间部分的核心代码如下：

```
<!--content-->
  <div class="four">
    <div class="container">
      <h2>游戏挑战赛</h2>
            <p>        DOTA2国际邀请赛是
一个全球性的电子竞技赛事，每年一届，由
ValveCorporation（V社）主办，奖杯为V社特制
冠军盾牌，每一届冠军队伍及人员将记录在游戏泉水
的冠军盾中。TI8决赛现场，Valve公布——2019年
Valve将在中国上海举办第九届DOTA2国际邀请赛。
绝地求生全球邀请赛PUBG Global Invitational
```

```
2018，简称PGI2018，是《绝地求生》官方举办的
第一届全球范围内的邀请赛，也是绝地求生最大规
模、最高荣誉的一项赛事。
      本次比赛于2018年7月25日至29日在德国柏林
举行，采用四人组队的形式，分为TPP和FPP两种视
角分别展开角逐。</p>
            <a href="index.html"
class="more">返回主页 </a>
    </div>
  </div>
```

14.2.5　设计游戏博客页面

blog.html 为游戏博客展示页面，设计效果如图 14-17 所示。使用 Opera Mobile Emulator 模拟手机端运行效果如图 14-18 所示。

图 14-17　电脑端预览效果

图 14-18　模拟手机端预览效果

由于该页面的头部信息、导航菜单和页脚信息与主页的头部信息、导航菜单和页脚信息完全一致，这里就不再重复讲述。中间部分的核心代码如下：

```
<!--content-->
<div class="blog">
  <div class="container">
    <h2>博客文章</h2>
      <div class="single-inline">
        <div class="blog-to">
          <a href="news.
html"><img class="img-responsive sin-
on" src="images/sin1.jpg" alt="" /></a>
          <div class="blog-top">
            <div class="blog-left">
              <b>23</b>
              <span>July</span>
            </div>
            <div class="top-blog">
              <a class="fast"
href="news.html">最新游戏测试</a>
              <p>作者：<a href="news.html">
管理员</a>    <a href="#">博客</a> | <a
href="news.html">10 条留言信息</a></p>
              <p class="sed">  经过公司人事部的
策划组织，我们一大早就开赴xx拓展基地，进行为
期2天的拓展训练，此次活动得到了公司领导的重视
和支持。这不是一次普通的郊游或娱乐活动，而是活
泼生动而又非常具有教育和纪念意义的体验式培训。
2天的训练，使平常耳熟能详的"团队精神"变得内
容丰富、寓意深刻，训练带来了心灵的冲击，引发内
心的思考，以下我把自己的心得体会与所有的同仁进
行分享。</p>
              <a href=news.html class="more">
阅读更多信息<span> </span></a>

            </div>
            <div class="clearfix"> </div>
          </div>
        </div>
        <div class="blog-to">

          <a href="news.
html"><img class="img-responsive sin-
on" src="images/sin.jpg" alt="" /></a>
          <div class="blog-top">
            <div class="blog-left">
```

```
              <b>23</b>
              <span>July</span>
            </div>
            <div class="top-blog">
              <a class="fast"
href="news.html">最新游戏测试</a>
              <p>作者：<a href="news.html">管
理员</a>    <a href="#">博客</a> | <a
href="news.html">10 条留言信息</a></p>
              <p class="sed">  经过公司人事部的策划组
织，我们一大早就开赴xx拓展基地，进行为期2天的拓
展训练，此次活动得到了公司领导的重视和支持。这不
是一次普通的郊游或娱乐活动，而是活泼生动而又非
常具有教育和纪念意义的体验式培训。2天的训练，
使平常耳熟能详的"团队精神"变得内容丰富、寓意
深刻，训练带来了心灵的冲击，引发内心的思考，以
下我把自己的心得体会与所有的同仁进行分享。</p>
              <a href=news.html class="more">阅
读更多信息<span> </span></a>

            </div>
            <div class="clearfix"> </div>
          </div>
        </div>
        <div class="blog-to">
          <a href="news.
html"><img class="img-responsive sin-
on" src="images/sin2.jpg" alt="" /></a>
          <div class="blog-top">
            <div class="blog-left">
              <b>23</b>
              <span>July</span>
            </div>
            <div class="top-blog">
              <a class="fast"
href="news.html">最新游戏测试</a>
              <p>作者：<a href="news.html">管
理员</a>    <a href="#">博客</a> | <a
href="news.html">10 条留言信息</a></p>
              <p class="sed">  经过公司人事部的
策划组织，我们一大早就开赴xx拓展基地，进行为
期2天的拓展训练，此次活动得到了公司领导的重视
和支持。这不是一次普通的郊游或娱乐活动，而是活
```

发生动而又非常具有教育和纪念意义的体验式培训。2天的训练，使平常耳熟能详的"团队精神"变得内容丰富、寓意深刻，训练带来了心灵的冲击，引发内心的思考，以下我把自己的心得体会与所有的同仁进行分享。</p>

```
        <a  href=news.html" class="more">阅
读更多信息<span> </span></a>
                    </div>
        <div class="clearfix"> </div>
            </div>
            </div>
        </div>
            <nav>
            <ul class="pagination">
            <li class="disabled"><a
href="#" aria-label="Previous"><span
aria-hidden="true">«</span></a></li>
        <li class="active"><a href="#">1
<span class="sr-only">(current)</
span></a></li>
            <li><a href="#">2 <span
class="sr-only"></span></a></li>
            <li><a href="#">3 <span
class="sr-only"></span></a></li>
            <li><a href="#">4 <span
class="sr-only"></span></a></li>
            <li><a href="#">5 <span
class="sr-only"></span></a></li>
            <li> <a href="#"
aria-label="Next"><span aria-
hidden="true">»</span> </a> </li>
            </ul>
            </nav>
            </div>
            </div>
        <!---->
```

14.2.6　设计联系我们页面

contact.html 为"联系我们"页面，设计效果如图 14-19 所示。使用 Opera Mobile Emulator 模拟手机端运行效果如图 14-20 所示。

图 14-19　电脑端预览效果　　图 14-20　模拟手机端预览效果

由于该页面的头部信息、导航菜单和页脚信息与主页的头部信息、导航菜单和页脚信息完全一致，这里就不再重复讲述。中间部分的核心代码如下：

```
<!--content-->
    <div class="contact">
        <div class="container">
        <h2>联系我们</h2>
        <div class="contact-form">
    <div class="col-md-8 contact-grid">
            <form>
    <input type="text" value="姓名"
onfocus="this.value='';" onblur="if (this.
value == '') {this.value ='Name';}">
    <input type="text" value="邮箱地址"
onfocus="this.value='';" onblur="if (this.
value == '') {this.value ='Email';}">
    <input type="text" value="游戏"
onfocus="this.value='';" onblur="if (this.
value == '') {this.value ='Subject';}">
        <textarea cols="77" rows="6"
value=" " onfocus="this.value='';"
onblur="if (this.value == '') {this.
value = 'Message';}">请输入您的建议和想
法！</textarea>
            <div class="send">
    <input type="submit" value="提交信息" >
            </div>
            </form>
            </div>
        <div class="clearfix"> </div>
            </div>
        </div>
    </div>
    <!---->
```

第15章　项目实训3——开发连锁咖啡网站

📑 **本章导读**

　　本案例介绍一个咖啡销售网站，通过网站呈现咖啡的理念和咖啡的文化，页面布局设计独特，采用两栏的布局形式；页面风格设计简洁，为浏览者提供一个简单、时尚的设计风格，浏览时让人心情舒畅。

📑 **知识导图**

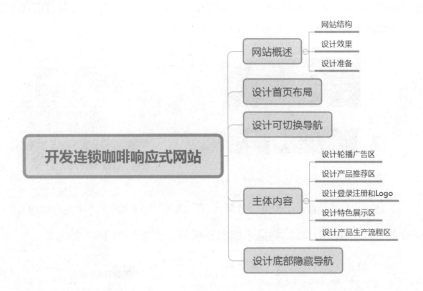

15.1 网站概述

本实例咖啡网站主要设计首页效果。网站的设计思路和设计风格与 Bootstrap 框架风格完美融合，下面就来具体介绍实现的步骤。

15.1.1 网站结构

本案例目录文件说明如下。

（1）bootstrap-4.5.3-dist：Bootstrap 框架文件夹。

（2）font-awesome-4.7.0：图标字体库文件，下载地址：http://www.fontawesome.com.cn/。

（3）css：样式表文件夹。

（4）js：JavaScript 脚本文件夹，包含 index.js 文件和 jQuery 库文件。

（5）images：图片素材。

（6）index.html：首页。

15.1.2 设计效果

本案例是咖啡网站应用，主要设计首页效果，其他页面设计可以套用首页模板。首页在大屏设备（≥992px）中显示，效果如图 15-1 和图 15-2 所示。

图 15-1　大屏上首页上半部分效果　　图 15-2　大屏上首页下半部分效果

在小屏设备（<768px）上时，将显示底部导航栏，效果如图 15-3 所示。

图 15-3　小屏上首页效果

15.1.3　设计准备

本实例咖啡应用 Bootstrap 框架的页面建议为 HTML5 文档类型。同时在页面头部区域导入框架的基本样式文件、脚本文件、jQuery 文件、自定义的 CSS 样式及 JavaScript 文件。本项目的配置文件如下：

```html
<!DOCTYPE html>
<html>
<head>
    <meta charset="UTF-8">
    <title>Title</title>
        <meta name="viewport"
content="width=device-width,initial-
scale=1, shrink-to-fit=no">
    <link rel="stylesheet"href="bootstrap-
4.5.3-dist/css/bootstrap.css">
    <script src="jquery-3.5.1.slim.
js"></script>
        <script src="https://cdn.
staticfile.org/popper.js/1.14.6/umd/
```

```html
popper.js"></script>
        <script src="bootstrap-4.5.3-
dist/js/bootstrap.min.js"></script>
        <!--css文件-->
    <link rel="stylesheet"href="style.css">
        <!--js文件-->
    <script src="js/index.js"></script>
        <!--字体图标文件-->
    <link rel="stylesheet"href="font-
awesome-4.7.0/css/font-awesome.css">
    </head>
    <body>
    </body>
</html>
```

15.2　设计首页布局

本案例首页分为 3 个部分：左侧可切换导航、右侧主体内容和底部隐藏导航栏，如图 15-4 所示。

左侧可切换导航和右侧主体内容使用 Bootstrap 框架的网格系统进行设计，在大屏设备（≥992px）中，左侧可切换导航占网格系统的 3 份，右侧主体内容占 9 份；在中、小屏设备（<992px）中左侧可切换导航和右侧主体内容各占一行。

底部隐藏导航栏使用无序列表进行设计，添加了 d-block d-sm-none 类，只在小屏设备上显示。

```html
<div class="row">
    <!--左侧导航-->
<div class="col-12 col-lg-3 left "></div>
    <!--右侧主体内容-->
    <div class="col-12 col-lg-9
right"></div>
</div>
<!--隐藏导航栏-->
<div >
    <ul>
<li><a href="index.html"></a></li>
    </ul>
</div>
```

还添加了一些自定义样式来调整页面布局，代码如下：

```css
@media (max-width: 992px){
        /*在小屏设备中，设置上下外边距为
1rem，左右外边距为0*/
        .left{
            margin:1rem 0;
        }
    }
@media (min-width: 992px){
        /*在大屏设备中，左侧导航设置固定定
位，右侧主体内容设置左边外边距25%*/
    .left {
        position: fixed;
        top: 0;
        left: 0;
    }
    .right{
        margin-left:25% ;
    }
}
```

图 15-4　首页布局效果

15.3 设计可切换导航

本案例左侧导航设计很复杂，在不同宽度的设备上有 3 种显示效果。

设计步骤如下。

01 设计切换导航的布局。可切换导航使用网格系统进行设计，在大屏设备（>992px）上占网格系统的 3 份，如图 15-5 所示；在中、小屏设备（≤ 992px）上占满整行，如图 15-6 所示。

图 15-5　大屏设备布局效果　　　　图 15-6　中、小屏设备布局效果

```
<div class="col -12 col-lg-3"></div>
```

02 设计导航展示内容。导航展示内容包括导航条和登录注册两部分。导航条用网格系统布局，嵌套 Bootstrap 导航组件进行设计，使用 <ul class="nav"> 定义；登录注册使用了 Bootstrap 的按钮组件进行设计，使用 <a href="#" class="btn"> 定义。设计在小屏上隐藏登录注册，如图 15-7 所示，包裹在 <div class="d-none d-sm-block"> 容器中。

图 15-7　小屏设备上隐藏登录注册

```
<div class="col-sm-12 col-lg-3 left">
<div id="template1">
<div class="row">
    <div class="col-10">
        <!--导航条-->
        <ul class="nav">
            <li class="nav-item">
                <a class="nav-link
active" href="index.html">
                    <img width="40" src="
images/logo.png" alt=""class="rounded-
circle">
                </a>
            </li>
            <li class="nav-item mt-1">
                <a class="nav-link"
href="javascript:void(0);">账户</a>
            </li>
            <li class="nav-item mt-1">
                <a class="nav-link"
href="javascript:void(0);">菜单</a>
            </li>
        </ul>
    </div>
        <div class="col-2 mt-2 font-
menu text-right">
```

```
        <a id="a1"href="javascript:void(0);
"><i class="fa fa-bars"></i></a>
        </div>
    </div>
    <div class="margin1">
        <h5 class="ml-3 my-3 d-none
d-sm-block text-lg-center">
            <b>心情惬意，来杯咖啡
吧</b>  <i class="fa fa-
coffee"></i>
        </h5>
        <div class="ml-3 my-3 d-none
d-sm-block text-lg-center">
            <a href="#" class="card-
link btn  rounded-pill text-success"><i
class="fa fa-user-circle"></i> 登
 录</a>
            <a href="#" class="card-
link btn btn-outline-success rounded-
pill text-success">注 册</a>
        </div>
    </div>
</div>
</div>
```

03 设计隐藏导航内容。隐藏导航内容包含在

id 为 #template2 的容器中，在默认情况下是隐藏的，使用 Bootstrap 隐藏样式 d-none 来设置。内容包括导航条、菜单栏和登录注册。

导航条用网格系统布局，嵌套 Bootstrap 导航组件进行设计，使用 `<ul class="nav">` 定义。菜单栏使用 h6 标签和超链接进行设计，使用 `<h6><a href="a.html">` 定义。登录注册使用按钮组件进行设计 `<a href="#" class="btn">` 定义。

```
<div class="col-sm-12 col-lg-3 left">
<div id="template2" class="d-none">
    <div class="row">
    <div class="col-10">
        <ul class="nav">
<li class="nav-item">
        <a class="nav-link active"
href="index.html">
<img width="40" src="images/logo.
png" alt="" class="rounded-circle">
                        </a>
            </li>
        <li class="nav-item">
        <a class="nav-link mt-2"
href="index.html">
                咖啡俱乐部
                        </a>
            </li>
        </ul>
        </div>
            <div class="col-2
mt-2 font-menu text-right">
    <a id="a2"href="javascript:void(0);
"><i class="fa fa-times"></i></a>
                    </div>
                </div>
            <div class="margin2">
        <div class="ml-5 mt-5">
<h6><a href="a.html">门店</a></h6>
<h6><a href="b.html">俱乐部</a></h6>
<h6><a href="c.html">菜单</a></h6>
                    <hr/>
<h6><a href="d.html">移动应用</a></h6>
<h6><a href="e.html">臻选精品</a></h6>
<h6><a href="f.html">专星送</a></h6>
<h6><a href="g.html">咖啡讲堂</a></h6>
<h6><a href="h.html">烘焙工厂</a></h6>
<h6><a href="i.html">帮助中心</a></h6>
                    <hr/>
    <a href="#" class="card-link btn
rounded-pill text-success pl-0"><i class=
"fa fa-user-circle"></i> 登 录</a>
    <a href="#" class="card-link btn
btn-outline-success rounded-pill text-
success">注 册</a>
```

```
            </div>
        </div>
    </div>
</div>
```

04 设计自定义样式，使页面更加美观。

```
.left{
border-right: 2px solid #eeeeee;
}
.left a{
    font-weight: bold;
    color: #000;
}
@media (min-width: 992px){
    /*使用媒体查询定义导航的高度，当屏幕
宽度大于992px时，导航高度为100vh*/
    .left{
        height:100vh;
    }
}
@media (max-width: 992px){
    /*使用媒体查询定义字体大小*/
    /*当屏幕尺寸小于992px时，页面的根字
体大小为14px*/
    .left{
        margin:1rem 0;
    }
}
@media (min-width: 992px){
    /*当屏幕尺寸大于992px时，页面的根字
体大小为15px*/
    .left {
        position: fixed;
        top: 0;
        left: 0;
    }
    .margin1{
        margin-top:40vh;
    }
}
.margin2 h6{
    margin: 20px 0;
    font-weight:bold;
}
```

05 添加交互行为。在可切换导航中，为 `<i class="fa fa-bars">` 图标和 `<i class="fa fa-times">` 图标添加单击事件。在大屏设备中，为了页面更友好，设计在大屏设备上切换导航时，显示右侧主体内容，当单击 `<i class="fa fa-bars">` 图标时，如图 15-8 所示，切换隐藏的导航内容；在隐藏的导航内容中，单击 `<i class="fa fa-times">` 图标时，如图 15-9 所示，可切回导航展示内容。在中、小屏设备（<992px）上，隐

藏右侧主体内容，单击 <i class="fa fa-bars"> 图标时，如图 15-10 和图 15-12 所示，切换隐藏的导航内容；在隐藏的导航内容中，单击 <i class="fa fa-times"> 图标时，如图 15-11 和图 15-13 所示，可切回导航展示内容。

实现导航展示内容和隐藏内容交互行为的脚本代码如下所示：

```
$(function(){
    $("#a1").click(function () {
            $("#template1").
```

```
addClass("d-none");
            $(".right").addClass("d-
none d-lg-block");
            $("#template2").
removeClass("d-none");
    })
    $("#a2").click(function () {
$("#template2").addClass("d-none");
$(".right").removeClass("d-none");
$("#template1").removeClass("d-
none");
    })
})
```

提示：其中 d-none 和 d-lg-block 类是 Bootstrap 框架中的样式。Bootstrap 框架中的样式在 JavaScript 脚本中可以直接调用。

图 15-8　大屏设备切换隐藏的导航内容

图 15-9　大屏设备切回导航展示的内容

图 15-10　中屏设备切换隐藏的导航内容

图 15-11　中屏设备切回导航展示的内容

图 15-12　小屏设备切换隐藏的导航内容

图 15-13　小屏设备切回导航展示的内容

15.4 主体内容

使页面排版具有可读性、可理解性和清晰明了至关重要。好的排版可以让您的网站感觉清爽而令人眼前一亮；另一方面，糟糕的排版选择令人分心。排版是为了内容更好地呈现，应以不会增加用户认知负荷的方式来尊重内容。

本案例主体内容包括轮播广告区、产品推荐区、Logo 展示区、特色展示区和产品生产流程区 5 个部分，页面排版如图 15-14 所示。

图 15-14 主体内容排版设计

15.4.1 设计轮播广告区

Bootstrap 轮播插件结构比较固定，轮播包含框需要指明 ID 值和 carousel、slide 类。框内包含 3 部分组件：标签框（carousel-indicators）、图文内容框（carousel-inner）和左右导航按钮（carousel-control-prev、carousel-control-next）。通过 data-target="#carousel" 属性启动轮播，使用 data-slide-to="0"、data-slide ="pre"、data-slide ="next" 定义交互按钮的行为。完整的代码如下：

```
<div id="carousel"class="carousel
slide">
       <!—标签框-->
<ol class="carousel-indicators">
<li data-target="#carousel" data-
slide-to="0" class="active"></li>
    </ol>
       <!—图文内容框-->
    <div class="carousel-inner">
<div class="carousel-item active">
             <img src="images "
class="d-block w-100" alt="...">
             <!—文本说明框-->
             <div class="carousel-
caption d-none d-sm-block">
             <h5> </h5>
             <p> </p>
             </div>
       </div>
    </div>
       <!—左右导航按钮-->
<a class="carousel-control-prev"
href="#carousel" data-slide="prev">
```

```
         <span class="carousel-
control-prev-icon"></span>
     </a>
     <a class="carousel-control-next"
href="#carousel" data-slide="next">
             <span class="carousel-
control-next-icon"></span>
      </a>
    </div>
```

设计本案例轮播广告位结构。本案例没有添加标签框和文本说明框（<div class="carousel-caption">）。代码如下：

```
    <div class="col-sm-12 col-lg-9
right p-0 clearfix">
    <div id="carouselExampleControls"
class="carousel slide" data-
ride="carousel">
    <div class="carousel-inner max-h">
    <div class="carousel-item active">
    <img src="images/001.jpg" class="d-
```

273

```
block w-100" alt="...">
            </div>
    <div class="carousel-item">
    <img src="images/002.jpg" class="d-
block w-100" alt="...">
            </div>
    <div class="carousel-item">
    <img src="images/003.jpg" class="d-
block w-100" alt="...">
            </div>
            </div>
    <a class="carousel-control-prev"
href="#carouselExampleControls" data-
slide="prev">
    <span class="carousel-control-prev-
icon"></span>
            </a>
    <a class="carousel-control-next"
href="#carouselExampleControls" data-
slide="next">
    <span class="carousel-control-next-
icon" ></span>
            </a>
        </div>
    </div>
```

为了避免轮播中的图片过大而影响整体页面，这里为轮播区设置一个最大高度 max-h 类。

```
.max-h{
max-height:300px;    /*定义最大高度*/
}
```

在 IE 浏览器中运行，轮播效果如图 15-15 所示。

图 15-15　轮播效果

15.4.2　设计产品推荐区

产品推荐区使用 Bootstrap 中卡片组件进行设计。卡片组件中有 3 种排版方式，分别为卡片组、卡片阵列和多列卡片浮动排版。本案例使用多列卡片浮动排版。多列卡片浮动排版使用 <div class="card-columns"> 进行定义。

```
<div class="p-4 list">
    <h5 class="text-center my-3">咖啡推
荐</h5>
    <h5 class="text-center mb-4 text-
secondary">
    <small>在购物旗舰店可以发现更多咖啡心意
</small>
    </h5>
<!--多列卡片浮动排版-->
<div class="card-columns">
<div class="my-4 my-sm-0">
<img class="card-img-top"
src="images/006.jpg" alt="">
    </div>
    <div class="my-4 my-sm-0">
    <img class="card-img-top"
src="images/004.jpg" alt="">
    </div>
    <div class="my-4 my-sm-0">
    <img class="card-img-top"
src="images/005.jpg" alt="">
    </div>
    </div>
    </div>
```

为推荐区添加自定义 CSS 样式，包括颜色和圆角效果。

```
.list{
background: #eeeeee; /*定义背景颜色*/
}
.list-border{
    border: 2px solid #DBDBDB;
/*定义边框*/
    border-top:1px solid #DBDBDB ;
/*定义顶部边框*/
    }
```

在 IE 浏览器中运行，产品推荐区如图 15-16 所示。

图 15-16　产品推荐区效果

15.4.3 设计登录注册和 Logo

登录注册和 Logo 使用网格系统布局，并添加响应式设计。在中、大屏设备（≥ 768px）中，左侧是登录注册，右侧是公司 Logo，如图 15-17 所示；在小屏设备（<768px）中，登录注册和 Logo 将各占一行显示，如图 15-18 所示。

图 15-17   中、大屏设备显示效果　　　图 15-18   小屏设备显示效果

对于左侧的登录注册，使用卡片组件进行设计，并且添加了响应式的对齐方式 .text-center 和 text-sm-left。在小屏设备（<768px）中，内容居中对齐；在中、大屏设备（≥ 768px）中，内容居左对齐。代码如下：

```
<div class="row py-5">
<div class="col-12 col-sm-6 pt-2">
    <div class="card border-0 text-
center text-sm-left">
    <div class="card-body ml-5">
<h4 class="card-title">咖啡俱乐部</h4>
        <p class="card-text">开启您
的星享之旅，星星越多、会员等级越高、好礼越丰
富。</p>
        <a href="#" class="card-link
btn btn-outline-success">注册</a>
```

```
    <a href="#" class="card-link
btn btn-outline-success">登录</a>
    </div>
    </div>
    </div>
    <div class="col-12 col-sm-6
text-center mt-5">
    <a href=""><img src="images/007.
png" alt="" class="img-fluid"></a>
    </div>
</div>
```

15.4.4 设计特色展示区

特色展示内容使用网格系统进行设计，并添加响应类。在中、大屏（≥ 768px）设备显示为一行四列，如图 15-19 所示；在小屏幕（<768px）设备显示为一行两列，如图 15-20 所示；在超小屏幕（<576px）设备显示为一行一列，如图 15-21 所示。

特色展示区实现代码如下：

```
<div class="p-4 list">
<h5 class="text-center my-3">咖啡精
选</h5>
<h5 class="text-center mb-4 text-
secondary">
<small>在购物旗舰店可以发现更多咖啡心意
</small>
</h5>
<div class="row">
    <div class="col-12 col-sm-6
col-md-3 mb-3 mb-md-0">
    <div class="bg-light p-4 list-
border rounded">
        <img class="img-fluid"
src="images/008.jpg" alt="">
```

```
    <h6 class="text-secondary
text-center mt-3">套餐一</h6>
    </div>
    </div>
    <div class="col-12 col-sm-6
col-md-3 mb-3 mb-md-0">
        <div class="bg-white p-4
list-border rounded">
        <img class="img-fluid"
src="images/009.jpg" alt="">
        <h6 class="text-secondary
text-center mt-3">套餐二</h6>
    </div>
    </div>
    <div class="col-12 col-sm-6
```

```
col-md-3 mb-3 mb-md-0">
        <div class="bg-light p-4 list-
border rounded">
            <img class="img-fluid"
src="images/010.jpg" alt="">
        <h6 class="text-secondary text-
center mt-3">套餐三</h6>
        </div>
    </div>
        <div class="col-12 col-sm-6
col-md-3 mb-3 mb-md-0">
            <div class="bg-light p-4
list-border rounded">
                <img class="img-fluid"
src="images/011.jpg" alt="">
                <h6 class="text-
secondary text-center mt-3">套餐四</h6>
        </div>
    </div>
    </div>
</div>
```

图 15-19　中、大屏设备显示效果

图 15-20　小屏设备显示效果

图 15-21　超小屏设备显示效果

15.4.5　设计产品生产流程区

01 设计结构。产品制作区主要由标题和图片展示组成。标题使用 h 标签设计，图片展示使用 ul 标签设计。在图片展示部分还添加了左右两个箭头，使用 font-awesome 字体图标进行设计。代码如下：

```
<div class="p-4">
        <h5 class="text-center
my-3">咖啡讲堂</h5>
        <h5 class="text-center
mb-4  text-secondary"><small>了解更多咖啡
文化</small></h5>
        <div class="box">
    <ul id="ulList" class="clearfix">
    <li class="list-border rounded">
        <img src="images/015.jpg" alt=""
width="300">
        <h6 class="text-center mt-3">咖啡
种植</h6>
                </li>
        <li class="list-border rounded">
        <img src="images/014.jpg" alt=""
width="300">
        <h6 class="text-center mt-3">咖啡
调制</h6>
                </li>
    <li class="list-border rounded">
        <img src="images/014.jpg" alt=""
width="300">
                <h6 class="text-center
mt-3">咖啡烘焙</h6>
                </li>
    <li class="list-border rounded">
        <img src="images/012.jpg" alt=""
width="300">
        <h6 class="text-center mt-3">
手冲咖啡</h6>
                </li>
                </ul>
                <div id="left">
        <i class="fa fa-chevron-
circle-left fa-2x text-success"></i>
                </div>
                <div id="right">
        <i class="fa fa-chevron-
circle-right fa-2x text-success"></i>
                </div>
            </div>
        </div>
```

02 设计自定义样式。

```
.box{
    width:100%;      /*定义宽度*/
```

```
        height: 300px;      /*定义高度*/
        overflow: hidden;   /*超出隐藏*/
        position: relative; /*定义相对定位*/
    }
    #ulList{
        list-style: none;          /*去掉
无序列表的项目符号*/
        width:1400px;       /*定义宽度*/
        position: absolute;  /*定义绝对定位*/
    }
    #ulList li{
        float: left;        /*定义左浮动*/
        margin-left: 15px;  /*定义左边外边距*/
        z-index: 1;         /*定义堆叠顺序*/
    }
    #left{
        position:absolute;          /*定义绝
对定位*/
        left:20px;top: 30%;       /*距离左
侧和顶部的距离*/
        z-index: 10;        /*定义堆叠顺序*/
        cursor:pointer;    /*定义鼠标指针显
示形状*/
    }
    #right{
     position:absolute;   /*定义绝对定位*/
        right:20px; top: 30%;     /*距离右
侧和顶部的距离*/
        z-index: 10;        /*定义堆叠顺序*/
        cursor:pointer;   /*定义鼠标指针显
示形状*/
    }
    .font-menu{
    font-size: 1.3rem;   /*定义字体大小*/
    }
```

03 添加用户行为。

```
    <script src="jquery-1.8.3.min.
js"></script>
    <script>
        $(function(){
    var nowIndex=0;  /*定义变量nowIndex*/
     var liNumber=$("#ulList li").
length;             /*计算li的个数*/
         function change(index){
    var ulMove=index*300; /*定义移动距离*/
      $("#ulList").animate({left:"-
"+ulMove+"px"},500);   /*定义动画, 动画时
间为0.5秒*/
         }
         $("#left").click(function(){
         nowIndex = (nowIndex > 0) ?
(—nowIndex) :0;        /*使用三元运算符判断*/
nowIndex
         change(nowIndex);
/*调用change()方法*/
         })
              $("#right").
```

```
click(function(){
         nowIndex=(nowIndex<liNumber-1)
? (++nowIndex) :(liNumber-1); /*使用三元
运算符判断nowIndex*/
         change(nowIndex);
         /*调用change ( )方法*/
         });
      })
    </script>
```

在 IE 浏览器中运行，效果如图 15-22 所示；单击右侧箭头，#ulList 向左移动，效果如图 15-23 所示。

图 15-22　生产流程页面效果

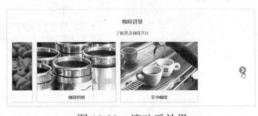

图 15-23　滚动后效果

15.5　设计底部隐藏导航

设计步骤如下。

01 设计底部隐藏导航布局。首先定义一个容器 <div id="footer">，用来包裹导航。
在该容器上添加一些 Bootstrap 通用样式，使用 fixed-bottom 固定在页面底部，使用 bg-light 设置高亮背景，使用 border-top 设置上边框，使用 d-block 和 d-sm-none 设置导航只在小屏幕上显示。

```
    <!--footer——在sm型设备尺寸下显示-->
    <div class="row fixed-bottom d-block
d-sm-none bg-light border-top py-1"
id="footer" >
        <ul class="text-center p-0"
id="myTab">
        <li><a class="ab" href="index.
```

```
html"><i class="fa fa-home fa-2x
p-1"></i><br/>主页</a></li>
    <li><a href="javascript:void(0);"><i
class="fa fa-calendar-minus-o fa-2x
p-1"></i><br/>门店</a></li>
    <li><a href="javascript:void(0);"><i
class="fa fa-user-circle-o fa-2x p-1"></
i><br/>我的账户</a></li>
    <li><a href="javascript:void(0);"><i
class="fa fa-bitbucket-square fa-2x
p-1"></i><br/>菜单</a></li>
    <li><a href="javascript:void(0);"><i
class="fa fa-table fa-2x p-1"></i><br/>更
多</a></li>
        </ul>
    </div>
```

02 设计字体颜色以及每个导航元素的宽度。

```
    .ab{
        color:#00A862!important;
/*定义字体颜色*/
    }
    #myTab li{
        width: 20vw;        /*定义宽度*/
      min-width: 30px;      /*定义最小宽度*/
      font-size: 0.8rem;    /*定义字体大小*/
    color: #919191;         /*定义字体颜色*/
```

```
    }
```

03 为导航元素添加单击事件，被单击元素添加 .ab 类，其他元素则删除 .ab 类。

```
    $(function(){
        $("#footer ul li").
click(function(){
            $(this).find("a").
addClass("ab");
            $(this).siblings().
find("a").removeClass("ab");
        })
    })
```

在 IE 浏览器中运行，底部隐藏导航效果如图 15-24 所示。

图 15-24　底部导航效果

第16章 项目实训4——开发网上商城式网站

本章导读

在物流与电子商务业务高速发展的今天，越来越多的商家将传统的销售渠道转向网络营销，为此，大型 B2C（商家对顾客）模式的电子商务网站也越来越多。本章就来介绍如何开发一个时尚购物网站。

知识导图

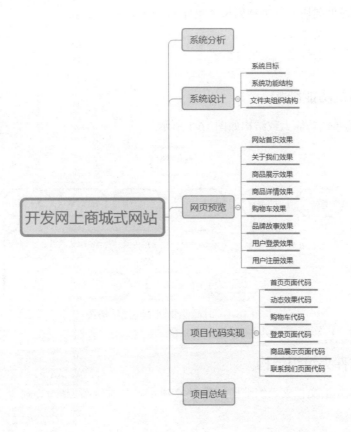

- 开发网上商城式网站
  - 系统分析
  - 系统设计
    - 系统目标
    - 系统功能结构
    - 文件夹组织结构
  - 网页预览
    - 网站首页效果
    - 关于我们效果
    - 商品展示效果
    - 商品详情效果
    - 购物车效果
    - 品牌故事效果
    - 用户登录效果
    - 用户注册效果
  - 项目代码实现
    - 首页页面代码
    - 动态效果代码
    - 购物车代码
    - 登录页面代码
    - 商品展示页面代码
    - 联系我们页面代码
  - 项目总结

16.1　系统分析

计算机技术、网络通信技术和多媒体技术的飞速发展对人们的生产和生活方式产生了很大的影响，随着网上购物以及快递物流行业的不断成熟，相信很多人都愿意在网上进行购物。

16.2　系统设计

下面就来制作一个时尚购物网站，包括网站首页、女装 / 家居、男装 / 户外、童装 / 玩具、品牌故事等页面。

16.2.1　系统目标

结合网上购物网站的特点以及实际情况，该时尚购物网站是一个以服装为主流的网站，主要有以下特点。

（1）操作简单方便、界面简洁美观。

（2）能够全面展示商品的详细信息。

（3）浏览速度要快，尽量避免长时间打不开网页的情况发生。

（4）页面中的文字要清晰、图片要与文字相符。

（5）系统运行要稳定、安全可靠。

16.2.2　系统功能结构

购物网站的系统功能大致结构如图 16-1 所示。

图 16-1　时尚购物网站功能结构图

16.2.3　文件夹组织结构

时尚购物网站的文件夹组织结构如图 16-2 所示。

css	CSS 样式文件存储目录
images	网站图片存储目录
js	JavaScript 文件存储目录
about.html	公司介绍页面
blog.html	品牌动态页面
blog-single.html	品牌故事页面
cart.html	购物车页面
contact.html	联系我们页面
index.html	网站首页页面
login.html	登录页面
men.html	男装页面
products.html	产品信息页面
registration.html	注册页面
shop.html	童装页面
single.html	单个商品信息页面

图 16-2　时尚购物网站文件夹组
织结构图

由上述结构可以看出，本项目是基于 HTML5、CSS3、JavaScript 的案例程序，案例主要通过 HTML5 确定框架、CSS3 确定样式、JavaScript 来完成调度，三者合作来实现网页的动态化，案例所用的图片全部保存在 images 文件夹中。

16.3 网页预览

在设计时尚购物网站时，应用了 CSS 样式、<div> 标记、JavaScript 和 jQuery 技术，从而制作了一个功能齐全、页面优美的购物网页，下面就来预览网页效果。

16.3.1 网站首页效果

时尚购物网的首页用于展示最新上架的商品信息，还包括网站的导航菜单、购物车功能、登录功能等。首页页面的运行效果如图 16-3 所示。

图 16-3 天虹网站首页

16.3.2 关于我们效果

关于我们介绍页面主要内容包括本网站的介绍内容，以及该购物网站的一些品牌介绍，页面运行效果如图 16-4 所示。

当单击某个知名品牌后，会进入下一级品牌故事页面，在该页面中可以查看该品牌的一些介绍信息，页面运行效果如图 16-5 所示。

图 16-4 关于我们介绍页面

图 16-5 品牌故事页面

16.3.3 商品展示效果

通过单击首页的导航菜单，可以进入商品展示页面，这里包括女装、男装、童装。页面运行效果如图 16-6~图 16-8 所示。

图 16-6 女装购买页面

图 16-7 男装购买页面

图 16-8 童装购买页面

16.3.4　商品详情效果

在女装、男装或童装购买页面中，单击某个商品，就会进入该商品的详细介绍页面，这里包括商品名称、价格、数量以及添加购物车等功能，页面运行效果如图 16-9 所示。

图 16-9　商品详情页面

16.3.5　购物车效果

在首页中单击购物车，即可进入购物车功能页面，在其中可以查看当前购物车的信息、订单详情等内容，页面运行效果如图 16-10 所示。

图 16-10　购物车功能页面

16.3.6　品牌故事效果

在首页中单击品牌故事导航菜单，就可以进入品牌动态页面，包括具体的动态内容、品牌分类、知名品牌等，页面运行效果如图 16-11 所示。

图 16-11　品牌动态页面

16.3.7　用户登录效果

在首页中单击"登录"超链接，即可进入登录页面，在其中输入用户名与密码，即可以用户会员的身份登录到购物网站中，页面运行效果如图 16-12 所示。

图 16-12　用户登录页面

16.3.8　用户注册效果

如果在登录页面中单击"创建一个账户"按钮，就可以进入用户注册页面，页面运行效果如图 16-13 所示。

图 16-13　用户注册页面

16.4　项目代码实现

下面来介绍时尚购物网站各个页面的实现过程及相关代码。

16.4.1　首页页面代码

在网站首页中，一般会存在导航菜单，通过这个导航菜单实现在不同页面之间的跳转。

导航菜单的运行结果如图 16-14 所示。

图 16-14 网站导航菜单

实现导航菜单的 HTML 代码如下：

```html
<ul class="megamenu skyblue">
<li class="active grid"><a class="color1" href="index.html">首页</a></li>
    <li class="grid"><a href="#">女装/家居</a>
      <div class="megapanel">
        <div class="row">
    <div class="col1">
      <div class="h_nav">
        <h4>上装</h4>
        <ul>
          <li><a href="products.html">卫衣</a></li>
          <li><a href="products.html">衬衫</a></li>
          <li><a href="products.html">T恤</a></li>
          <li><a href="products.html">毛衣</a></li>
          <li><a href="products.html">马甲</a></li>
          <li><a href="products.html">雪纺衫</a></li>
        </ul>
      </div>
    </div>
    <div class="col1">
      <div class="h_nav">
        <h4>外套</h4>
        <ul>
          <li><a href="products.html">短外套</a></li>
          <li><a href="products.html">女式风衣</a></li>
          <li><a href="products.html">毛呢大衣</a></li>
          <li><a href="products.html">女式西装</a></li>
          <li><a href="products.html">羽绒服</a></li>
          <li><a href="products.html">皮草</a></li>
        </ul>
      </div>
    </div>
    <div class="col1">
      <div class="h_nav">
        <h4>女裤</h4>
        <ul>
          <li><a href="products.html">休闲裤</a></li>
          <li><a href="products.html">牛仔裤</a></li>
          <li><a href="products.html">打底裤</a></li>
          <li><a href="products.html">羽绒裤</a></li>
          <li><a href="products.html">七分裤</a></li>
          <li><a href="products.html">九分裤</a></li>
        </ul>
      </div>
    </div>
    <div class="col1">
      <div class="h_nav">
        <h4>裙装</h4>
        <ul>
```

```
        <li><a href="products.html">连衣裙</a></li>
        <li><a href="products.html">半身裙</a></li>
        <li><a href="products.html">旗袍</a></li>
        <li><a href="products.html">无袖裙</a></li>
        <li><a href="products.html">长袖裙</a></li>
        <li><a href="products.html">职业裙</a></li>
      </ul>
    </div>
  </div>
  <div class="col1">
    <div class="h_nav">
      <h4>家居</h4>
      <ul>
        <li><a href="products.html">保暖内衣</a></li>
        <li><a href="products.html">睡袍</a></li>
        <li><a href="products.html">家居服</a></li>
        <li><a href="products.html">袜子</a></li>
        <li><a href="products.html">手套</a></li>
        <li><a href="products.html">围巾</a></li>
      </ul>
    </div>
  </div>
        </div>
        <div class="row">
  <div class="col2"></div>
  <div class="col1"></div>
  <div class="col1"></div>
  <div class="col1"></div>
  <div class="col1"></div>
        </div>
  </div>
    </li>
    <li><a href="#">男装/户外</a><div class="megapanel">
      <div class="row">
  <div class="col1">
    <div class="h_nav">
      <h4>上装</h4>
      <ul>
<li><a href="men.html">短外套</a></li>
<li><a href="men.html">卫衣</a></li>
<li><a href="men.html">衬衫</a></li>
<li><a href="men.html">风衣</a></li>
<li><a href="men.html">夹克</a></li>
<li><a href="men.html">毛衣</a></li>
      </ul>
    </div>
  </div>
  <div class="col1">
    <div class="h_nav">
      <h4>裤子</h4>
      <ul>
        <li><a href="men.html">休闲长裤</a></li>
        <li><a href="men.html">牛仔长裤</a></li>
        <li><a href="men.html">工装裤</a></li>
        <li><a href="men.html">休闲短裤</a></li>
        <li><a href="men.html">牛仔短裤</a></li>
        <li><a href="men.html">防水皮裤</a></li>
      </ul>
    </div>
  </div>
```

```
        </div>
        <div class="col1">
          <div class="h_nav">
            <h4>特色套装</h4>
            <ul>
              <li><a href="men.html">运动套装</a></li>
              <li><a href="men.html">时尚套装</a></li>
              <li><a href="men.html">工装制服</a></li>
              <li><a href="men.html">民风汉服</a></li>
              <li><a href="men.html">老年套装</a></li>
              <li><a href="men.html">大码套装</a></li>
            </ul>
          </div>
        </div>
        <div class="col1">
          <div class="h_nav">
            <h4>运动穿搭</h4>
            <ul>
              <li><a href="men.html">休闲鞋</a></li>
              <li><a href="men.html">跑步鞋</a></li>
              <li><a href="men.html">篮球鞋</a></li>
              <li><a href="men.html">运动夹克</a></li>
              <li><a href="men.html">运行长裤</a></li>
              <li><a href="men.html">运动卫衣</a></li>
            </ul>
          </div>
        </div>
        <div class="col1">
          <div class="h_nav">
            <h4>正装套装</h4>
            <ul>
<li><a href="men.html">西服</a></li>
<li><a href="men.html">西裤</a></li>
              <li><a href="men.html">西服套装</a></li>
              <li><a href="men.html">商务套装</a></li>
              <li><a href="men.html">休闲套装</a></li>
              <li><a href="men.html">新郎套装</a></li>
            </ul>
          </div>
        </div>
          </div>
          <div class="row">
<div class="col2"></div>
<div class="col1"></div>
<div class="col1"></div>
<div class="col1"></div>
<div class="col1"></div>
          </div>
        </div>
          </li>
    <li><a href="#">童装/玩具</a>
        <div class="megapanel">
            <div class="row">
    <div class="col1">
      <div class="h_nav">
         <h4>童装</h4>
         <ul>
<li><a href="shop.html">套装</a></li>
<li><a href="shop.html">外套</a></li>
```

```
<li><a href="shop.html">裤子</a></li>
<li><a href="shop.html">家居服</a></li>
            <li><a href="shop.html">羽绒服</a></li>
            <li><a href="shop.html">防晒衣</a></li>
        </ul>
    </div>
</div>
<div class="col1">
    <div class="h_nav">
        <h4>玩具</h4>
        <ul>
            <li><a href="shop.html">益智玩具</a></li>
            <li><a href="shop.html">拼装积木</a></li>
            <li><a href="shop.html">毛绒抱枕</a></li>
            <li><a href="shop.html">遥控玩具</a></li>
            <li><a href="shop.html">户外玩具</a></li>
            <li><a href="shop.html">乐器玩具</a></li>
        </ul>
    </div>
</div>
<div class="col1">
    <div class="h_nav">
        <h4>童鞋</h4>
        <ul>
            <li><a href="shop.html">运动鞋</a></li>
            <li><a href="shop.html">学步鞋</a></li>
            <li><a href="shop.html">儿童靴子</a></li>
            <li><a href="shop.html">儿童皮鞋</a></li>
            <li><a href="shop.html">儿童凉鞋</a></li>
            <li><a href="shop.html">儿童舞蹈鞋</a></li>
        </ul>
    </div>
</div>
<div class="col1">
    <div class="h_nav">
        <h4>潮玩动漫</h4>
        <ul>
<li><a href="shop.html">模型</a></li>
<li><a href="shop.html">手办</a></li>
<li><a href="shop.html">盲盒</a></li>
<li><a href="shop.html">桌游</a></li>
<li><a href="shop.html">卡牌</a></li>
            <li><a href="shop.html">动漫周边</a></li>
        </ul>
    </div>
</div>
<div class="col1">
    <div class="h_nav">
        <h4>婴儿装</h4>
        <ul>
<li><a href="shop.html">哈衣</a></li>
<li><a href="shop.html">爬服</a></li>
<li><a href="shop.html">罩衣</a></li>
<li><a href="shop.html">肚兜</a></li>
<li><a href="shop.html">护脐带</a></li>
<li><a href="shop.html">睡袋</a></li>
        </ul>
    </div>
</div>
```

```
        </div>
        <div class="row">
    <div class="col2"></div>
    <div class="col1"></div>
    <div class="col1"></div>
    <div class="col1"></div>
    <div class="col1"></div>
        </div>
</div>
    </li>
    <li class="grid"><a href="about.html">关于我们</a></li>
    <li class="grid"><a href="blog.html">品牌故事</a></li>
    </ul>
```

上述代码定义了一个 ul 标签，然后通过调用 css 样式表来控制 div 标签的样式，并在 div 标签中插入无序列表以实现导航菜单效果。

为实现导航菜单的动态页面，下面又调用了 megamenu.js 表，同时添加了 jQuery 相关代码。代码如下：

```
<link href="css/megamenu.css" rel="stylesheet" type="text/css" media="all" />
<script type="text/javascript" src="js/megamenu.js"></script>
<script>$(document).ready(function(){$(".megamenu").megamenu();});</script>
```

在导航菜单下，是关于女装、男装、童装的产品详细页面，同时包括立即抢购与加入购物车两个按钮，代码如下：

```
<div class="features" id="features">
    <div class="container">
      <div class="tabs-box">
       <ul class="tabs-menu">
<li><a href="#tab1">女装</a></li>
<li><a href="#tab2">男装</a></li>
<li><a href="#tab3">童装</a></li>
      </ul>
      <div class="clearfix"> </div>
      <div class="tab-grids">
<div id="tab1" class="tab-grid1">
<a href="single.html"><div class="product-grid">
    <div class="more-product-info"><span>NEW</span></div>
    <div class="product-img b-link-stripe b-animate-go  thickbox">
      <img src="images/bs1.jpg" class="img-responsive" alt=""/>
      <div class="b-wrapper">
      <h4 class="b-animate b-from-left  b-delay03">
      <button class="btns">立即抢购</button>
      </h4>
      </div>
    </div></a>
    <div class="product-info simpleCart_shelfItem">
 <div class="product-info-cust">
        <h4>长款连衣裙</h4>
    <span class="item_price">￥187</span>
        <input type="text" class="item_quantity" value="1" />
        <input type="button" class="item_add" value="加入购物车">
      </div>
   <div class="clearfix"> </div>
    </div>
```

```
          </div>
      <a href="single.html"><div class="product-grid">
       <div class="more-product-info"><span>NEW</span></div>
        <div class="more-product-info"></div>
        <div class="product-img b-link-stripe b-animate-go  thickbox">
         <img src="images/bs2.jpg" class="img-responsive" alt=""/>
         <div class="b-wrapper">
         <h4 class="b-animate b-from-left  b-delay03">
<button class="btns">立即抢购</button>
         </h4>
         </div>
        </div>   </a>
        <div class="product-info simpleCart_shelfItem">
    <div class="product-info-cust">
           <h4>超短裙</h4>
           <span class="item_price">￥187.95</span>
           <input type="text" class="item_quantity" value="1" />
           <input type="button" class="item_add" value="加入购物车">
           </div>
      <div class="clearfix"> </div>
        </div>
      </div>
      <a href="single.html"><div class="product-grid">
       <div class="more-product-info"><span>NEW</span></div>
        <div class="more-product-info"></div>
        <div class="product-img b-link-stripe b-animate-go  thickbox">
         <img src="images/bs3.jpg" class="img-responsive" alt=""/>
         <div class="b-wrapper">
         <h4 class="b-animate b-from-left  b-delay03">
         <button class="btns">立即抢购</button>
         </h4>
         </div>
        </div>   </a>
        <div class="product-info simpleCart_shelfItem">
  <div class="product-info-cust">
           <h4>蕾丝半身裙</h4>
<span class="item_price">￥154</span>
           <input type="text" class="item_quantity" value="1" />
           <input type="button" class="item_add" value="加入购物车">
           </div>
      <div class="clearfix"> </div>
        </div>
      </div>
      <a href="single.html"><div class="product-grid">
       <div class="more-product-info"><span>NEW</span></div>
        <div class="more-product-info"></div>
        <div class="product-img b-link-stripe b-animate-go  thickbox">
         <img src="images/bs4.jpg" class="img-responsive" alt=""/>
         <div class="b-wrapper">
         <h4 class="b-animate b-from-left  b-delay03">
<button class="btns">立即抢购</button>
         </h4>
         </div>
        </div></a>
        <div class="product-info simpleCart_shelfItem">
    <div class="product-info-cust">
           <h4>学院风连衣裤</h4>
           <span class="item_price">￥150.95</span>
           <input type="text" class="item_quantity" value="1" />
```

```
            <input type="button" class="item_add" value="加入购物车">
        </div>
    <div class="clearfix"> </div>
     </div>
    </div>
    <a href="single.html"><div class="product-grid">
    <div class="more-product-info"><span>NEW</span></div>
    <div class="product-img b-link-stripe b-animate-go  thickbox">
        <img src="images/bs5.jpg" class="img-responsive" alt=""/>
        <div class="b-wrapper">
        <h4 class="b-animate b-from-left  b-delay03">
<button class="btns">立即抢购</button>
        </h4>
        </div>
    </div>   </a>
    <div class="product-info simpleCart_shelfItem">
  <div class="product-info-cust">
        <h4>长款半身裙</h4>
        <span class="item_price">￥140.95</span>
        <input type="text" class="item_quantity" value="1" />
        <input type="button" class="item_add" value="加入购物车">
     </div>
  <div class="clearfix"> </div>
    </div>
    </div>
    <a href="single.html"><div class="product-grid">
    <div class="more-product-info"><span>NEW</span></div>
    <div class="more-product-info"></div>
    <div class="product-img b-link-stripe b-animate-go  thickbox">
        <img src="images/bs6.jpg" class="img-responsive" alt=""/>
        <div class="b-wrapper">
        <h4 class="b-animate b-from-left  b-delay03">
<button class="btns">立即抢购</button>
        </h4>
        </div>
    </div></a>
    <div class="product-info simpleCart_shelfItem">
  <div class="product-info-cust">
        <h4>冬装套裙</h4>
        <span class="item_price">￥100.00</span>
        <input type="text" class="item_quantity" value="1" />
        <input type="button" class="item_add" value="加入购物车">
     </div>
  <div class="clearfix"> </div>
    </div>
        </div>
    <div class="clearfix"></div>
    </div>

<div id="tab2" class="tab-grid2">
        <a href="single.html"><div class="product-grid">
    <div class="more-product-info"><span>NEW</span></div>
    <div class="more-product-info"></div>
    <div class="product-img b-link-stripe b-animate-go  thickbox">
        <img src="images/c1.jpg" class="img-responsive" alt=""/>
        <div class="b-wrapper">
        <h4 class="b-animate b-from-left  b-delay03">
        <button class="btns">立即抢购</button>
        </h4>
```

```
            </div>
        </div></a>
        <div class="product-info simpleCart_shelfItem">
    <div class="product-info-cust">
            <h4>运动裤</h4>
            <span class="item_price">￥187.95</span>
            <input type="text" class="item_quantity" value="1" />
            <input type="button" class="item_add" value="加入购物车">
            </div>
        <div class="clearfix"> </div>
        </div>
            </div>
        <a href="single.html"><div class="product-grid">
        <div class="more-product-info"><span>NEW</span></div>
        <div class="more-product-info"></div>
        <div class="product-img b-link-stripe b-animate-go  thickbox">
            <img src="images/c2.jpg" class="img-responsive" alt=""/>
            <div class="b-wrapper">
            <h4 class="b-animate b-from-left  b-delay03">
    <button class="btns">立即抢购</button>
        </h4>
        </div>
        </div>  </a>
        <div class="product-info simpleCart_shelfItem">
    <div class="product-info-cust">
            <h4>休闲裤</h4>
            <span class="item_price">￥120.95</span>
            <input type="text" class="item_quantity" value="1" />
            <input type="button" class="item_add" value="加入购物车">
            </div>
    <div class="clearfix"> </div>
        </div>
            </div>
        <a href="single.html"><div class="product-grid">
        <div class="more-product-info"><span>NEW</span></div>
        <div class="product-img b-link-stripe b-animate-go  thickbox">
            <img src="images/c3.jpg" class="img-responsive" alt=""/>
            <div class="b-wrapper">
    <h4 class="b-animate b-from-left  b-delay03"> <button class="btns">立即抢购</
button>
        </h4>
        </div>
        </div></a>
        <div class="product-info simpleCart_shelfItem">
    <div class="product-info-cust">
            <h4>商务裤</h4>
            <span class="item_price">￥187.95</span>
            <input type="text" class="item_quantity" value="1" />
            <input type="button" class="item_add" value="加入购物车">
            </div>
    <div class="clearfix"> </div>
        </div>
            </div>
        <a href="single.html"><div class="product-grid">
        <div class="more-product-info"><span>NEW</span></div>
        <div class="product-img b-link-stripe b-animate-go  thickbox">
            <img src="images/c4.jpg" class="img-responsive" alt=""/>
            <div class="b-wrapper">
            <h4 class="b-animate b-from-left  b-delay03">
```

```
        <button class="btns">立即抢购</button>
        </h4>
        </div>
    </div>   </a>
    <div class="product-info simpleCart_shelfItem">
 <div class="product-info-cust">
        <h4>九分裤</h4>
        <span class="item_price">￥187.95</span>
        <input type="text" class="item_quantity" value="1" />
        <input type="button" class="item_add" value="加入购物车">
        </div>
  <div class="clearfix"> </div>
    </div>
  </div>
  <a href="single.html"><div class="product-grid">
  <div class="more-product-info"><span>NEW</span></div>
  <div class="more-product-info"></div>
  <div class="product-img b-link-stripe b-animate-go  thickbox">
     <img src="images/c5.jpg" class="img-responsive" alt=""/>
     <div class="b-wrapper">
     <h4 class="b-animate b-from-left  b-delay03">
     <button class="btns">立即抢购</button>
     </h4>
     </div>
  </div></a>
    <div class="product-info simpleCart_shelfItem">
 <div class="product-info-cust">
        <h4>休闲裤</h4>
        <span class="item_price">￥180.95</span>
        <input type="text" class="item_quantity" value="1" />
        <input type="button" class="item_add" value="加入购物车">
        </div>
  <div class="clearfix"> </div>
    </div>
        </div>
  <div class="clearfix"></div>
        </div>
<div id="tab3" class="tab-grid3">
        <a href="single.html"><div class="product-grid">
    <div class="more-product-info"><span>NEW</span></div>
<div class="more-product-info"></div>
    <div class="product-img b-link-stripe b-animate-go  thickbox">
     <img src="images/t1.jpg" class="img-responsive" alt=""/>
     <div class="b-wrapper">
     <h4 class="b-animate b-from-left  b-delay03">
<button class="btns">立即抢购</button>
     </h4>
     </div>
    </div>   </a>
    <div class="product-info simpleCart_shelfItem">
 <div class="product-info-cust">
        <h4>男童棉服</h4>
        <span class="item_price">￥160.95</span>
        <input type="text" class="item_quantity" value="1" />
        <input type="button" class="item_add" value="加入购物车">
        </div>
  <div class="clearfix"> </div>
    </div>
    </div>
```

291

```html
    <a href="single.html"><div class="product-grid">
     <div class="more-product-info"><span>NEW</span></div>
     <div class="more-product-info"></div>
     <div class="product-img b-link-stripe b-animate-go  thickbox">
       <img src="images/t2.jpg" class="img-responsive" alt=""/>
       <div class="b-wrapper">
       <h4 class="b-animate b-from-left  b-delay03">
       <button class="btns">立即抢购</button>
       </h4>
       </div>
    </div>   </a>
     <div class="product-info simpleCart_shelfItem">
   <div class="product-info-cust">
        <h4>女童棉服</h4>
        <span class="item_price">￥187.95</span>
        <input type="text" class="item_quantity" value="1" />
        <input type="button" class="item_add" value="加入购物车">
       </div>
   <div class="clearfix"> </div>
     </div>
         </div>


    <a href="single.html"><div class="product-grid">
     <div class="more-product-info"><span>NEW</span></div>
  <div class="more-product-info"></div>
     <div class="product-img b-link-stripe b-animate-go  thickbox">
       <img src="images/t3.jpg" class="img-responsive" alt=""/>
       <div class="b-wrapper">
       <h4 class="b-animate b-from-left  b-delay03">
       <button class="btns">立即抢购</button>
       </h4>
       </div>
     </div></a>
     <div class="product-info simpleCart_shelfItem">
    <div class="product-info-cust">
        <h4>女童冬外套</h4>
        <span class="item_price">￥187.95</span>
        <input type="text" class="item_quantity" value="1" />
        <input type="button" class="item_add" value="加入购物车">
       </div>
   <div class="clearfix"> </div>
     </div>
     </div>
    <a href="single.html"><div class="product-grid">
     <div class="more-product-info"><span>NEW</span></div>
     <div class="more-product-info"></div>
     <div class="product-img b-link-stripe b-animate-go  thickbox">
       <img src="images/t4.jpg" class="img-responsive" alt=""/>
       <div class="b-wrapper">
       <h4 class="b-animate b-from-left  b-delay03">
       <button class="btns">立即抢购</button>
       </h4>
       </div>
    </div>   </a>
     <div class="product-info simpleCart_shelfItem">
    <div class="product-info-cust">
        <h4>男童羽绒裤</h4>
        <span class="item_price">￥187.95</span>
        <input type="text" class="item_quantity" value="1" />
```

```
            <input type="button" class="item_add" value="加入购物车">
         </div>
     <div class="clearfix"> </div>
      </div>
     </div>
     <a href="single.html"><div class="product-grid">
      <div class="more-product-info"><span>NEW</span></div>
      <div class="more-product-info"></div>
      <div class="product-img b-link-stripe b-animate-go  thickbox">
        <img src="images/t5.jpg" class="img-responsive" alt=""/>
        <div class="b-wrapper">
        <h4 class="b-animate b-from-left  b-delay03">
        <button class="btns">立即抢购</button>
        </h4>
        </div>
     </div>  </a>
      <div class="product-info simpleCart_shelfItem">
    <div class="product-info-cust">
          <h4>男童羽绒服</h4>
          <span class="item_price">￥187.95</span>
          <input type="text" class="item_quantity" value="1" />
          <input type="button" class="item_add" value="加入购物车">
         </div>
     <div class="clearfix"> </div>
      </div>
     </div>
     <a href="single.html"><div class="product-grid">
      <div class="more-product-info"><span>NEW</span></div>
      <div class="more-product-info"></div>
      <div class="product-img b-link-stripe b-animate-go  thickbox">
        <img src="images/t6.jpg" class="img-responsive" alt=""/>
        <div class="b-wrapper">
        <h4 class="b-animate b-from-left  b-delay03">
<button class="btns">立即抢购</button>
        </h4>
        </div>
     </div></a>
      <div class="product-info simpleCart_shelfItem">
    <div class="product-info-cust">
          <h4>女童羽绒服</h4>
          <span class="item_price">￥187.95</span>
          <input type="text" class="item_quantity" value="1" />
          <input type="button" class="item_add" value="加入购物车">
         </div>
```

16.4.2　动态效果代码

网站页面中的"立即抢购"按钮首先是隐藏的，当鼠标放置在商品图片上时会自动滑动出现，要想实现这种功能，可以在自己的网站中应用 jQuery 库。要想在文件中引入 jQuery 库，需要在网页 <head> 标记中应用下面的引入语句。

```
<script type="text/javascript" src="js/jquery.min.js"></script>
```

例如，在本程序中使用 jQuery 库来实现按钮的自动滑动运行效果，代码如下：

```
<script>
$(document).ready(function() {
  $("#tab2").hide();
```

```
    $("#tab3").hide();
    $(".tabs-menu a").
click(function(event){
    event.preventDefault();
    var tab=$(this).attr("href");
    $(".tab-grid1,.tab-grid2,.tab-
grid3").not(tab).css("display","none");
    $(tab).fadeIn("slow");
    });
    $("ul.tabs-menu li a").
click(function(){
    $(this).parent().
addClass("active a");
    $(this).parent().siblings().
removeClass("active a");
    });
});
</script>
```

运行之后，在网站首页中，当把鼠标放

置在商品图片上时，"立即抢购"按钮就会自动滑动出现，如图 16-15 所示。当鼠标离开商品图片后，"立即抢购"按钮就会消失，如图 16-16 所示。

图 16-15　按钮出现　　图 16-16　按钮消失

16.4.3　购物车代码

购物车是一个购物网站必备的功能，通过购物车可以实现商品的添加、删除、订单详情列表的查询等，实现购物车功能的主要代码如下：

```
<div class="cart">
    <div class="container">
        <ol class="breadcrumb">
<li><a href="men.html">首页</a></li>
    <li class="active">购物车</li>
    </ol>
    <div class="cart-top">
<a href="index.html"><<返回首页</a>
    </div>
<div class="col-md-9 cart-items">
        <h2>我的购物车(2)</h2>
        <script>$(document).ready(function(c) {
    $('.close1').on('click', function(c){
        $('.cart-header').fadeOut('slow', function(c){
    $('.cart-header').remove();
    });
    });
        });
        </script>
    <div class="cart-header">
<div class="close1"> </div>
        <div class="cart-sec">
<div class="cart-item cyc">
<img src="images/pic-2.jpg"/>
    </div>
    <div class="cart-item-info">
        <h3>HLA海澜之家牛津纺休闲长袖衬衫<span>商品编号：HNEAD1Q002A</span></h3>
<h4><span>价格：</span>￥150.00</h4>
        <p class="qty">数量：</p>
<input min="1" type="number"id="quantity"name="quantity" value="1" class="form-
control input-small">
        </div>
```

```
        <div class="clearfix"></div>
        <div class="delivery">
            <p>运费：￥5.00</p>
            <span>24小时极速发货</span>
    <div class="clearfix"></div>
        </div>
            </div>
        </div>
        <script>
$(document).ready(function(c) {
        $('.close2').on('click', function(c){
        $('.cart-header2').fadeOut('slow', function(c){
        $('.cart-header2').remove();
        });
        });
        });
        </script>
        <div class="cart-header2">
        <div class="close2"> </div>
            <div class="cart-sec">
        <div class="cart-item">
        <img src="images/pic-1.jpg"/>
        </div>
            <div class="cart-item-info">
        <h3>HLA海澜之家织带裤腰休闲九分裤<span>商品编号：HKCAJ2Q160A</span></h3>
        <h4><span>价格：</span>￥200.00</h4>
            <p class="qty">数量:</p>
<input min="1"type="number"id="quantity"name="quantity"  value="1"class="form-
control input-small">
        </div>
        <div class="clearfix"></div>
        <div class="delivery">
            <p>运费：￥5.00</p>
            <span>24小时极速发货</span>
        <div class="clearfix"></div>
            </div>
                </div>
            </div>
        </div>


    <div class="col-md-3 cart-total">
    <a class="continue" href="#">订单明细</a>
        <div class="price-details">
            <span>总价</span>
<span class="total">350.00</span>
            <span>折扣</span>
    <span class="total">---</span>
            <span>运费</span>
<span class="total">10.00</span>
<div class="clearfix"></div>
        </div>
    <h4 class="last-price">总价</h4>
<span class="total final">360.00</span>
    <div class="clearfix"></div>
        <a class="order" href="#">添加订单</a>
        <div class="total-item">
            <h3>选项</h3>
            <h4>优惠券</h4>
        <a class="cpns" href="#">申请优惠券</a>
```

```
        <p><a href="#">登录</a>以账户方式获取优惠券</p>
     </div>
    </div>
   </div>
</div>
```

16.4.4　登录页面代码

运行本案例的主页 index.html 文件，然后单击首页中的"登录"超链接，即可进入"登录"页面，下面给出"登录"页面的主要代码：

```
<div class="login">
   <div class="container">
      <ol class="breadcrumb">
      <li><a href="index.html">首页</a></li>
      <li class="active">登录</li>
      </ol>
      <div class="col-md-6 log">
<p>欢迎登录，请输入以下信息以继续</p>
            <p>如果您之前已经登录我们，  <span>请点击这里</span></p>
            <form>
      <h5>用户名:</h5>
      <input type="text" value="">
      <h5>密码:</h5>
<input type="password" value="">
<input type="submit" value="登录">
       <a href="#">忘记密码?</a>
            </form>
      </div>
<div class="col-md-6 login-right">
            <h3>新注册</h3>
            <p>通过注册新账户，您将能够更快地完成结账流程，添加多个送货地址，查看并跟踪订单物
流信息等等。</p>
         <a class="acount-btn"href="registration.html">创建一个账户</a>
      </div>
      <div class="clearfix"></div>

   </div>
</div>
```

16.4.5　商品展示页面代码

购物网站最重要的功能就是商品展示页面，本网站包括3个方面的商品展示，分别是女装、男装和童装。下面以女装为例，给出实现商品展示功能的代码：

```
<div class="product-model">
   <div class="container">
      <ol class="breadcrumb">
      <li><a href="index.html">首页</a></li>
      <li class="active">女装</li>
      </ol>
      <div class="col-md-9 product-model-sec">
     <a href="single.html"><div class="product-grid love-grid">
<div class="more-product"><span> </span></div>
      <div class="product-img b-link-stripe b-animate-go  thickbox">
      <img src="images/bs3.jpg" class="img-responsive" alt=""/>
      <div class="b-wrapper">
      <h4 class="b-animate b-from-left  b-delay03">
```

```
<button class="btns">立即抢购</button>
        </h4>
        </div>
     </div></a>
     <div class="product-info simpleCart_shelfItem">
        <div class="product-info-cust prt_name">
         <h4>蕾丝半身裙</h4>
<span class="item_price">￥154</span>
          <input type="text" class="item_quantity" value="1" />
<input type="button" class="item_add items" value="加入购物车">
        </div>
     <div class="clearfix"> </div>
     </div>
          </div>


    <a href="single.html"><div class="product-grid love-grid">
<div class="more-product"><span> </span></div>
     <div class="product-img b-link-stripe b-animate-go  thickbox">
        <img src="images/ab2.jpg" class="img-responsive" alt=""/>
        <div class="b-wrapper">
        <h4 class="b-animate b-from-left  b-delay03">
<button class="btns">立即抢购</button>
        </h4>
        </div>
     </div></a>
     <div class="product-info simpleCart_shelfItem">
<div class="product-info-cust">
          <h4>雪纺连衣裙</h4>
<span class="item_price">￥187</span>
          <input type="text" class="item_quantity" value="1" />
<input type="button" class="item_add items" value="加入购物车">
        </div>
<div class="clearfix"> </div>
     </div>
          </div>


 <a href="single.html"><div class="product-grid love-grid">
 <div class="more-product"><span> </span></div>
 <div class="product-img b-link-stripe b-animate-go  thickbox">
        <img src="images/bs4.jpg" class="img-responsive" alt=""/>
        <div class="b-wrapper">
        <h4 class="b-animate b-from-left  b-delay03">
        <button class="btns">立即抢购</button>
        </h4>
        </div>
     </div>  </a>
     <div class="product-info simpleCart_shelfItem">
   <div class="product-info-cust">
          <h4>学院风连衣裙</h4>
<span class="item_price">￥169</span>
          <input type="text" class="item_quantity" value="1" />
<input type="button" class="item_add items" value="加入购物车">
        </div>
   <div class="clearfix"> </div>
     </div>
          </div>


    <a href="single.html"><div class="product-grid love-grid">
<div class="more-product"><span> </span></div>
```

```
            <div class="product-img b-link-stripe b-animate-go  thickbox">
                <img src="images/bs2.jpg" class="img-responsive" alt=""/>
                <div class="b-wrapper">
                <h4 class="b-animate b-from-left  b-delay03">
                <button class="btns">立即抢购</button>
                </h4>
                </div>
            </div></a>
                <div class="product-info simpleCart_shelfItem">
        <div class="product-info-cust">
                <h4>超短裙</h4>
<span class="item_price">￥198</span>
                <input type="text" class="item_quantity" value="1" />
<input type="button" class="item_add items" value="加入购物车">
        </div>
        <div class="clearfix"> </div>
        </div>
            </div>


            <a href="single.html"><div class="product-grid love-grid">
        <div class="more-product"><span> </span></div>
            <div class="product-img b-link-stripe b-animate-go  thickbox">
                <img src="images/bs1.jpg" class="img-responsive" alt=""/>
                <div class="b-wrapper">
                <h4 class="b-animate b-from-left  b-delay03">
                <button class="btns">立即抢购</button>
                </h4>
                </div>
            </div></a>
                <div class="product-info simpleCart_shelfItem">
        <div class="product-info-cust">
                <h4>长款连衣裙</h4>
<span class="item_price">￥167</span>
                <input type="text" class="item_quantity" value="1" />
<input type="button" class="item_add items" value="加入购物车">
        </div>
        <div class="clearfix"> </div>
        </div>
            </div>


        <a href="single.html"><div class="product-grid love-grid">
        <div class="more-product"><span> </span></div>
            <div class="product-img b-link-stripe b-animate-go  thickbox">
                <img src="images/bs5.jpg" class="img-responsive" alt=""/>
                <div class="b-wrapper">
                <h4 class="b-animate b-from-left  b-delay03">
                <button class="btns">立即抢购</button>
                </h4>
                </div>
            </div></a>
                <div class="product-info simpleCart_shelfItem">
        <div class="product-info-cust">
<h4 class="love-info">长款半身裙</h4>
<span class="item_price">￥187</span>
                <input type="text" class="item_quantity" value="1" />
<input type="button" class="item_add items" value="加入购物车">
        </div>
        <div class="clearfix"> </div>
        </div>
```

```
                    </div>
              </div>
```

　　在每个商品展示页面的左侧还给出了商品列表功能，通过这个功能可以选择商品信息，
代码如下：

```
<div class="rsidebar span_1_of_left">
    <section  class="sky-form">
      <div class="product_right">
      <h3 class="m_2">商品列表</h3>
        <div class="tab1">
          <ul class="place">
    <li class="sort">牛仔裤</li>
    <li class="by"><img src="images/do.png" alt=""></li>
    <div class="clearfix"> </div>
          </ul>
        <div class="single-bottom">
  <a href="#"><p>牛仔长裤</p></a>
  <a href="#"><p>破洞牛仔裤</p></a>
  <a href="#"><p>牛仔短裤</p></a>
  <a href="#"><p>七分牛仔裤</p></a>
    </div>
    </div>
        <div class="tab2">
          <ul class="place">
    <li class="sort">衬衫</li>
    <li class="by"><img src="images/do.png" alt=""></li>
    <div class="clearfix"> </div>
          </ul>
<div class="single-bottom">
<a href="#"><p>长袖衬衫</p></a>
<a href="#"><p>短袖衬衫</p></a>
<a href="#"><p>花格子衬衫</p></a>
<a href="#"><p>纯色衬衫</p></a>
          </div>
          </div>
        <div class="tab3">
          <ul class="place">
  li class="sort">裙装</li>
          <li class="by"><img src="images/do.png" alt=""></li>
  <div class="clearfix"> </div>
          </ul>
  <div class="single-bottom">
  <a href="#"><p>雪纺连衣裙</p></a>
  <a href="#"><p>蕾丝长裙</p></a>
  <a href="#"><p>超短裙</p></a>
  <a href="#"><p>半身裙</p></a>
          </div>
          </div>
        <div class="tab4">
          <ul class="place">
<li class="sort">休闲装</li>
          <li class="by"><img src="images/do.png" alt=""></li>
  <div class="clearfix"> </div>
          </ul>
  <div class="single-bottom">
<a href="#"><p>通勤休闲装</p></a>
<a href="#"><p>户外运动装</p></a>
```

```
            <a href="#"><p>沙滩休闲装</p></a>
            <a href="#"><p>度假休闲装</p></a>
                    </div>
                    </div>
                <div class="tab5">
                    <ul class="place">
        <li class="sort">短裤</li>
                <li class="by"><img src="images/do.png" alt=""></li>
            <div class="clearfix"> </div>
                    </ul>
        <div class="single-bottom">
        <a href="#"><p>沙滩裤</p></a>
            <a href="#"><p>居家短裤</p></a>
            <a href="#"><p>牛仔短裤</p></a>
            <a href="#"><p>平角短裤</p></a>
                    </div>
                    </div>
```

为实现商品列表功能的动态效果，又在代码中添加了相关的 JavaScript 代码，代码如下：

```
<script>
  $(document).ready(function(){
$(".tab1 .single-bottom").hide();
$(".tab2 .single-bottom").hide();
$(".tab3 .single-bottom").hide();
$(".tab4 .single-bottom").hide();
$(".tab5 .single-bottom").hide();

$(".tab1 ul").click(function(){
    $(".tab1 .single-bottom").slideToggle(300);
$(".tab2 .single-bottom").hide();
$(".tab3 .single-bottom").hide();
$(".tab4 .single-bottom").hide();
$(".tab5 .single-bottom").hide();
 })
 $(".tab2 ul").click(function(){
    $(".tab2 .single-bottom").slideToggle(300);
$(".tab1 .single-bottom").hide();
$(".tab3 .single-bottom").hide();
$(".tab4 .single-bottom").hide();
$(".tab5 .single-bottom").hide();
 })
 $(".tab3 ul").click(function(){
    $(".tab3 .single-bottom").slideToggle(300);
$(".tab4 .single-bottom").hide();
$(".tab5 .single-bottom").hide();
$(".tab2 .single-bottom").hide();
$(".tab1 .single-bottom").hide();
 })
 $(".tab4 ul").click(function(){
    $(".tab4 .single-bottom").slideToggle(300);
$(".tab5 .single-bottom").hide();
$(".tab3 .single-bottom").hide();
$(".tab2 .single-bottom").hide();
$(".tab1 .single-bottom").hide();
 })
 $(".tab5 ul").click(function(){
    $(".tab5 .single-bottom").slideToggle(300);
$(".tab4 .single-bottom").hide();
```

```
$(".tab3 .single-bottom").hide();
$(".tab2 .single-bottom").hide();
$(".tab1 .single-bottom").hide();
 })
   });
</script>
```

商品列表功能运行的效果如图 16-17 所示。当单击某个商品时，可以展开其下的具体商品列表，如图 16-18 所示。

图 16-17　商品列表效果　图 16-18　展开商品详细列表

16.4.6　联系我们页面代码

运行本案例的主页 index.html 文件，然后单击首页下方的"联系我们"超链接，即可进入"联系我们"页面，下面给出"联系我们"页面的主要代码：

```
<div class="contact-section-page">
  <div class="contact_top">
    <div class="container">
    <ol class="breadcrumb">
<li><a href="index.html">首页</a></li>
    <li class="active">联系我们</li>
     </ol>
<div class="col-md-6 contact_left">
    <h2>发送邮件</h2>
         <form>
        <div class="form_details">
    <input type="text" class="text" value="姓名" onfocus="this.value = '';"
onblur="if (this.value == '') {this.value = 'Name';}"/>
    <input type="text" class="text" value="邮件地址" onfocus="this.value = '';"
onblur="if (this.value == '') {this.value = 'Email Address';}"/>
    <input type="text" class="text" value="主题" onfocus="this.value = '';"
onblur="if (this.value == '') {this.value = 'Subject';}"/>
        <textarea value="Message" onfocus="this.value = '';" onblur="if (this.
value == '') {this.value = 'Message';}">信息</textarea>
      <div class="clearfix"> </div>
      <input name="submit" type="submit" value="发信息">
    </div>
         </form>
       </div>
<div class="col-md-6 company-right">
       <div class="contact-map">
      <iframe src="https://ditu.amap.com/"> </iframe>
       </div>
```

```
    <div class="company-right">
        <div class="company_ad">
    <h3>联系信息</h3>
            <address>
<p>电子邮件: <a href="mail-to: info@example.com">xingouwu@163.com</a></p>
        <p>联系电话: 010-123456</p>
<p>地址: 北京市南第二大街28-7-169号</p>
        </address>
        </div>
          </div>
        </div>
        </div>
    </div>
</div>
```

程序运行效果如图 16-19 所示。

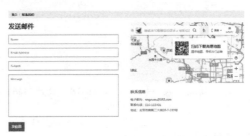

图 16-19 "联系我们"页面效果

16.5 项目总结

  本实例是模拟制作一个在线购物网站，该网站的主体颜色为粉色，给人一种温馨浪漫的感觉，网站包括首页、女装/家居、男装/户外、童装/玩具以及关于我们等超链接，这些功能可以使用 HTML5 来实现。

  对于首页中的导航菜单，均使用 JavaScript 来实现简单的动态消息，当鼠标放置在某个菜单上时，就会显示其下面的菜单信息，如图 16-20 所示。

图 16-20 动态显示产品分类

第17章 项目实训5——开发房产企业网站

本章导读

当今是一个信息时代，企业信息可通过企业网站传达到世界各个角落，以此来宣传自己包括产品、服务等。企业网站一般包括一个展示企业形象的首页、几个介绍企业资料的文章页、一个"关于"页面等，本章就来设计一个房产企业响应式网站。

知识导图

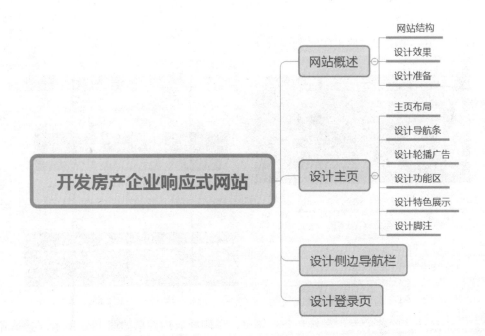

17.1　网站概述

本案例将设计一个复杂的网站，主要设计目标说明如下。

（1）完成复杂的页头区，包括左侧隐藏的导航以及 Logo 和右上角实用导航（登录表单）。

（2）实现企业风格的配色方案。

（3）实现特色展示区的响应式布局。

（4）实现特色展示图片的遮罩效果。

（5）页脚设置多栏布局。

17.1.1　网站结构

本案例目录文件说明如下。

（1）bootstrap-4.5.3-dist：Bootstrap 框架文件夹。

（2）font-awesome-4.7.0：图标字体库文件。中文网下载：http://www.fontawesome.com.cn/。

（3）css：样式表文件夹。

（4）js：JavaScript 脚本文件夹，包含 index.js 文件和 jQuery 库文件。

（5）images：图片素材。

（6）index.html：主页面。

17.1.2　设计效果

本案例是企业网站应用，主要设计主页效果。在桌面等宽屏中浏览主页，上半部分效果如图 17-1 所示，下半部分效果如图 17-2 所示。

图 17-1　上半部分效果

图 17-2　下半部分效果

页头中设计了隐藏的左侧导航和登录表单，左侧导航栏效果如图 17-3 所示，登录表单效果如图 17-4 所示。

图 17-3　左侧导航栏　　　　　图 17-4　登录表单

17.1.3　设计准备

应用 Bootstrap 框架的页面建议为 HTML5 文档类型。同时在页面头部区域导入框架的基本样式文件、脚本文件、jQuery 文件、自定义的 CSS 样式及 JavaScript 文件。

```
<!DOCTYPE html>
<html>
<head>
    <meta charset="UTF-8">
     <meta name="viewport" content="width=device-width,initial-scale=1, shrink-
to-fit=no">
    <title>Title</title>
    <link rel="stylesheet" href="bootstrap-4.5.3-dist/css/bootstrap.css">
    <link rel="stylesheet" href="font-awesome-4.7.0/css/font-awesome.css">
    <link rel="stylesheet" href="css/style.css">
<script src="js/index.js"></script>
    <script src="jquery-3.5.1.slim.js"></script>
     <script src="https://cdn.staticfile.org/popper.js/1.14.6/umd/popper.js"></
script>
    <script src="bootstrap-4.5.3-dist/js/bootstrap.min.js"></script>
</head>
<body>
</body>
</html>
```

17.2　设计主页

在网站开发中，主页设计和制作将会占据整个制作时间的 30%~40%。主页设计是一个网站成功与否的关键，应该让用户看到主页就会对整个网站有一个整体的感觉。

17.2.1　主页布局

本例主页主要包括页头导航条、轮播广告区、功能区、特色展示区和脚注。就像搭积木一样，每个模块是一个单位积木，如何拼凑出一个漂亮的房子，需要创意和想象力。本案例布局效果如图 17-5 所示。

页头导航条
轮播广告区
功能区
特色展示区
脚注

图 17-5　主页布局效果

17.2.2 设计导航条

01 构建导航条的 HTML 结构。整个结构包含 3 个图标，图标的布局使用 Bootstrap 网格系统，代码如下：

```
<div class="row">
<div class="col-4"></div>
<div class="col-4 "></div>
<div class="col-4 "></div>
<div class="col-4 "></div>
</div>
</div>
```

02 应用 Bootstrap 的样式，设计导航条效果。在导航条外添加 <div class="head fixed-top"> 包含容器，自定义的 .head 控制导航条的背景颜色，.fixed-top 固定导航栏在顶部。然后为网格系统中每列添加 Bootstrap 水平对齐样式 .text-center 和 .text-right，为中间 2 个容器添加 Display 显示属性。

```
<div class="head fixed-top">
<div class="mx-5 row py-3 ">
<!--左侧图标-->
<div class="col-4">
<a class="show" href="javascript:void(0);"><i class="fa fa-bars fa-2x"></i></a>
</div>
<!--中间图标-->
<div class="col-4 text-center d-none d-sm-block">
<a href="javascript:void(0);"><i class="fa fa-television fa-2x"></i></a>
</div>
<div class="col-4 text-center d-block d-sm-none">
<a href="javascript:void(0);"><i class="fa fa-mobile fa-2x"></i></a>
</div>
<!--右侧图标-->
<div class="col-4 text-right">
<a href="javascript:void(0);" class="show1"><i class="fa fa-user-o fa-2x"></i></a>
</div>
</div>
</div>
```

自定义的背景色和字体颜色样式如下：

```
.head{
    background: #00aa88;        /*定义背景色*/
    z-index:50;/*设置元素的堆叠顺序*/
}
.head a{
    color:white;/*定义字体颜色*/
}
```

中间图标，由 2 个图标构成，每个图标都添加了"d-none d-sm-block"和"d-block d-sm-none"Display 显示样式，控制在页面中只能显示一个图标。在中、大屏设备（≥768px）中显示效果如图 17-6 所示，中间图标显示为电脑；在小屏设备（<768px）上显示效果如图 17-7 所示，中间图标显示为手机。

图 17-6 中、大屏设备显示效果

图 17-7 小屏设备显示效果

当拖动滚动条时，滚动条始终固定在顶部，效果如图 17-8 所示。

图 17-8 导航条固定效果

03 为左侧图标添加 click（单击）事件，绑定 show 类。当单击左侧图标时，激活隐藏的侧边导航栏，效果如图 17-9 所示。

04 为右侧图标添加 click 事件，绑定 show1 类。当单击右侧图标时，激活隐藏的登录页，效果如图 17-10 所示。

图 17-9 侧边导航栏激活效果

图 17-10 登录页面激活效果

提示： 侧边导航栏和登录页面的设计将在"17.3 设计侧边导航栏""17.4 设计登录页"中具体进行介绍。

17.2.3　设计轮播广告

Bootstrap 框架中，轮播插件结构比较固定：轮播包含框需要指明 ID 值和 carousel、slide 类。框内包含三部分组件：标签框（carousel-indicators）、图文内容框（carousel-inner）和左右导航按钮（carousel-control-prev、carousel-control-next）。通过 data-target="#carousel" 属性启动轮播，使用 data-slide-to="0"、data-slide ="pre"、data-slide ="next" 定义交互按钮的行为。完整的代码如下：

```
<div id="carousel"class="carousel slide">
    <!—标签框-->
<ol class="carousel-indicators">
<li data-target="#carousel" data-slide-to="0" class="active"></li>
    </ol>
    <!—图文内容框-->
    <div class="carousel-inner">
<div class="carousel-item active">
            <img src="images " class="d-block w-100" alt="...">
            <div class="carousel-caption d-none d-sm-block">
                <h5> </h5>
                <p> </p>
            </div>
        </div>
    </div>
    <!—左右导航按钮-->
<a class="carousel-control-prev" href="#carousel" data-slide="prev">
        <span class="carousel-control-prev-icon"></span>
    </a>
<a class="carousel-control-next" href="#carousel" data-slide="next">
        <span class="carousel-control-next-icon"></span>
    </a>
</div>
```

在轮播基本结构的基础上，来设计本案例轮播广告位结构。在图文内容框（carousel-inner）中包裹了多层内嵌结构，其中每个图文项目使用 <div class="carousel-item"> 定义，使用 <div class="carousel-caption"> 定义轮播图标标签文字框。本案例没有设计标签框。

左右导航按钮分别使用 carousel-control-prev 和 carousel-control-next 来控制，使用 carousel-control-prev-icon 和 carousel-control-next-icon 类来设计左右箭头。通过使用 href="#carouselControls" 绑定轮播框，使用 data-slide="prev" 和 data-slide="next" 激活轮播行为。整个轮播图的代码如下：

```
<div id="carouselControls"class="carousel slide" data-ride="carousel">
<div class="carousel-inner max-h">
<div class="carousel-item active">
        <img src="images/001.jpg" class="d-block w-100" alt="...">
            <div class="carousel-caption d-none d-sm-block">
                <h5>推荐一</h5>
                <p>说明</p>
            </div>
        </div>
    <div class="carousel-item">
        <img src="images/002.jpg" class="d-block w-100" alt="...">
            <div class="carousel-caption d-none d-sm-block">
                <h5>推荐二</h5>
                <p>说明</p>
```

```
            </div>
        </div>
        <div class="carousel-item">
            <img src="images/003.jpg"
class="d-block w-100" alt="...">
                <div class="carousel-
caption d-none d-sm-block">
                    <h5>推荐三</h5>
                    <p>说明</p>
                </div>
            </div>
        </div>
        <a class="carousel-control-
prev" href="#carouselControls" data-
slide="prev">
        <span class="carousel-control-prev-
icon" aria-hidden="true"></span>
        <span class="sr-only">Previous</
span>
        </a>
```

```
        <a class="carousel-control-
next" href="#carouselControls" data-
slide="next">
        <span class="carousel-control-next-
icon" aria-hidden="true"></span>
        <span class="sr-only">Next</span>
        </a>
    </div>
```

运行程序，轮播的效果如图 17-11 所示。

图 17-11 轮播广告区页面效果

考虑到布局的设计，在图文内容框中添加了自定义的样式 max-h，用来设置图文内容框最大高度，以免由于图片过大而影响整个页面布局。

```
.max-h{
    max-height:500px;
}
```

17.2.4 设计功能区

功能区包括欢迎区、功能导航区和搜索区三部分。

欢迎区设计代码如下：

```
<div class="text-center">
<h2 class="color">欢 迎 您 ！</h2>
<h6 class="my-3">最专业、最权威的技术团队用心做事，为企业客户提供最领先的房产配套系统服务
</h6>
</div>
```

功能导航区使用了 Bootstrap 的导航组件。导航框使用 <ul class="nav"> 定义，使用 justify-content-center 设置水平居中。导航中每个项目使用 <li class="nav-item"> 定义，每个项目中的链接添加 nav-link 类。设计代码如下：

```
<ul class="nav justify-content-center nav-head">
    <li class="nav-item">
  <a class="nav-link" href="">
    <i class="fa fa-home"></i>
    <h6 class="size">买房</h6>
        </a>
    </li>
    <li class="nav-item">
<a class="nav-link" href="#">
<i class="fa fa-university "></i>
    <h6 class="size">出售</h6>
        </a>
```

```
        </li>
        <li class="nav-item">
      <a class="nav-link" href="#">
      <i class="fa fa-hdd-o "></i>
        <h6 class="size">租赁</h6>
           </a>
        </li>
   </ul>
```

搜索区使用了表单组件。搜索表单包含在 `<div class="container">` 容器中，代码如下：

```
      <h5 class="text-center my-3">查找
您需要的房子 <i class="fa fa-hand-o-down
color1"></i> </h5>
      <div class="container">
          <form>
              <div class="form-group">
<input type="search" class="form-
control form-control-lg" placeholder="
您需要房子的编号或者房子的类型">
              </div>
          </form>
          <a href="" class="btn1 border
d-block text-center py-2">搜索</a>
      </div>
```

考虑到页面的整体效果，功能区自定义了一些样式代码，具体如下：

```
.nav-head li{
text-align: center;        /*居中对齐*/
    margin-left: 15px;/*定义左侧外边距*/
}
.nav-head li i{
```

```
display: block;/*定义元素为块级元素*/
width: 50px;          /*定义宽度*/
height: 50px;         /*定义高度*/
border-radius: 50%;/*定义圆角边框*/
padding-top: 10px;/*定义上边内边距*/
font-size: 1.5rem;/*定义字体大小*/
 margin-bottom: 10px;/*定义底边外
边距*/
color:white;/*定义字体颜色为白色*/
background: #00aa88;/*定义背景颜色*/
}
.size{font-size: 1.3rem;}
/*定义字体大小*/
.btn1{
    width: 200px;         /*定义宽度*/
    background: #00aa88;/*定义背景颜色*/
    color: white;     /*定义字体颜色*/
    margin: auto;     /*定义外边距自动*/
}
.btn1:hover{
  color:#8B008B;     /*定义字体颜色*/
}
```

运行程序，功能区的效果如图17-12所示。

图 17-12   功能区页面效果

17.2.5   设计特色展示

01▸使用网格系统设计布局，并添加响应类。在中屏及以上设备（>768px）显示为 3 列，如图 17-13 所示；在小屏设备（<768px）下显示为每行一列，如图 17-14 所示。

图 17-13   中屏及以上设备显示效果

图 17-14   小屏显示效果

```
<div class="row">
<div class="col-12 col-md-4"></div>
<div class="col-12 col-md-4 "></div>
<div class="col-12 col-md-4"></div>
</div>
```

02▶在每列中添加展示图片以及说明。说明框使用了 Bootstrap 框架的卡片组件，使用 <div class="card"> 定义，主体内容框使用 <div class="card-body"> 定义。代码如下：

```
<div class="box">
    <img src="images/004.jpg" class="img-fluid" alt="">
</div>
<div class="card border-0 pt-0">
<div class="card-body">
<h6>户型：三层别墅</h6>
<h6>面积：360平方</h6>
<h6>预售价：860万</h6>
<h6 class="mt-3"><a href="" class="btn2 border py-1 px-3">详情</a></h6>
</div>
</div>
</div>
```

03▶为展示图片设计遮罩效果。设计遮罩效果，默认状态下，隐藏显示 <div class="box-content"> 遮罩层，当鼠标经过图片时，渐现遮罩层，并通过相对定位覆盖在展示图片的上面。HTML 代码如下：

```
<div class="box">
    <img src="images/005.jpg" class="img-fluid" alt="">
    <div class="box-content">
    <h3 class="title">地址</h3>
    <span class="post">北京五环商品房</span>
    <ul class="icon">
        <li><a href="#"><i class="fa fa-search"></i></a></li>
        <li><a href="#"><i class="fa fa-link"></i></a></li>
    </ul>
    </div>
</div>
```

CSS 代码如下：

```
.box{
text-align: center;    /*定义水平居中*/
overflow: hidden;    /*定义超出隐藏*/
position: relative;    /*定义相对定位*/
}
.box:before{
content: "";    /*定义插入的内容*/
width: 0;            /*定义宽度*/
    height: 100%;    /*定义高度*/
  background: #000;   /*定义背景颜色*/
position: absolute;    /*定义绝对定位*/
    top: 0;        /*定义距离顶部的位置*/
  left: 50%;    /*定义距离左边50%的位置*/
opacity: 0;            /*定义透明度为0*/
/*cubic-bezier贝塞尔曲线CSS3动画工具*/
    transition: all 500ms cubic-bezier(0.47, 0, 0.745, 0.715) 0s;
}
.box:hover:before{
  width: 100%;        /*定义宽度为100%*/
  left: 0;        /*定义距离左侧为0px*/
  opacity: 0.5;    /*定义透明度为0.5*/
}
```

```
.box img{
   width: 100%;        /*定义宽度为100%*/
   height: auto;        /*定义高度自动*/
}
.box .box-content{
    width: 100%;          /*定义宽度*/
    padding: 14px 18px;  /*定义上下内边距为14px，左右内边距为18px*/
    color: #fff;           /*定义字体颜色为白色*/
    position: absolute;  /*定义绝对定义*/
    top: 10%;    /*定义距离顶部为10% */
    left: 0;      /*定义距离左侧为0*/
}
.box .title{
   font-size: 25px;    /* 定义字体大小*/
   font-weight: 600;  /* 定义字体加粗*/
    line-height: 30px;    /* 定义行高为30px*/
    opacity: 0;        /* 定义透明度为0*/
    transition: all 0.5s ease 1s;    /* 定义过渡效果*/
}
.box .post{
 font-size: 15px;     /* 定义字体大小*/
 opacity: 0;          /* 定义透明度为0*/
    transition: all 0.5s ease 0s;     /* 定义过渡效果*/
}
.box:hover .title,
.box:hover .post{
 opacity: 1;          /* 定义透明度为1*/
    transition-delay: 0.7s;          /* 定义过渡效果延迟的时间*/
}
.box .icon{
 padding: 0;          /* 定义内边距为0*/
  margin: 0;           /*定义外边距为0*/
  list-style: none;   /* 去掉无序列表的项目符号*/
  margin-top: 15px;    /* 定义上边外边距为15px*/
}
.box .icon li{
    display: inline-block;           /* 定义行内块级元素*/
}
.box .icon li a{
    display: block;      /* 设置元素为块级元素*/
    width: 40px;          /* 定义宽度*/
    height: 40px;      /* 定义高度*/
 line-height: 40px;    /* 定义行高*/
    border-radius: 50%; /* 定义圆角边框*/
    background: #f74e55; /* 定义背景颜色*/
    font-size: 20px;      /* 定义字体大小*/
    font-weight: 700;     /* 定义字体加粗*/
    color: #fff;         /* 定义字体颜色*/
    margin-right: 5px;    /* 定义右侧外边距*/
    opacity: 0;       /* 定义透明度为0*/
    transition: all 0.5s ease 0s;     /* 定义过渡效果*/
}
.box:hover .icon li a{
 opacity: 1;         /* 定义透明度为1 */
    transition-delay: 0.5s;          /* 定义过渡延迟时间*/
}
.box:hover .icon li:last-child a{
    transition-delay: 0.8s;           /*定义过渡延迟时间*/
}
```

运行程序，鼠标经过特色展示区图片上时，遮罩层显示，如图 17-15 所示。

图 17-15　遮罩层效果

17.2.6　设计脚注

脚注部分由 3 行构成，前两行是联系我们和企业信息链接，使用 Bootstrap 4 导航组件来设计，最后一行是版权信息。设计代码如下：

```
<div class="bg-dark py-5">
    <ul class="nav justify-content-center list pb-3">
        <li class="nav-item">
<a class="nav-link p-0" href="">
        <i class="fa fa-qq"></i>
        </a>
        </li>
        <li class="nav-item">
<a class="nav-link p-0" href="#">
<i class="fa fa-weixin"></i>
        </a>
        </li>
        <li class="nav-item">
<a class="nav-link p-0" href="#">
    <i class="fa fa-twitter"></i>
        </a>
        </li>
        <li class="nav-item">
<a class="nav-link p-0" href="#">
        <i class="fa fa-maxcdn"></i>
        </a>
        </li>
    </ul>
    <hr class="border-white my-0 mx-5" style="border:1px dotted red"/>
    <ul class="nav justify-content-center pt-0">
        <li class="nav-item">
            <a class="nav-link text-white" href="#">企业文化</a>
        </li>
        <li class="nav-item">
            <a class="nav-link text-white" href="#">企业特色</a>
        </li>
        <li class="nav-item">
            <a class="nav-link text-white" href="#">企业项目</a>
        </li>
        <li class="nav-item">
            <a class="nav-link text-white" href="#">联系我们</a>
        </li>
    </ul>
    <hr class="border-white my-0 mx-5" style="border:1px dotted red"/>
     <div class="text-center text-white mt-2">Copyright 2020-2-14 圣耀地产 版权所
```

有</div></div>

添加自定义样式代码如下：

```
.list a{
    display: block;
    width: 28px;
    height: 28px;
    font-size: 1rem;
    border-radius: 50%;
    background: white;
    text-align: center;
    margin-left: 10px;
}
```

运行程序，效果如图 17-16 所示。

图 17-16　脚注效果

17.3　设计侧边导航栏

侧边导航栏包含一个关闭按钮、企业 Logo 和菜单栏，效果如图 17-17 所示。

01 关闭按钮使用 awesome 字体库中的字体图标进行设计，企业 Logo 和名称包含在 <h3> 标签中。代码如下：

```
<a class="del" href="javascript: void(0);"><i class="fa fa-times text-white"></i></a>
<h3 class="mb-0 pb-3  pl-4"><img src="images/logo.jpg" alt="" class="img-fluid mr-2" width="35">圣耀地产</h3>
```

给关闭按钮添加 click 事件，当单击关闭按钮时，侧边栏向左移动并隐藏；当激活时，侧边导航栏向右移动并显示。实现该效果的 JavaScript 脚本文件如下：

```
$('.del').click(function(){
    $('.sidebar').animate({
        "left":"-200px",
    })
})
/* 弹出侧边栏 */
$('.show').click(function(){
    $('.sidebar').animate({
        "left":"0px",
    })
})
```

图 17-17　侧边导航栏效果

02▶设计左侧导航栏。左侧导航栏并没有使用 Bootstrap 4 中的导航组件，而是使用 Bootstrap 4 框架的其他组件来设计。首先是使用列表组来定义导航项，在导航项中添加折叠组件，在折叠中再嵌套列表组。

HTML 代码如下：

```
<div class="sidebar min-vh-100 text-white">
    <div class="sidebar-header">
        <div class="text-right">
            <a class="del" href="javascript:void(0);"><i class="fa fa-times text-white"></i></a>
        </div>
    </div>
     <h3 class="mb-0 pb-3  pl-4"><img src="images/logo.jpg" alt="" class="img-fluid mr-2" width="35">圣耀地产</h3>
        <ul class="list-group">
        <!--折叠面板-->
        <li class="list-group-item" data-toggle="collapse" href="#collapse">
                买新房 <i class="fa fa-gratipay ml-2"></i>
                <div class="collapse border-bottom border-top border-white" id="collapse">
            <ul class="list-group ">
<li class="list-group-item"><i class="fa fa-rebel mr-2"></i>普通住房</li>
<li class="list-group-item"><i class="fa fa-rebel mr-2"></i>特色别墅</li>
<li class="list-group-item"><i class="fa fa-rebel mr-2"></i>奢华豪宅</li>
                </ul>
            </div>
        </li>
        <li class="list-group-item">买二手房</li>
        <li class="list-group-item">出售房屋</li>
        <li class="list-group-item">租赁房屋</li>
    </ul>
</div>
```

关于侧边栏自定义样式的代码如下：

```
.sidebar{
 width:200px;              /* 定义宽度*/
background: #00aa88; /* 定义背景颜色*/
position: fixed;      /* 定义固定定位*/
left: -200px;   /* 距离左侧为-200px*/
    top:0;       /* 距离顶部为0px*/
z-index: 100;       /* 定义堆叠顺序*/
}
.sidebar-header{
background: #066754; /* 定义背景颜色*/
}
.sidebar ul li{
border: 0;          /* 定义边框为0*/
background: #00aa88; /* 定义背景颜色*/
}
.sidebar ul li:hover{
background:#066754; /* 定义背景颜色*/
}
.sidebar h3{
background: #066754; /* 定义背景颜色*/
    border-bottom: 2px solid white;    /* 定义底边框为2px、实线、白色边框*/
}
```

实现侧边导航栏的 JavaScript 脚本代码如下：

```javascript
$(function(){
    /* 隐藏侧边栏*/
    $('.del').click(function(){
        $('.sidebar').animate({
            "left":"-200px",
        })
    })
    /* 弹出侧边栏*/
    $('.show').click(function(){
        $('.sidebar').animate({
            "left":"0px",
        })
    })
})
```

17.4　设计登录页

登录页通过顶部导航条右侧图标来激活。激活后效果如图 17-18 所示。

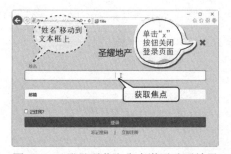

图 17-18　登录页获取焦点激活动画效果

本案例设计了一个复杂的登录页，使用 Bootstrap 4 的表单组件进行设计，并添加了 CSS3 动画效果。当表单获取焦点时，label 标签将向上移动到输入框之上，并伴随着输入框颜色和文字的变化。登录页的主要代码如下：

```html
<div class="vh-100 vw-100 reg">
    <div class="container mt-5">
        <div class="text-right">
            <a class="del1" href="javascript:void(0);"><i class="fa fa-times
fa-2x"></i></a>
        </div>
        <h2 class="text-center mb-5">圣耀地产</h2>
        <form>
            <div class="input__block form-group">
    <input type="text" id="name" name="name"required class="input text-center form-
control"/>
                <label for="name" class="label">姓名</label>
            </div>
<div class="input__block form-group">
<input type="email" id="email" name="email" required class="input text-center
form-control"/>
                <label for="email" class="label">邮箱</label>
            </div>
        <div class="form-check">
<input type="checkbox" class="form-check-input" id="exampleCheck1">
```

```
<label class="form-check-label" for="exampleCheck1">记住我？</label>
        </div>
      </form>
        <button type="button" class="btn btn-primary btn-block my-2">登录</button>
      <h6 class="text-center"><a href="">忘记密码</a><span class="mx-4">|</span><a href="">立即注册</a></h6>
    </div>
</div>
```

为登录页自定义样式，label 标签设置固定定位，当表单获取焦点时，label 内容向上移动。Bootstrap 4 中的表单组件和按钮组件，在获取焦点时四周会出现闪光的阴影，影响整个网页效果，也可自定义样式覆盖掉 Bootstrap 4 默认的样式。自定义代码如下：

```
.reg{
position: absolute; /* 定义绝对定位*/
    display: none;  /* 设置隐藏*/
top:-100vh;     /* 距离顶部为-100vh*/
    left: 0;   /* 距离左侧为0*/
z-index: 500;  /* 定义堆叠顺序*/
    background-image:url("../images/bg1.png");    /* 定义背景图片*/
}
.input__block {
position: relative; /* 定义相对定位*/
margin-bottom: 2rem;        /* 定义底外边距为2rem*/
}
.label {
position: absolute; /* 定义绝对定位*/
top: 50%;         /* 距离顶部为50%*/
    left:1rem;    /* 距离左侧为1rem*/
    width:3rem;       /* 宽度为3rem*/
    transform: translateY(-50%);             /* 定义Y轴方向上的位移为-50%*/
    transition: all 300ms ease;            /* 定义过渡动画*/
}
.input:focus + .label,
.input:focus:required:invalid + .label{
color: #00aa88;      /* 定义字体颜色*/
}
.input:focus + .label,
.input:required:valid + .label {
top: -1rem /* 距离顶部为-1rem*/
}
.input {
    line-height: 0.5rem;                   /* 行高为0.5rem*/
    transition: all 300ms ease;            /* 定义过渡效果*/
}
.input:focus:invalid {
    border: 2px solid #00aa88;             /* 定义边框*/
}
/*去掉Bootstrap表单获得焦点时四周的闪光阴影*/
.form-control:focus,
.has-success .form-control:focus,
.has-warning .form-control:focus,
.has-error .form-control:focus {
  -webkit-box-shadow: none;                /* 删除阴影效果（兼容-webkit-内核的浏览器）*/
box-shadow: none;   /* 删除阴影效果*/
}
```

```
/*去掉Bootstrap按钮获得焦点时四周的闪光阴影*/
.btn:focus, .btn.focus {
-webkit-box-shadow: none;        /*删除阴影效果*/
box-shadow: none;    /*删除阴影效果*/
}
```

给关闭按钮添加 click 事件，当单击关闭按钮时，登录页向上移动并隐藏；当激活时，再向下弹出并显示。JavaScript 脚本文件如下：

```
$('.del1').click(function(){
     /* 隐藏注册表*/
    $('.reg').animate({
        "top":"-100vh",
    })
    $('.reg').hide();
    $('.main').show();
})
    /* 弹出注册表*/
$('.show1').click(function(){
    $('.reg').animate({
        "top":"0px",
    })
    $('.reg').show();
    $('.main').hide();
})
```